国际精神分析协会《当代弗洛伊德：转折点与重要议题》系列

论弗洛伊德的《论潜意识》

On Freud's "The Unconscious"

（美）萨尔曼·艾克塔（Salman Akhtar） 主编
（加）玛丽·凯·欧·尼尔（Mary Kay O'Neil）

武江 杨琴 译

On Freud's "The Unconscious" by Salman Akhtar & Mary Kay O'Neil
ISBN 978 178 2200277
Copyright © 2013 by Salman Akhtar & Mary Kay O'Neil.
Authorized translation from the English language edition published by International Psychoanalytical Association.

本书中文简体字版由 International Psychoanalytical Association 授权化学工业出版社独家出版发行。

未经许可，不得以任何方式复制或抄袭本书的任何部分，违者必究。
本书封面未粘贴防伪标签的图书均视为未经授权的和非法的图书。
北京市版权局著作权合同登记号：01-2020-7755

图书在版编目（CIP）数据

论弗洛伊德的《论潜意识》/（美）萨尔曼·艾克塔（Salman Akhtar），（加）玛丽·凯·欧·尼尔（Mary Kay O'Neil）主编；武江，杨琴译．—北京：化学工业出版社，2021.6（2023.11重印）

（国际精神分析协会《当代弗洛伊德：转折点与重要议题》系列）

书名原文：On Freud's "The Unconscious"

ISBN 978-7-122-38725-7

Ⅰ.①论… Ⅱ.①萨…②玛…③武…④杨… Ⅲ.①弗洛伊德（Freud，Sigmmund 1856-1939)-下意识-研究 Ⅳ.①B84-056②B842.7

中国版本图书馆 CIP 数据核字（2021）第 046574 号

责任编辑：赵玉欣　王新辉　　　　装帧设计：关　飞
责任校对：宋　夏

出版发行：化学工业出版社（北京市东城区青年湖南街13号　邮政编码100011）
印　　装：北京建宏印刷有限公司
710mm×1000mm　1/16　印张 18¼　字数 275 千字　2023 年 11 月北京第 1 版第 4 次印刷

购书咨询：010-64518888　　　　　　售后服务：010-64518899
网　　址：http://www.cip.com.cn
凡购买本书，如有缺损质量问题，本社销售中心负责调换。

定　价：59.80 元　　　　　　　　　　　　　　　　版权所有　违者必究

致 谢

在此我们要深深感谢为本书作出杰出贡献的各位同事。感谢他们的努力、他们的付出，以及他们对我们的需求、提醒和修改要求的耐心。我们也感谢约瑟夫·史拉普（Joseph Slap）博士对本书其中一章提供的帮助。同样地，我们要真诚地感谢 IPA 出版委员会成员们的指导，特别是委员会主席杰纳罗·萨拉格纳诺（Gennaro Saragnano）。我们也感谢让·莱特（Jan Wright）在部分手稿准备工作中提供的帮助，感谢弗雷德里克·罗伊（Frederick Lowy）富有见地的评论和对德语文本部分的翻译，感谢罗达·巴瓦德卡（Rhoda Bawdekar）在图书出版过程中跟进各项事宜。最后，我们要感谢 Karnac 图书公司的奥利弗·拉斯伯恩（Oliver Rathbone），感谢他带领完成了这个项目，感谢出版服务部的整个团队，感谢他们细致的编辑和排版工作。

萨尔曼·艾克塔和玛丽·凯·欧·尼尔

推荐序

在 2021 年开年之际，这套"国际精神分析协会《当代弗洛伊德：转折点与重要议题》系列第二辑"的中文译本即将出版，这实在是一个极好的新年礼物。

在说这套书的内容之前，我想先分享一点我个人学习精神分析理论过程中那种既困难又享受、既畏惧又被吸引的复杂和矛盾的体会。

第一点是与同行们共有的感觉：精神分析的文献和文章晦涩难懂，就如《论弗洛伊德的〈分析中的建构〉》的译者房超博士所感慨的那样：

> 在最初翻译《论弗洛伊德的〈分析中的建构〉》时，有种"题材过于宏大"的感觉，后现代的核心词汇"建构"又如何与"精神分析"联系在一起呢？整个翻译的过程，有种"上天入地"的感觉，关于哲学、历史和宗教，关于各种精神分析的专有名词，有些云山雾罩……

但也恰恰是透过精神分析内容的深奥，才能感受到其知识领域之宽广、思想之深刻、眼光之卓越，虽难懂却又让人欲罢不能。这就要求我们在阅读和学习的过程中需要怀有敬畏之心，甚至需要动用自己的全部心智和开放的心态。最终，或收获类似房超博士的体验："但最后，当将所有的一切和分析的历程，和被分析者以及分析者的内在体验联系在一起的时候，一切都又变得那么真实、清晰和有连接感。"

我想说的第二点，是精神分析文献虽然晦涩难懂，但也可以让人"回味无穷"。正如《论弗洛伊德的〈哀伤与忧郁〉》的译者蒋文晖医生所言：

弗洛伊德的《哀伤与忧郁》是如此著名,如此经典,几乎没有一个学习精神分析的人不曾读过这篇文章。就像一百个人读《哈姆雷特》就有一百个哈姆雷特一样,我相信一百个人读《哀伤与忧郁》也会有一百种感悟、体会和理解。而就算是同一个人,每次读的时候又常常会有新的理解。所以在我翻译这本书的时候,既有很大的压力,但也充满了动力,就好像要去进行一场探险一样,因为不知道这次会发生什么……

这也引出了我想说的第三点,当我们不仅是阅读,而且要去翻译精神分析文献时,那就好比是专业上的一次攀岩过程,或是一场探险,在这个过程中,译者经历的是脑力、心智、专业知识储备和语言表述能力的多重挑战。 正如译者武江医生在翻译《论弗洛伊德的〈论潜意识〉》后的感言:

……拿到这本《论弗洛伊德的〈论潜意识〉》著作的翻译任务后,我的心情难免激动而忐忑。尽管经过多年的精神分析理论学习,对于弗洛伊德的《论潜意识》的基本内容已有大概了解,但随着我开始重新认真阅读这篇写于100年前的原文,我的心情却逐渐变得紧张而复杂。这篇文章既结合了客观的临床实践和观察,又充满主观上的天马行空的想象,行文风格既结构清晰和紧扣主题,又随性舒展和旁征博引。一方面我为弗洛伊德的大胆假设而拍案叫绝,另一方面又感到里面有些内容颇为晦涩难懂,需要从上下语境中反复推敲其真正含义。有时候,即使反复推敲,我还是经常碰到无法理解之处,甚至纠缠在某个晦涩的句子和字词的细节之中难以自拔,这使翻译陷入困境,进程变慢……后来我开始试着用精神分析的态度去翻译这部作品,即抱着均匀悬浮注意力,先无欲无忆地反复阅读这部作品,让自己不去特别关注某个看不懂的句子和词语,而只是全然投入到阅读过程中(倾听过程),在逐渐能了解作品的主旨和中心思想后,那些具体语句和其之间的逻辑关系就变得逐渐清晰。

第四点,阅读精神分析文献和书籍,不仅会唤起我们对来访者的思考和理解,也会唤起我们对自己及人性与社会的思考。 阅读不仅有助于心理治疗与咨询的知识积累和技能提高,更能深化对生命与人性的态度和理解,这也是精神分析心理治疗师培训中所传达的内涵。 在这样的语境下,心理治疗中的患者不再仅仅是一个有心理困扰及精神症状的个体,同时也是在心理创伤下饱经沧桑却尽可能有尊严地活着的、有思想的、有灵魂的血肉之躯。

从这个意义上讲，心理治疗与咨询中真正的共情只能发生在直抵患者心灵深处之时，那就是当我们不仅仅作为治疗师，同时也作为一个人与患者的情感发生共振的时候。

在此，我想引用《论弗洛伊德的〈女性气质〉》的译者闪小春博士的感想：

翻译这本书对我而言，不仅是一份工作、一种学习，也是一场通往我的内心世界和自我身份之旅，虽然这是一本严肃的、晦涩难懂的专业书，但其中的部分章节却让我潸然泪下，也有一些部分激励我变得坚定。对我个人而言，最有挑战的部分在于，如何思考和践行"作为一个自由、独立和有欲望的人（不仅是女人）"——不仅是在我的个人生活中，也在我的临床工作中。

最后说的第五点体会是，尽管这门学科博大精深，永远都有学不完的知识，精神分析师的训练和资质获得也很不容易，但这不应该成为精神分析心理治疗师盲目骄傲或过分自恋的资本。心理治疗师的学习和实践过程也是一个在可终结与不可终结之间不断探索和寻求平衡的过程。"学海无涯"不一定要"苦作舟"，也可以"趣作舟"，当然"勤为径"也是必不可少的要素。当一个人把自己的职业当作事业来做时，大概就可以认为是接近"心存高远"的境界了吧。

下面就弗洛伊德五篇文章及五本书的导论做一个读后感式的总结。

第一部：《论弗洛伊德的〈哀伤与忧郁〉》

导论作者马丁·S. 伯格曼（Martin S. Bergmann）认为，这篇文章是弗洛伊德最杰出的作品之一，他称赞道："不断地比较正常的和病理性的事物是弗洛伊德的伟大天赋之一，这种天赋也在很大程度上使'弗洛伊德'成为二十世纪不朽的名字之一。"我对弗洛伊德这篇文章中印象最深刻的一句话是："在哀伤中，世界变得贫瘠和空洞（poor and empty）；在忧郁中，自我本身变得贫瘠和空洞。"想到100多年前弗洛伊德就对抑郁有了如此深入的解读，就再一次感到这位巨匠的了不起。导论作者对本书的每一章都做了总结，归纳如下三点：

一是将对弗洛伊德思想持不同观点的分析师们划分为异议派、修正派及扩展派。这部论文集的作者来自七个国家，他/她们多数受修正派克莱茵的影响（但导论作者又认为最好把她看作扩展者）。他强调，"享受阅读本书的先决条件是对当前 IPA 内部观点的多样性持积极的态度"。

二是谈及《哀伤与忧郁》，就必然要涉及弗洛伊德另外一篇著名的文章《论自恋》，前者是对后者的延伸，被看作是弗洛伊德从所谓的驱力理论到客体关系理论的立场转变。

三是哀伤的能力是我们所有人都必须具备的一种能力。进一步而言，"哀伤过程有两个主要目的，一是为了修通爱的客体的丧失，二是为了摆脱一个内在的、迫害性的、自我毁灭性的客体，这个客体反对快乐和生命"。

第二部：《论弗洛伊德的〈论潜意识〉》

导论作者萨尔曼·艾克塔（Salman Akhtar）认为，弗洛伊德的《论潜意识》这篇文章涵盖了"个体发生、临床观察、语言学、神经生理学、空间隐喻、通过原初幻想来显示的种系发生图式、思维的本质、潜在的情感"等非常广阔的领域，并且与他的另外四篇文章（指《本能及其变迁》《压抑》《关于梦理论的一个元心理学补充》《哀伤与忧郁》）一起，做到了弗洛伊德自己希望达成的"阐明和深化精神分析的系统"。

导论作者从弗洛伊德的这篇文章中提炼出了 12 个命题，"以说明它们是如何被推崇、被修饰、被废弃，或被忽视的"。他在导论的结束语中对本书做了简短的概括和总结，并给予了高度评价。对于这本书的介绍，我想不出还有比直接推荐读者先看艾克塔博士的导论更为合适的选择，特别是他做出的 12 个命题的归纳和总结，我认为是精华中的精华。相信读者在阅读这本书时会首先被他的导论吸引，因为导论本身已经可以被视为一篇独立的、富有真知灼见的文章了。

我个人特别喜欢弗洛伊德对潜意识做出的非常生动的比喻："潜意识的内容可比作心灵中的土著居民。如果人类心灵中存在着遗传而来的心灵内容——类似于动物本能——那它们构成了 Ucs. 的核心。"

第三部：《论弗洛伊德的〈可终结与不可终结的分析〉》

这篇文章写自弗洛伊德的晚年（发表于 1937 年），也是相对不那么晦涩难懂的一篇文章。"可终结与不可终结的分析"这样的命题本身就让人联想到永恒与无限的话题，同时也自然而然地想到我们自己接受精神分析时的体验以及我们的来访者。导论作者认为"这篇阐述具体治疗技术的论文实质上是一篇高度元心理学的论文",这让我联想到关于精神分析师的工作态度的议题。读了弗洛伊德的原文和三位作者写的导论,并参考译者林瑶博士的总结之后,归纳以下几点:

（1）精神分析对以创伤为主导的个案能够发挥有效的疗愈作用,而阻碍精神分析治疗的因素是本能的先天性强度、创伤的严重性,以及自我被扭曲和抑制的程度。也就是说,这三个因素决定了精神分析的疗效。

（2）精神分析治疗起效需要足够的时间。弗洛伊德列举了两个他自己20年前和30年前的案例来说明这个观点,他指出:"如果我们希望让分析治疗能达到这些严苛的要求,缩短分析时长将不会是我们要选择的道路。"

（3）精神分析的疗效不仅与患者的自我有关,还取决于精神分析师的个性。弗洛伊德提出,由于精神分析工作的特殊性,"作为分析师资格的一部分,期望分析师具有很高的心理正常度和正确性是合理的"。虽然他提出的分析师都应该每五年做一次自我分析的建议恐怕没有多少人能做到,但精神分析师需要遵从的工作原则就如弗洛伊德所说:"我们绝不能忘记,分析关系是建立在对真理的热爱（对现实的认识）的基础之上的,它拒绝任何形式的虚假或欺骗。"导论作者认为,弗洛伊德在这篇文章中对精神分析中不可逾越的障碍提出了清晰的见解,"这些障碍并非出于技术的限制,而是出于人性"。

第四部:《论弗洛伊德的〈女性气质〉》

我在通读了一遍闪小春博士翻译的弗洛伊德的《女性气质》及导论之后,有一种感触颇多却无从写起的感觉。当我看了导论中总结的弗洛伊德文章中提出的富有广泛争议的几个议题后,便自然地推测这本书应该是集结了精神分析领域关于女性气质研究的最广泛和最深刻的洞见与观点。导论的作者之一利蒂西娅·格洛瑟·菲奥里尼（Leticia G. Fiorini）是 IPA 系列出版丛书的主编,她在《解构女性:精神分析、性别和复杂性理论》（*Deconstructing the Feminine: Psychoanalysis, Gender and Theories of Complexity*）一书中,有一段这样的描述:"人们所属的性别是由母亲的凝视和她们所提供的镜像认同支撑的,而这些则为人们提供了一种有关女性认同或男性认同的核心想象。"

关于女性气质的论述让我自然地联想到中国文化中男尊女卑的观念对中国女性身份认同的影响，我想这远比弗洛伊德提出的女性的"阴茎嫉羡"要严重得多。虽然如今中国女性已经获得了更高的家庭和社会地位及话语权，但在我们的心理治疗案例中，受男尊女卑观念伤害的中国女性来访者仍然比比皆是。我想译者闪小春博士对本书作者观点所作的总结也应该是中国女性的希望所在："女孩三角情境的终极心理现实不是阴茎嫉羡而是忠诚和关系的平衡问题……在女性气质和男性气质形成之前的生命之初，有一个非性和无性的维度，即人性的维度……当今，女人不再被视为仅仅是知识和欲望的客体，是'另一性别'，是'他者'；她也可以成为自己，可以超越二分法的限制，从一个自由的位置出发，根据自己的需要创造性地选择爱情、工作、娱乐、家庭和是否成为母亲。"

第五部：《论弗洛伊德的〈分析中的建构〉》

这篇文章也是弗洛伊德的晚年之作，是对精神分析治疗本质的一个定性和论述，大家所熟知的弗洛伊德将精神分析的治疗过程比喻为考古学家的工作就是出自这篇文章。但在这篇文章中，他也强调了精神分析不同于考古学家的工作：①我们在分析中经常遇到的重现情形，在考古工作中却是极其罕见的……建构仅仅取决于我们能否用分析技术把隐藏的东西带到光明的地方；②对于考古学家来说，重建是他竭尽努力的目标和结果，然而对于分析师来说，建构仅仅是工作的开始。接着，他又借用了盖房子的比喻，指出虽然建构是一项初步的工作，但并不像是盖房子那样必须先有门窗，再有室内的装饰。在精神分析的情景里，有两种方式交替进行，即分析师完成一个建构后会传递给被分析者，以便引发被分析者源源不断的新材料，然后分析师以相同的方式做更深的建构。这种循环以交替的方式不断进行，直到分析结束。

在文章的最后，弗洛伊德将妄想与精神分析的建构做了类比，"我还是无法抗拒类比的诱惑。病人的妄想于我而言，就等同于分析治疗过程中所做的建构……我们的建构之所以有效，是因为它恢复了被丢失的经验的片段；妄想之所以有令人信服的力量，也要归功于它在被否定的现实中加入了历史的真相"。

这本书导论的作者乔治·卡内斯特里（Jorge Canestri）也是一位多次来

我国做学术交流和培训的资深精神分析师。他对本书的每一个章节都做了精练的概括和总结，给读者提供了很好的阅读索引。

这套书中文译版初稿完成恰逢 IPA 在中国大陆的分支学术组织——IPA 中国学组（IPA Study Group of China）被批准成立之时（2020 年 12 月 30 日 IPA 网站发布官宣）。从 2007 年 IPA 中国联盟中心（IPA China Allied Center）成立，到 2008 年秋季第一批 IPA 候选人培训开始，再到 2010 年 IPA 首届亚洲大会在北京召开、中国心理卫生协会旗下的精神分析专委会成立，我们感受到两代精神分析人的不懈努力。非常感谢 IPA 中国委员会（IPA China Committee）和 IPA 新团体委员会（International New Group Committee）对中国精神分析发展的长期支持，以及国内精神分析领域同道们的共同努力。

当然，能使这套书问世的直接贡献者是八位译者和出版社，除了我上面提及的房超、蒋文晖、武江、闪小春、林瑶外，译者还有杨琴、王兰兰和丁瑞佳，他/她们都是正在接受培训的 IPA 会员候选人，也是中国精神分析事业发展的中坚力量。我在撰写这篇序言前，邀请每本书的译者写了简短的翻译有感，然后节选了其中的精华编辑在了序言的前半部分。

在将要结束这篇序言时，我意识到去年此时正是新冠肺炎疫情最严峻的日子，心中不免涌起一阵悲壮和感慨。我们生活在一个瞬息万变的时代，人类在大自然中的生存和发展早有定律，唯有保持对大自然的敬畏之心和努力善待我们周围的人与环境才是本真，而达成这一愿望的路径之一就是用我们的所学所用去帮助那些需要帮助的人们。相信这套书会为学习和实践精神分析心理治疗的同道们带来对人性、对精神分析理论与技术的新视角和新启发，从而惠及我们的来访者。

杨蕴萍，2021 年 1 月 23 日于海南
首都医科大学附属北京安定医院主任医师、教授
国际精神分析协会（IPA）认证精神分析师
IPA 中国学组（IPA Study Group of China）

国际精神分析协会出版委员会第二辑[1]
出版说明

国际精神分析协会出版物委员会（The Publications Committee of the International Psychoanalytical Association）已决定继续编辑和出版《当代弗洛伊德：转折点与重要议题》（*Contemporary Freud*）系列丛书，该丛书第一辑完结于 2001 年。这套重要的系列丛书由罗伯特·沃勒斯坦（Robert Wallerstein）创立，由约瑟夫·桑德勒（Joseph Sandler）、埃塞尔·S. 珀森（Ethel Spector Person）和彼得·冯纳吉（Peter Fonagy）首次编辑，它的重要贡献引起了各流派精神分析师的极大兴趣。因此，在重启《当代弗洛伊德：转折点与重要议题》系列之际，我们非常高兴地邀请埃塞尔·S. 珀森为丛书第二辑作序。

本系列丛书的目的是要从现在和当代的视角来探讨弗洛伊德的作品。一方面，这意味着突出其作品的重要贡献——它们构成了精神分析理论和实践的坐标轴；另一方面，这也意味着我们有机会去认识和传播当代精神分析学家对弗洛伊德作品的看法，这些看法既有对它们的认同，也有批判和反驳。

本系列至少考虑了两条发展路线：一是对弗洛伊德著作的当代解读，重

---

[1]《当代弗洛伊德：转折点与重要议题》（第二辑）简称"第二辑"。——编者注

新回顾他的贡献；二是从当代的解读中澄清其作品中的逻辑观点和理论视角。

弗洛伊德的理论已经发展出很多分支，这带来了理论、技术和临床工作的多元化，这些方面都需要更多的讨论和研究。为了在日益繁杂的理论体系中兼顾趋同和异化的观点，有必要避免一种"舒适和谐"的状态，即不加批判地允许各种不同的理念混杂在一起。

因此，这项工作涉及一项额外的任务——邀请来自不同地区的精神分析学家，从不同的理论立场出发，使其能够充分表达他们的各种观点。这也意味着读者要付出额外的努力去识别和区分不同理论概念之间的关系，甚或是矛盾之处，这也是每位读者需要完成的功课。

能够聆听不同的理论观点，也是我们锻炼临床工作中倾听能力的一种方式。这意味着，在倾听中应该营造一个开放的自由空间，这个空间能够让我们听到新的和原创性的东西。

本着这种精神，我们将完全秉持着弗洛伊德传统的作者和发展了其他理论的作者——这些理论在弗洛伊德的作品中没有被明确考虑到——集聚一堂。

《论潜意识》是弗洛伊德关于元心理学的文章中最重要和最著名的一篇。这篇论文写于1915年，包含并描述了所谓的弗洛伊德心理地形学说模型的基本概念。萨尔曼·艾克塔（Salman Akhtar）和玛丽·凯·欧·尼尔（Mary Kay O'Neil）收集了一系列由非常卓越的分析师写就的论文，鉴于当代精神分析和其他不同的观点和角度——也包括最近的神经生理学和行为学的研究观点——他们走进和评论弗洛伊德的这篇文章。这使我们的读者更新了对这一学科的一个核心概念的理解。因此，我要特别感谢本书的编辑和贡献者，是他们丰富了《当代弗洛伊德：转折点与重要议题》这一系列丛书。

杰纳罗·萨拉格纳诺
丛书编辑
IPA出版委员会主席

目录
CONTENTS

001 **导论**
萨尔曼·艾克塔（Salman Akhtar）

023 **第一部分　《论潜意识》**（1915e）
西格蒙德·弗洛伊德（Sigmund Freud）

071 **第二部分　对《论潜意识》的讨论**

073 元心理学与临床实践：弗洛伊德《论潜意识》的启示
彼得·韦格纳（Peter Wegner）

092 精神分析和神经心理学中的"潜意识"
马克·索姆斯（Mark Solms）

110 弗洛伊德的《论潜意识》：这一理论能被生物学观点解释吗？
琳达·布雷克尔（Linda Brakel）

123 一个印度教徒对弗洛伊德的《论潜意识》的解读
玛杜苏丹·拉奥·瓦拉巴哈内尼（Madhusudana Rao Vallabhaneni）

151 弗洛伊德的心理地形学中被压抑的母性
肯尼斯·莱特（Kenneth Wright）

169	弗洛伊德《论潜意识》中互补的心理模型?
	伯纳德·里斯(Bernard Reith)
193	潜意识在心身疾病患者中的作用
	玛丽莉亚·艾森斯坦(Marilia Aisenstein)
205	对自体的潜意识和知觉
	艾勒·布伦纳(Ira Brenner)
222	抛开自我:解决问题和潜意识
	斯特凡诺·博洛尼尼(Stefano Bolognini)
241	**后记**
	玛丽·凯·欧·尼尔(Mary Kay O'Neil)
255	**参考文献**
273	**专业名词英中文对照表**

导 论

萨尔曼·艾克塔（Salman Akhtar）[1]

---

[1] 萨尔曼·艾克塔：杰斐逊医学院的精神病学教授，也是费城精神分析中心的培训和督导分析师。他曾担任《国际精神分析杂志》（*International Journal of Psychoanalysis*）和《美国精神分析协会杂志》（*Journal of the American Psychoanalytic Association*）的编委，目前是《国际应用精神分析研究杂志》（*International Journal of Applied Psychoanalytic Studies*）的书评编辑。艾克塔博士曾荣获《美国精神分析协会杂志》（1995）的年度最佳论文奖，美国精神分析协会（2000）的伊迪丝·萨布兴奖（the Edith Sabshin Award）、库恩·波·秀奖（the Kun Po Soo Award, 2004），美国精神病学协会（2005）的厄玛·布兰德奖（the Irma Bland Award）；美国精神分析医师学会（2000）的西格蒙德·弗洛伊德精神分析杰出贡献奖（the Sigmund Freud Award for Distinguished Contribution to Psychoanalysis）；因其对应用精神分析的杰出贡献获得了哥伦比亚大学精神分析培训与研究中心颁发的罗伯特·利伯特奖（Robert Liebert Award, 2003）；最近，又因其在精神分析领域的杰出贡献荣获了享有盛誉的西格尼奖（Sigourney Award, 2012）。艾克塔博士曾在很多国家的学术机构举办过特邀讲座。

弗洛伊德的五篇论文——《本能及其变迁》（*Instincts and their Vicissitudes*，1915c）、《压抑》（*Repression*，1915d）、《论潜意识》（*The Unconscious*，1915e）、《关于梦理论的一个元心理学补充》（*A Metapsychological Supplement to the Theory of Dreams*，1917d）、《哀伤与忧郁》（*Mourning and Melancholia*，1917e）是他最初计划发表在一本题为《一门元心理学的初步介绍》的书上的。在这其中，没有哪一篇的重要性和临床意义超过《论潜意识》。拉普兰齐和彭塔利斯（Laplanche et al.，1973：474）声称，如果弗洛伊德的发现"必须被总结为一个词，这个词毫无疑问将是'潜意识（unconscious）'"，他们虽然没有特指这篇论文，但其目标也许就是这个。事实上，这篇 49 页的文章涵盖了广阔的领域：个体发生、临床观察、语言学、神经生理学、空间隐喻、通过原初幻想来显示的种系发生图式、思维的本质、潜在的情感以及精神生活的各种本能。弗洛伊德希望这篇论文（连同上面提到的其他四篇论文）可以阐明并深化"精神分析系统"（Freud，1917d：222），而它确实做到了。

然而，当我们在这篇论文出版近 100 年后再次仔细阅读它，我们能发现更多。带着一个多世纪积累的精神分析知识重新评价这篇论文，会发现文中的不同内容已经遭遇了不同"命运"。有些内容已经被广为接受，成为司空见惯的事。首当其冲的就是心灵中存在潜意识部分的观点。这是如此基础的精神分析观点，以至于我们完全没有必要像弗洛伊德那样重新辩护它的"正当性"。然而，弗洛伊德这篇论文中的其他内容有些虽已经被广泛接受，却可能因为再次阐释而受益。此外，有一部分想法被后来的分析师进行了阐述及修改，还有一些思想经历了"废用性萎缩"（dis-use atrophy）的命运。最后，还有些段落直到今天仍无人欣赏，也未被充分挖掘出其具有启发意义的潜能。现在，我将从弗洛伊德的《论潜意识》（Freud，1915e）中选出 12 个主要命题，以说明它们是如何（ⅰ）被推崇、（ⅱ）被修饰、（ⅲ）被废弃或（ⅳ）被忽视的。

被推崇的

命题1：潜意识比被压抑的内容更多

弗洛伊德用以下的话阐述了这一观点："被压抑的内容不包含所有的潜意识内容。潜意识有更广阔的范围，被压抑的内容只是其中的一部分。"（Freud，1915e：166）弗洛伊德在《自我与本我》（*The Ego and the Id*）中重复了这一点，说"所有被压抑的都是Ucs.的，但不是所有Ucs.的都是被压抑的"（Freud，1923b：18）。这些段落让我们看到潜意识存在的其他内容：①由于"原初压抑"而积累的材料（Freud，1895a，1926d；Kinston et al.，1986）和弗兰克（Frank，1969）所称的儿童前语言期"无法回忆也难以忘记的"残留物；②本能的表征；③对父母性交、被成人诱惑以及阉割的"原初幻想"（Freud，1915f）。最后一项提到的都与事物的起源有关（例如，分别对应着主体的起源、性的起源、性别差异的起源）；并且这些虽然受到环境因素的影响，但基本上是人类史前时代中相对应事件在种族演变过程中被传承下来的记忆。

后来，更多的东西被添加到潜意识内容的列表中。弗洛伊德（Freud，1923b）提出的"结构理论"（structural theory）认为不仅本我（上面提到的"本能的表征"的大蒸汽锅）是潜意识的，而且一部分的自我和超我也是潜意识的。举例来说，自我的防御机制完全是在主体的觉察之外发挥功能的。它（自我）合成的（synthetic）功能也是如此（Hartmann，1939）。许多超我的规定也是作为潜意识的内容而存在的。此外，随着精神分析理论的进一步发展，很明显自我-矛盾的和（或）未心智化的自体表征（self-representations）和客体表征（object-representations）也处于潜意识中。不出所料，潜意识的内容超越了被压抑的材料这一事实，现在已经成为构成精神分析准则中一个必不可少的部分。

这里还应该提到博拉斯（Bollas，1992）的观点，即正如有源自压抑的（repression-derived）潜意识成分一样，也有基于接受的（reception-based）潜意识成分。这种"接受"的目的是允许观点在潜意识中发展而不受意识的干涉。关于接受（Bollas，1992：74）：

自我理解潜意识工作对于发展一部分的人格、精细构造一个幻想、允许新生的情感体验的进化都是必要的。想法或感受和词语被发送到潜意识系统，不是被放逐，而是被给予了一个心理空间去发展，而这种发展在意识当中是不可能的。就像被压抑的想法一样，这些想法、文字、图像、体验、情感等聚合进入心理领域，然后开始扫描经验世界，寻找与这种内在工作相关现象的经验。事实上，它们有可能找到准确的经验用来培养这些潜意识聚合物。然后这些被接受的内容变成了几组相似物的核心，它们如同被压抑的内容一样，终将返回到意识中，但是以自我富足的表现形式，而不是像被假释放出的零散囚徒。

这涉及潜意识问题解决这个主题，我将在后面的论述中阐述。现在，我想转到弗洛伊德《论潜意识》的第二个已被充分和广泛接受的命题上来。

命题2：Ucs. 系统与 Cs. 系统的运行方式不同

弗洛伊德将心灵划分为三个地形部分：Cs.、Pcs. 及 Ucs. 系统，他指出前两个系统是在逻辑基础上运行的。事件是有时间顺序的，矛盾是存在的，次级过程思维是占主导地位的。相比之下，潜意识的运作原则是"相互没有矛盾、初级过程（精神贯注的移动性）、无时间性，以及以心理现实代替外界现实"（Freud，1915e：187）（着重号为原文所有）。这些思想在精神分析学中已被普遍接受，移置（displacement）、凝缩（condensation）和象征（symbolism）的机制已成为精神分析思维方式必不可少的一部分。这不仅促进了对神经症的症状学和梦的理解，也促进了对偏见刻板印象、某些宗教彰显万物有灵论的图腾、现代艺术的透视并置（perspectual juxtapositions）以及创造性心灵的大胆跳跃的理解。事实上，对于表面上不合逻辑和荒谬的事物，整个精神分析的理解都建立在这样一个事实之上：心灵的一部分遵循着一种截然不同的方法论，它隐藏于肉眼范围之外。

命题3：简单地告诉患者他的潜意识内容并不会导致改变

在区分了Cs.系统和Ucs.系统的操作原理之后，弗洛伊德意识到，简单地将存在于前者的观念调换到后者不会改变任何东西。他对此作了详细的解释（Freud，1915e：175）：

如果我们在治疗中发现了患者的一个观念，它之前被患者压抑了，现在我们向患者传达出这个观念，一开始我们的告知不会给他的心理状态带来任何改变。尤其是它既不会移除压抑，也不会消除压抑的效应。尽管发生了曾经的潜意识观念现在被意识化了的事实，但这个事实并不能带来我们预期的改变。相反，我们一开始面临的将会是患者再次拒绝这个被压抑的观念。现在的真实情况是，患者的同一个观念以不同形式出现在了他心理器官中的不同位置：首先，我们告诉他的观点会形成听觉痕迹，存在于他意识的记忆中；其次，我们确定他潜意识中也保留着该经验的更早期形式。

这样的理解也变得司空见惯，尤其是在临床讨论中。尽管存在对"直接分析"（direct-analysis）过于热情的实践（Rosen，1947，1953），所有当代的精神分析学家已经开始欣赏弗洛伊德对解释技术的明智建议。仅仅告诉患者某件事（例如，一个梦、一种行为倒错、一种症状、一种移情的渴望）意味着什么是没有帮助的，因为它的本质被防御性自我强有力的操作所掩盖。这种情况下我们能得到的只是患者理智上的服从；患者可能鹦鹉学舌地复述解释，但在动力学和行为上几乎没有变化。认识到这一点后，安娜·弗

洛伊德（Anna Freud，1936）提出了"防御分析"（defence analysis）这个术语，并提出了这样的观点："在处理防御试图隐藏或反对的驱力之前，应该先分析防御。"菲尼切尔（Fenichel，1941：19）强调"分析总是从此时此刻的表面开始"，洛温斯坦（Loewenstein，1951）则主张要有详细的"解释层级"。然而，上述建议都不是以一种简单机械的方式遵守的。也有人暗示在解释防御性机制时，本能的衍生物被回避开了。布伦纳（Brenner，1976）和罗斯（Ross，2003）进一步说明了这个问题。费尔德曼（Feldman，2007）极具洞见的文章——关于处理（或不处理）自体的被隔绝部分——也在讨论这个议题，尽管他是从一个不同于现代自我心理学的角度来进行的。弗洛伊德警告说，要使潜意识成为意识就不能忽视患者不知道的需要，这一点受到了各种派别的精神分析学家的重视。

被修饰的

命题4：在心灵中可能存在无限数量的相互独立的心理状态

弗洛伊德（Freud，1915e：170）："各种各样的潜在的心理过程，它们彼此之间具有高度独立性，好像它们之间毫无联系，互不了解。"他（Freud，1915e：170）补充说："如果是这样，我们必须有心理准备去假设，不仅存在第二意识，还会有第三、第四，甚至无穷无尽的意识状态（states of consciousness），所有这些意识并不为我们所知，也彼此互不了解。"

我们直觉上会被这些主张吸引，但如果仔细考虑，就会发现其令人困惑和矛盾之处。在谈到"彼此互不了解"的"潜在的心理过程"时，弗洛伊德暗示潜意识心理活动被分隔开。这与他赋予的潜意识系统"没有矛盾性"和"精神贯注具有强烈的流动性"这些说法相违背。如果在潜意识中没有屏障，各种潜在过程如何能保持彼此互不觉察？当弗洛伊德谈到"意识状态"

彼此互不了解时，进一步的难题就产生了。首先，根据定义，"意识状态"不是一个"潜在的心理过程"，而弗洛伊德却似乎在交替使用这两个词。此外，当一种意识状态"不为我们所知"（Freud，1915e：170）的时候，那它的心理位置应该在哪呢？这仍然没有得到解答。如果一种意识状态存在于潜意识水平，那么它是否还能称为意识状态呢？

心灵中相互独立的心理状态这个主题随着"自我"（ego）这个术语的引入变得更加复杂。我们知道自我有两个含义："一个词义是这个术语将一个人的自体（self）作为一个整体（或许还包括他的身体）与其他人的区别开来；另一个词义指的是心灵的某一特定部分，它以特殊的属性和功能为特征。"（Freud，1923b：7，编者导言）《论潜意识》中提到的"意识状态"最有可能对应于术语"自我"的第一个词义。哈特曼（Hartmann，1950）对"自体"和"自我"的区分也走了类似的路线（即第一种含义——译者注）；而雅各布森（Jacobson，1964）细化了这个术语概念，将其称为"自体表征"，并将其带回了心理现实的领域。

这种理论的复杂曲折性导致的结果是：弗洛伊德最初提出的观点——许多"潜在的心理过程"和"意识状态"独立自主地存在于心灵中——在临床中被接受，但却带来了不同的探索方向。这些探索的突出成果包括以下观点：①如果孩子的早期看护者太多以及他们的人格太过于矛盾对立，则"不同的认同会轮流占领孩子的意识"（Freud，1923 b：30），在严重创伤的情况下会导致解离的发生（Brenner，1994，2001；Kluft，1985，1986）；②如果早期暴露于女性生殖器和原始场景过多，加剧的阉割焦虑会导致其心灵持有两种矛盾的态度，即女人有阴茎，也没有阴茎（Freud，1927e）；③如果天生过强的攻击性被早年严重的挫败感进一步助长，那么对现实的仇恨就会变得很强烈，并将心灵分裂为共存的精神病性部分和非精神病性部分（Bion，1957）；④上述情况不那么严重时会导致"边缘人格组织"（borderline personality organization）（Kernberg，1975）；⑤缺乏父母对早期夸大性的镜映，可能导致心理上的"垂直分裂"，即自恋的部分独立运作，与客体相关的部分分裂开（Kohut，1971）；⑥即使是一个适应良好、功能良好的自体也并非完全统整的，它是由自我表征的许多子集组成，其中一些更接近行动层面，另一些更接近沉思层面（Eisnitz，1980）；⑦也可能存在"文化冲突"（Akhtar，2011），这表达了移民心理中的不适心态，以及"状态依赖的自体表征"（state-dependent self-representations）（Ghorpade，2009），反映了在高度特定的环境线索下自体状态的选择性激活。显然，随着时间的推移，人们对于弗洛伊德在1915年提出的关于心灵中具有独立的心理状态的想法有很多的思考和阐述。

命题5：Cs. 系统包含词语表征和事物表征，而 Ucs. 系统只包含事物表征

弗洛伊德毕生对语言的兴趣促使他在其论文《论潜意识》（Freud，1915e）的附录C中对单词的谱系进行了追踪。他在其中细致地描述了声音和知觉（包括外部和内部）是如何产生指示性标记。它可以发展为内涵意义，然后发展为更复杂的词汇结构，如明喻和隐喻。弗洛伊德强调，这样的"高级"词汇形式只存在于 Cs. 系统中。Ucs. 系统的流通物仍然是具体的和感官的，或者是弗洛伊德所说的"事物表征"。他（Freud，1915e：201）说：

我们现在似乎突然间知道了意识表征和潜意识表征之间的区别。这两者既非我们设想的，是同一内容在不同心理位置的不同登记，也不是精神贯注在同一位置上的不同功能状态，而是意识表征包含了事物表征和与之相关的词语表征，而潜意识表征则只有事物表征一种。

弗洛伊德对 Cs. 系统的语言（包括事物表征和词语表征二者）和 Ucs. 系统的语言（只包含事物表征）的区别已经被费伦奇预料到了。费伦奇（Ferenczi，1911）虽然没有用同样的术语，但他指出用母语说出淫秽的词时所唤起的道德惩罚大于用后来习得的语言说同样的事情，因为最初习得的淫秽的词（即母语中的词）更贴近他们所描述的行为和事物，那个词语变成了事物或行为本身。尽管是费伦奇先有了这样的洞见，但事实上是弗洛伊德的关于事物表征和词语表征的观点在时间长河中取得了丰富的成果。阿瑞提

（Arieti，1974）和瑟尔斯（Searles，1965）对精神分裂症语言的原始逻辑和具体化进行了抽丝剥茧的观察；阿马蒂·梅勒（Amati-Mehler）、阿根特瑞（Argentieri）和卡内斯特里（Canestri）（Amati-Mehler et al.，1993）关于精神分析中的多语性和通晓多语言者的权威论文源于弗洛伊德（Freud，1915e）的敏锐观察。我所做出的贡献——对于理解当分析师或被分析者其中一方或两方都是双语者时所面对的技术困境——也受益于此文（Akhtar，1999，2011）。派因（Pine，1997）以发展为导向的提醒也具有同样的精神，他提醒，当患者无法找到语言表达内心体验时，分析师必须帮助患者命名情感，并找到表达内心体验的词语。对于弗洛伊德在这方面的观念，其他阐述包括：将患者难以思考的心理想法转化为可以思考的想法（Bion，1962）；帮助患者"心智化"（Fonagy et al.，1997）；在"事物"能够变成词语之前，要首先关注"事物"（因为它们携带更多心理的重要性），不过有时候这种说法是自相矛盾的（Bolognini，2011）。

命题6：动力学、地形学和经济学原则构成了元心理学（metapsychology）的三脚架

弗洛伊德宣称（着重号为原文标注）："当我们能成功地从动力学（dynamic）、地形学（topographic）和经济学（economic）角度描述一个心理过程，我们可以称其为一种元心理学式说明。"（Freud，1915e：181）现在的事实是弗洛伊德（Freud，1898，1901b）在写《论潜意识》很久之前就已经在使用"元心理学"这个说法了，但那时他认为这个概念的使用是"形而上学"的（例如，推测关于死后的生活、肉身之外的存在、自然界对人类以这种或那种方式行动的各种提示），因为他认为这些观念都是"不存在的，只是心理学投射到外部世界的东西"（Freud，1901b：258）。然而，在《论潜意识》（Freud，1915e）中，"元心理学"的说法以一种远比之前更为微妙的方式出现。弗洛伊德提出，为了发展出对心理现象更深刻的理解，一个人必须超越意识，从许多不同的角度来看待潜在的材料。这种多角度的观点构成了"元心理学"，包括动力学、地形学和经济学的观点。

- 动力学视角试图用力的相互作用来解释心理现象。这些力量可能是互相矛盾的或彼此合作的，可能是婴儿式的或与年龄相当的，可能是进步的或退行的。它们在本质上可以是本能的，有特定的目标和客体（Freud，1915c），或者可能代表了超我的道德要求（Freud，1923b）。这些形式之间的相互作用会导致内心冲突，可能出现各种各样的结果，包括妥协形成、转移性和伪装性满足，或僵持、抑制和精神瘫痪（Freud，1926d）。

- 地形学视角是用存在 Cs.、Pcs. 或 Ucs. 系统的视角来看待心理现象。这不仅指的是它们的精神位置，也涉及它们的操作特征。意识的、有组织的主观体验只表征着一个方面，因为在它下面总是藏着一连串未知的、"不合逻辑"的材料。在 Cs. 和 Pcs. 之间、Pcs. 和 Ucs. 之间存在审查机制，当材料跨越这些屏障时必须改变其形式（例如：从事物表征变为词语表征）。因此，Cs. "衍生物"可追溯到强有力和直接的 Ucs. 主张和冲动。随着心灵的"三部分模型"的引入（Freud，1923b），自我的防御操作和超我的道德禁令也可以追溯到 Ucs. 的更深层次。谈到后者，弗洛伊德宣称："一个正常人既远比他认为的自己更不道德，也远比他知道的自己更加道德。"（Freud，1923b：52）

- 经济学视角处理了心理现象背后的力的能量。它假设心理能量决定了心理过程的性质；"初级过程"的特征是流动性好、释能阈值低，"次级过程"的特征是稳定性好、释能阈值高。能量的数量也被视为关键因素：一定数量的能量投注对一个组织的可行性至关重要。这种"经济学"的关注点包括驱力强度、反精神贯注的力度、兴奋程度、释能的张力和情感配额（quantum of affect）。这些力的最终目标不是完全消除能量的张力，而是保持某种程度的张力，这种张力是每个个体的特点。这一观点随着弗洛伊德（Freud，1920g）提出"死（亡）本能"的观点而改变。死本能是指个体把有生命的状态还原为无生命的状态，使有机体回到惰性状态。尽管如此，力量和数量的能量游戏仍然是经济学原则的核心。

弗洛伊德的元心理学成为精神分析理论中备受尊崇的核心，后来又有更多"视角"添加进来。拉帕波特（Rapaport，1960）对 1915 年至 1960 年间的相关文献进行了富有创造性的综合，列出了六个元心理学的视角：①地形学视角；②动力学视角；③经济学视角；④遗传视角；⑤结构视角；⑥适应视角。前三者复制了弗洛伊德的观点，其他是新添加的。"遗传视角"促进了对当前特定体验或行为的童年起源（或贡献）的探究。"结构视角"研究的是与心理现象有关的持久的心理构造（结构）。虽然本我、自我和超我很容易被认为是"结构"，但其实记忆痕迹、自体表征、客体表征，甚至某些固着的关系脚本也可以被归入这个概念。"适应视角"认为，所有的心理体验对主体都有一定的用处，都可用来达到一些有利的目标。拉帕波特的方案被广泛接受，并反映在精神分析词汇表中（例如：Akhtar，2009a；Moore et al.，1990）。那些对元心理学的严肃性感到不安的人在韦尔德（Waelder，1962）的观点中找到了安慰，他提醒人们精神分析观察存在于许多抽象层面上，临床材料代表了其中一端，而元心理学式的解构则是这一谱系的另一端。这二者相互之间几乎没有矛盾。

元心理学——精神分析的启发式支柱——在被弗洛伊德引入100多年间持续吸引着相关论著的发表（PEP网站显示163篇论文标题中有"元心理学"这个词，其中132篇出现在1942年至1999年之间，31篇发表于2000年以后）。当然，这并不能消除某些人对元心理学的严厉批评（Grunbaum，1998；G. Klein，1976；Rodrigué，1969；Schafer，1976）和其他人同样热切的辩护（Lothane，2001；Modell，1981）声音。批评者认为它是一种历史遗迹，是一种远离经验的伪解释，是一种对心理活动的站不住脚的物化和具体化，是一种对临床专注的不必要干扰。他们还认为弗洛伊德学说的元心理学与以叙事为基础及以诠释学为导向的精神分析视角相比，显得过于生物学、缺乏人性。支持者们则发现它是一个理论扎实和概念丰富的基石，它使得精神分析心理学保持（并成为）一种普遍存在的科学事业。莫德尔（Modell，1981：400）提醒专业人士，元心理学有三个重要功能：

首先，它是对心理现象的一种选择，代表了人类物种的特征。从这个意义上看，它可以看作是普遍存在的。第二，它是一系列的假设，在其之上可以建立和明晰一个心理系统。第三，元心理学的功能就像是一个建模工具、一种想象实体和一种实验思维。

他的结论是："元心理学需要被修改，但不应被抛弃。"（Modell，1981：400）

在仔细评估了双方对元心理学的争论后，弗兰克（Frank，1995：519-520）得出了以下明智的结论：

关于弗洛伊德的元心理学是否会以目前的形式继续存在的问题，答案是没有争议的：它要么会继续改变以响应科学的不断发展，它要么就会中途退出让位于一个更合适的认识论结构。但任何研究和治疗工作的努力，比如说精神分析，都不可避免地会导致基于某些假设的理论化。如果一个人要求所涉及的观点独立于元理论假设，那他就只是在欺骗自己而已。

很有趣的是，在这样一种背景下，一些当代理论家——比如科胡特（Kohut，1977，1982）——完全放弃了元心理学；而其他一些人——比如克恩伯格（Kernberg，1975，1976，1992，1995）和格林（Green，1982，1993，2001）——则一直将他们的现象学观察与更深层的元心理学基础相联系。

命题7：潜意识可以为智力问题产生解决方案

在《论潜意识》的开头部分，弗洛伊德（Freud，1915e：166-167）纳入了许多观察结果来证明潜意识的概念。这些观察包括失误、梦、精神病理学上令人困惑的症状，以及"我们头脑中突如其来但不知其来处的想法，以及不知如何得出的智力上的结论"（着重号为原文标注）。因此，弗洛伊德为发现潜意识"解决问题的功能"奠定了基础。有大量的关于突如其来的领悟正好解答了智力谜题的记录，这些都在支持弗洛伊德隐含的观点。这些记录的范围从典型的阿基米德发现体积和密度之间的关系时发出的"尤里卡！"（Eureka，希腊语"找到了"之意——译者按）的尖叫声（约公元前

210年），到亚历克·杰弗里爵士（Sir Alec Jeffrey）在1984年高兴地实现了将DNA指纹图谱作为司法手段识别个体身份的时刻。凯斯特勒（Koestler，1964）和鲁格（Rugg，1963）的书详细描述了一种情境：当一个富有创造力的人离开其手头的问题，处于一种不完全警觉的状态时，一个出乎意料的时刻随之出现了。

我们越来越了解到许多有创造力的人直觉性地熟悉潜意识的这种运作方式，并相当忠实地依赖它。伊恩·麦克尤恩（Ian McEwan）2005年的小说《阿姆斯特丹》（*Amsterdam*）对这种潜意识创造力有一个特别迷人的描述。小说描写了一位有天赋的音乐家是如何挣扎地为他正在创作的交响乐找到合适的结尾的。

他没有任何初步的想法，一个碎片也没有，甚至一个预感都没有，坐在钢琴前眉头紧锁是于事无补的。它只能按它自己的时间表到来。他的经验告诉自己现在能做的最好的事情就是放松，退后一步，同时保持警惕和接纳。他得在乡间走很长一段路，甚至要走好几段路。他需要山，需要广袤的天空，也许是湖区。走了二十英里，他的心思已经飞走了，但突然间最美妙的想法出其不意地击中了他。

弗洛伊德之后的精神分析学家对潜意识解决问题的观点持矛盾态度。对病理性幻想和被压抑的冲动的专注使他们无法从积极的角度看待潜意识。在弗洛伊德最初提出这一构想后的（大约）100年间，还没有任何一份以"潜意识解决问题"为标题的出版物出现。尽管如此，这个概念还是以这样或那样的形式在文献中不断地浮出水面。亚历山大（Alexander，1947）提到了"解决问题的梦的类型"，兰热尔（Rangell，1971）提到了"潜意识决策"。兰热尔引用皮亚杰（Piaget，1970）的术语"认知潜意识"，阐述了以下观点（Rangell，1971：438-439）：

如同次级精细化再次对一个隐梦加工使其变成一个整合的显梦一样

(Freud，1900），具有复杂和精确性质的思维——相当于次级过程中的决策——它的最终结局也完全发生在潜意识水平。事实上，具有高复杂度的问题解决发生在潜意识或前意识水平（Kris，1952），它被认为发生在发明和创造的行为中，在那个过程中梦或沉思状态都干扰着意识。

几年后，韦斯和辛普森（Sampson）（Weiss et al.，1986）宣称，患者寻求治疗的"潜意识计划"是让治疗师驳斥他的致病信念。韦斯（Weiss，1988：94）后来提出了"潜意识控制假说"，认为：

患者可能会潜意识地使用他更高级的心理功能去对他潜意识的心理生活施加一定程度的控制。他利用这种控制来发展（治疗）目标、检验治疗师（同时，也检验他自己的致病信念）、调节被压抑的心理内容的释放；当他潜意识地决定可以安全地体验它们时，就把它们释放出来。

最近，凯斯门特（Casement，1991）阐述了"潜意识希望"（unconscious hope）的概念，这个希望推动了对促进发展的客体和体验的探索，并加强了强迫性重复中的乐观面向。最后，海金（Heijn，2005）证明了在预见、计划和发现的现象中也包含着潜意识过程。

被废弃的

命题8：心理过程是心灵能量转移的反映

弗洛伊德的这一思路在《论潜意识》（Freud，1915e：181）的以下段落中得到了例证：

> 反精神贯注是原初压抑的唯一作用机制。而对狭义的压抑（"压力后"）来说，除此之外，还多出了 Pcs. 系统精神贯注的撤回过程。很有可能的情况是，正是那些从观念中撤回的精神贯注会被用作反精神贯注。

然而，随着时间的推移，这种"水力学式的"概念化丧失了其吸引力。在精神分析的话语中，与经济学视角相关的表述［例如：高度精神贯注、力量、数量、恒常性原则（constancy principle）、本能的推动力、束缚的和自由的能量、兴奋的水平、压力、压力后、释能、情感配额］出现得越来越少。"非传统式的"精神分析心理学（如客体关系理论、自体心理学、人际精神分析、关系和主体间视角）在后弗洛伊德时代兴起，它们强调了临床"此时此地"的动力性，促成了经济学视角的消亡。精神分析理论从经验性科学模式向解释学范式的转变也促进了这一趋势。

这并不是说分析师们不再谈论"反应过度""过量"和"缺陷"等问题，而是针对这些概念进行理论化的严谨性已经退潮。拜昂（Bion，1963，1965）的网格或许是笼罩在黑暗中的元心理学经济学视角的最后一根蜡烛。如果不是它，这个行业已经开始对这个话题保持沉默了。昨日的经济学原则是力和能量的标尺；今日的经济学原则是患者自我能力和分析师反移情驱力的晴雨表。整个情况让我想起了一位读过我很多作品的受分析患者揶揄的嘲讽："你过去还算个学者，现在则只是个知识分子了！"

命题9：情感不可能是潜意识的

弗洛伊德强调，人们只能称潜意识的观念，而不能称潜意识的情感，因为根据定义，后者构成了驱力释放的感觉体验。他说："尽管使用时挑不出语义学上的毛病，但严格来说，我们可以说存在'潜意识观念'，而不应该说存在'潜意识情感'。"（Freud，1915e：178）这很符合地形学模型（topographic model）。然而，随着结构理论的出现（Freud，1923b），这个领域变得混乱起来。例如，如果"信号焦虑（signal anxiety）"（Freud，

1926d）是潜意识的，人们如何知道它是焦虑？那么潜意识的负罪感呢？人们该如何给隐藏在"躁狂防御"背后的悲伤和（或）偏执的恐惧贴上标签呢（Klein，1935）？试图回答这些问题导致了一场争论。一些理论家（例如：Blau，1955；Fenichel，1945；Moore & Fine，1968）支持弗洛伊德早期的断言，即不存在潜意识情感这样的东西。其他一些人（Eissler，1953；Joffe & Sandler，1968；Pulver，1971）则采取了相反的立场。随着时间的推移，这种争论失去了动力，特别是自从情感理论本身经历了修订，原初情感被视为自体与客体之间关系的原始沟通途径（Krause & Merten，1999；Mahler et al.，1975；Spitz，1965；Stern，1985），甚至被视为驱力本身的建构模块（Kernberg，1975）。兰热尔（Rangell，1995：382）提醒道：弗洛伊德自己本身看待情感就是"前后矛盾的"——在一个地方说情感不可能是潜意识的（Freud，1915e），而在另外一个地方则与此完全相反（Freud，1937d）——这也导致了人们对这种二分法的兴趣减少。临床学家坚持认为，通过解释消除防御（不管这些防御是围绕着压抑还是分裂）经常会导致患者体验到原本感受不到的情感。他们不再烦恼到底这些情感本身存在于潜意识中呢，还是因为新观念、记忆和冲动的有效性导致它们第一次被感受到。一些研究人员（Talvitie & Ihanus，2002，2003）认为后者适用于所有的潜意识"内容"，这进一步减少了对潜意识情感存在的关注。一种元心理学的关注因此转变为一种临床关注。

命题10：遗传的心智功能形成了潜意识的基础

这个提法已经被摒弃在精神分析理论的遥远角落。弗洛伊德（Freud，1915e：195）曾宣称："如果人类心灵中存在着遗传而来的心理功能——类似于动物本能——那它们便构成了Ucs.的核心。"弗洛伊德对拉马克学说（Lamarckian）不成功的效仿和精神分析学家对荣格（他1916年提出的"集体潜意识"的概念，这与弗洛伊德关于"遗传心理功能"的概念出奇地接近）感情用事的反感导致了人们对这个领域的忽视。弗洛伊德（Freud，1916-1917：371）确实说过"原初幻想"（primal phantasies）只是"简单地填充了个人真相与史前真相的缝隙"。拉普兰齐和彭塔利斯（Laplanche & Pontalis，1973：333）也反复申明："结构存在于幻想维度（*la fantasmatique*，法语'幻觉'之意），其对个人生活经历中的意外事件来说是不能削减的。"然而，在实践中，只有克莱茵学说仍坚持假定个体传承着（个体）对性别差异和父母性交行为的知识。这种心理传承的观点可能已经变身为创伤的"代际传递"（在大屠杀的研究中有广泛阐述）和大群体的"选择创伤"（Volkan，1987）的观点，但后者不太符合弗洛伊德的"遗传心理功能"的概念——弗洛伊德指的是心灵的本能性基质（Freud，1915e：195）。

被忽视的

命题 11：Cs. 和 Ucs. 系统可以交换内容和特性

弗洛伊德指出："我们必须准备好发现可能的致病条件，在这些致病条件下，这两个系统［Cs. 和 Ucs.］会改变，甚至交换彼此的内容和特征。"（Freud，1915e：189）诚然在精神病状态时，意识觉察到涌入的大量的原始幻想和具象化的语言（尤其见：Arieti，1974），在这点上确实证明了弗洛伊德建议的真实性：Cs. 系统可以获得 Ucs. 系统的特性。但是反方向的交通又是如何行驶的呢？这在很大程度上仍未得到探索。换句话说，Ucs. 系统在什么环境下可能获得 Cs. 系统的特性？阿洛（Arlow，1969）提出的一种高度结构化的、与行为相关的"潜意识幻想"能说明这种交换吗？这两个系统之间的特性交换一定是病理的吗？那么怎么看待隐喻的诞生和诗歌的创作呢？难道我们没有看到 Ucs. 系统的操作特征与 Cs. 系统的特征巧妙地混合在一起吗？相反地，在潜意识问题解决中（见上文），我们难道能否认 Ucs. 系统是以一种类似于 Cs. 系统的逻辑方式在工作吗？这里还有其他问题需要提出来，例如，Cs. 系统和 Ucs. 系统之间特性形式的交换总是不经意地发生吗？或者，一方能主动促成这样的交换吗？而且，当特性交换发生时，它是全部的还是局部的交换呢？如果是这样，是什么决定了对这种重新定位的操作形式的选择呢？显然，这需要更多的思考。

命题 12：在特定的精神环境下，完美的功能是可能的

在《论潜意识》中还有另一段耐人寻味的描述，而我相信它一直没有得到重视。在我阐述其多样而深刻的含义之前，请允许我完整地引用这一段（Freud，1915e：194-195）：

如果能出现这样一种情形，即潜意识冲动可以像占据主导趋势的冲动一样起作用，那么前意识冲动和潜意识冲动才可能出现合作，即便后者是被强烈压抑的。在这样的情况下，压抑被移走，被压抑的活动被用来强化自我想实现的目标。在这个单独的结合点上，潜意识和自我是和谐相处的，除此之外，其所受的压抑没有产生变化。在这一合作中，Ucs. 的影响是毋庸置疑的：这种强化的倾向表明尽管它们不同于正常的倾向，它们可以行使特别完美的功能。它们对相反倾向产生抵抗……

弗洛伊德在这里提出的是：当意识的目标与潜意识的目标相吻合时，压抑就会被解除，这两种来源的冲动就会结合起来并获得力量。到此刻为止，这不是什么新奇的想法。然而，弗洛伊德提出的三个限定语赋予了这个段落独特之处：①强化的倾向"不同于正常的倾向"；②它们使"特别完美的功能"成为可能；③它们"对相反倾向产生抵抗"。前两者可以互相压缩，换句话说，这种强化的倾向不同于正常的倾向是因为它们能使特别完美的功能成为可能。但是，在弗洛伊德宣称人生中最好的希望是将"歇斯底里的痛苦转化为普通的不快乐"之后，看到他提到"完美的功能"的可能性，难道不令人惊讶吗？（Freud，1895a：305）一种宽容妥协的看法是："完美的功能"时刻可能存在于整体背景是"普通的不快乐"中，就像在一个恶劣的季

节里有一些好天气一样。但是这个"完美的功能"首先是什么呢？它是类似于温尼科特（Winnicott，1960）的"真实自体"吗？——其本质在于无缝连接的心身合一及平静的"持续存在状态"？弗洛伊德的断言是否接近佛教的格言"一念一行（one thought-one action）"？

此外，"它们对相反倾向产生抵抗"（由这种"特别完美的功能"提供的）打开了勇气的话题，直到现在这个话题在精神分析文献中也还没有得到充分的讨论。甚至那些写过勇气的作家（Coles，1965；Glover，1941；Kohut，1985；Levine，2006；O'Neil，2009）也没有把他们的假设和弗洛伊德的这个特殊陈述联系起来。不好意思，我在最近一篇关于勇气、反恐怖症和怯懦现象的文章中也忽略了这一点（Akhtar，2013）。话虽如此，我断言弗洛伊德陈述的这两个部分（"特别完美的功能"和"对相反倾向产生抵抗"）留下了更多有待被探索的地方。

结束语

在对弗洛伊德1915年的论文《论潜意识》全力快速的回顾当中，我试图证明有些内容已经被奉为经典，有些被修饰或废弃，还有一些直到现在才被真正欣赏。我的覆盖面很广但还不够全面。我没有提到弗洛伊德（Freud，1915e）的这些概念：①"第一级和第二级审查机制"（Freud，1915e：190-195）；②"器官语言"（Freud，1915e：197-201）；③"心身平行论"（Freud，1915e：206-208）。这些主题在下述文章中被分别进行了详尽阐述：桑德勒等人（Sandler et al.，1983）卓越的论文，当代法国心身医学研究（例如：Aisenstein，1993，2008，2010a；Marty，1980；Marty et al.，1963；McDougall，1974），新兴的神经精神分析亚学科（例如：Bernstein，2011；Schore，2002；Solms，2003；Solms & Turnbull，2000）。因为缺乏与它们有关的文献的更深层次的知识，我没有讨论这些主题。

您手中的这本书不仅填补了这一空白，它做得远比这更多，超出了我所能描述的范围。本书包括了关于弗洛伊德Ucs.系统的生物学和神经生理学相关的精彩文章（Brakel，Solms）；以及关于心身医学的动力性领域（Aisenstein）。它还包含关于元心理学、个体发生学和临床技术的发人深省和意味深长的文章（Wegner，Wright）；还包括印度教和弗洛伊德学派的潜意识（Vallabhaneni）；弗洛伊德这篇特殊论文中蕴含的更多更新的分析范式的种子（Reith）；以及潜意识对自体觉知（self-perception）的影响，尤其是当自体被裂解成解离碎片时（Brenner）等相关内容的文章。本书的最后一篇论文是关于潜意识问题解决的诙谐有趣的文章（Bolognini）。我的共同编辑兼好朋友玛丽·凯·欧·尼尔（Mary Kay O'Neil）写了一篇深思熟虑的后记，带我们回到弗洛伊德，又同时关注当代的发展和未来的可能性。她雄辩而冷静地将这本书的内容编织成一幅具有丰富精神分析思想和实践性的挂毯。对这本书我要是再多说就有不谦虚的风险了，虽然我所说的可能都是真的。

第一部分

《论潜意识》

(1915e)

西格蒙德·弗洛伊德(Sigmund Freud)

编者导言

《论潜意识》(DAS UNBEWUSSTE)

(a) 德文版本包括：

1915　*Int. Z. Psychoanal.*，**3**（4），189-203 and（5），257-69.

1918　*S. K. S. N.*，**4**，294-338.（1922，2nd ed.）

1924　*G. S.*，**5**，480-519.

1924　*Technik und Metapsychol.*，204-41.

1931　*Theoretische Schriften*，98-140.

1946　*G. W.*，**10**，264-303.

(b)《论潜意识》（The Unconscious）英文翻译版本：

1925　*C. P.*，**4**，98-136.（Tr. C. M. Baines.）

目前的翻译版本尽管是基于1925年的版本，但很多地方被重写了。

这篇文章似乎仅花费了不到三周的时间写成——从1915年4月4日至23日。同年它分两期发表在《国际精神分析杂志》上。第一期包括了第1～4节，第二期包括了第5～7节。在1924年以前的版本中，这篇文章是没有划分章节的，现在的章节标题被印刷出来作为页边的侧标题。唯一的例外是第二节标题中的"地形学说观点"一词，它最初就在第二节第二段开始的页边空白处

(Standard Ed.，p172)。在1924年版本中还做了一些少量的改动。

如果可以把有关"元心理学"的系列论文看作是弗洛伊德所有理论作品中最重要的贡献，那么毫无疑问，这篇《论潜意识》一文是整个系列的核心。

存在潜意识心理过程这个概念很明显是精神分析理论的基础。弗洛伊德一直不厌其烦地表达支持这个观点，也会与反对它的观点争论。事实上，他最后没有完成的理论作品是他于1938年写的一些片段文章，他后来给其取的英文标题是《精神分析纲要》(*Some Elementary Lessons in Psycho-Analysis*)(Freud，1940b)，这是对潜意识概念的再次辩护。

然而，我们需要马上澄清的是，这个弗洛伊德感兴趣的假设从来都不是一个哲学假设，但毫无疑问，哲学问题不可避免地会被涉及。他的兴趣是对实践的假设。他发现如果没有提出这个假设，他无法解释甚至无法描述他遇到的大量各种各样的现象。另外，有了这个假设，他找到了一条通往极具丰富新知识的领域的道路。

在他早期生活和他最熟悉的环境里并没有出现对该观念强烈反对的情况。他的老师们——比如，迈内特（Meynert）❶——对心理学颇感兴趣，他们主要受到 J.F. 赫尔巴特（J.F. Herbart，1776—1841）观点的影响。似乎弗洛伊德读初中时就使用过一本体现赫尔巴特原理的教材（Jones，1953：409f）。认识潜意识心理过程的存在是赫尔巴特系统中的一个重要内容。尽管如此，弗洛伊德在他心理病理学研究的最早期并没有马上采纳这个假设。他似乎从一开始（这也是事实）就感到这个争论的力度，在本文开篇中就强调了这一点。这个争论就是：如果把心理活动限制为可以意识到的活动，把它们装饰成完全物理性的神经系统活动，只会"破坏心理连续性"，并给被观察的现象链之间带来难以理解的缺口。但是面对这个困难我们可以采取两种方式。一种方式是，我们可以忽视物理活动，采纳的假设是：这些缺口都被潜意识活动填满。但是另一方面，我们可以忽视意识的心理活动，建立一个纯粹的、没有任何残缺的物理链条，它可以涵

---

❶附录A中讨论了生理学家海林对弗洛伊德可能的影响。

盖所有观察到的事实。对弗洛伊德来说，他早期的科学生涯完全关注的是生理学，刚开始第二种方式的可能性对他具有难以抗拒的吸引力。毫无疑问，这种吸引力被休林斯·杰克逊（Hughlings-Jackson）的观点所增强，弗洛伊德（Freud，1891b）在专题论文《失语症》（*Aphasia*）中表达了对休林斯的赞赏，在后面附录 B（Standand Ed.）中可找到与此文相关的那一段。因此，用神经学方法描述心理病理学现象成为了弗洛伊德刚开始采用的研究方式，他在布洛伊尔（Breuer）时期的所有作品都明显基于此方法。1895 年他充满才智地开始着迷于建立一个完全脱离神经学因素的"心理学"，并在全身性地投入此研究数月后完成了此壮举。因此同年 4 月 27 日（Freud，1950a，Letter23），他写给弗利斯（Fliess）的信中写道："我如此深陷在'神经病学家的心理学'中，它对我的消耗非常大，直到我不得不打断这种过度负荷的工作。我从没有被任何事物如此强烈地操控着。会出现一些结果吗？我希望如此，但进展是艰难而又缓慢的。"数月后确实出现了一些结果，1895 年 9 月和 10 月，我们熟知的《科学心理学方案》（*Project for a Scientific Psychology*）在还未完成时就发送给了弗利斯。这个令人吃惊的成果旨在通过对两种物质实体的复杂操控来描述和解释人类所有正常和病态的行为。这两种物质分别是神经元和"流动的量"，即一种非特指的物质或化学能量。通过这种方式，假设任何潜意识心理过程的需要被完全避免了。

毫无疑问，可以找到多个原因解释为什么《方案》（*Project*）一直没有完成，为什么这个研究背后的整个思想链不久后就被抛弃了。但其根本原因是弗洛伊德神经病学家的身份被心理学家所赶超和替代：越来越明显的情况是，对那些被"精神分析"揭露的精妙之处而言，即使是神经元系统的精密结构也显得太笨重和粗劣，它只能由心理过程这种说法来解释。事实上，弗洛伊德的兴趣已经逐渐转移了。就在《失语症》发表的时候，他的治疗案例埃米·冯·N.（Frau Emmy von N.）已经接受躺椅治疗两到三年，并且该案例病史在"方案"出现的一年多前就写完了。在该病史的一个脚注里（Standard Ed.，2，76）可以看到，他第一次公开使用"潜意识"这个术语。尽管在《癔症研究》（*Studies on Hysteria*）（Freud，1895d）中他分享的基本理论表面上看可能是神经病学的，但心理学以及

第一部分 《论潜意识》 / 027

潜意识心理过程的必要性已经平稳地潜入其中。事实上，癔症的压抑理论和宣泄疗法的基本机制都迫切需要一个心理学解释，但在"方案"的第二部分，从神经学角度对它们予以解释，这些努力方向是不恰当的❶。数年后，在《梦的解析》(*The Interpretation of Dreams*)(Freud，1900a) 一书中出现了一个奇怪的转变：不仅仅关于心理学的神经学解释完全消失了，而且如果弗洛伊德在"方案"中用神经系统术语写出的大部分内容换成用心理学术语来描述，它就变得更合理和容易理解得多。潜意识概念由此彻底地建立起来。

但是，需要重复说明的是，弗洛伊德建立的不仅仅是一个形而上学的存在。他在《梦的解析》第七章的内容就如同让这个形而上学式的存在变得有血有肉。他在此第一次展示了潜意识的模样，它如何工作，如何区别于心灵的其他部分，以及它与其他部分之间相互影响的关系。他在《论潜意识》一文中返回到这些发现中，继续详述和深化对它们的认识。

然而，在刚开始，"潜意识"这个术语含义是模糊的。在《论潜意识》一文发表的三年前，弗洛伊德 (Freud，1912g) 用英语为《心理学研究学会》(*Society for Psychical Research*) 写了一篇论文，从很多方面来说，它是《论潜意识》一文的前身，弗洛伊德在此文中详细探讨了这个术语的模糊性，并区分了对该词"描述性""动力性"和"系统性"的使用方式。他在本文第二节中再次做了区分 (p172ff.)，虽然与之前的方式略有差异。他 (Freud，1923b) 在《自我与本我》(*The Ego and the Id*)(Freud，1923b) 第一章中再次提到这点，并且在《精神分析新论》(*New Introductory Lectures*)(Freud，1933a) 中花了更大篇幅对此进行讨论。在本文中他清楚地声明，"意识"和"潜意识"的区分无法有条理地对应心理各个系统之间的差异性 (p192)。但直到在《自我与本我》一文中，弗洛伊德引入了一个新的心理结构图，才把这整个立场转变为清晰的观点。然而，尽管"有意识或潜意识？"（对于区分心理系统而言——译者按）并不是一个令人满意的操作标准，但弗洛伊德一直坚持认为〔在本文第37页和第53页两处，在《自我

---

❶奇怪的是，在对《癔症研究》的理论贡献中，布洛伊尔是第一个为潜意识观念详尽辩护的人。

和本我》和《精神分析新论》中也同样如此]这个标准"是我们在深度心理学的黑暗中可最后诉诸的一盏航标灯"❶。

---

❶ 在《自我与本我》第一章结束语中——英语读者必定注意到,"潜意识的"(unconscious)一词的含义更加模糊,而这种模糊性在德语中几乎不存在。在德语中,"bewusst"和"unbewusst"代表着被动分词的语法形式,它们的常用含义是指什么内容"被意识知道"(consciously known)和"不被意识知道"(not consciously known)。在英语中,"意识的"(conscious)一词,尽管也可以这么使用,但更加常见的情况是具有主动的含义:"他意识到声音"或者"他毫无意识地躺在那里"。德语术语里通常没有主动含义。所以要谨记于心的是,本文当中使用的"conscious"一词通常代表的是被动含义。但德语"Bewusstsein"一词在本文中翻译为"意识"(consciousness),却具有主动含义。比如在论文第41页中,弗洛伊德提到一个心理活动成了"意识(consciousness)的对象",另外在论文第一节的最后一段(第36页),弗洛伊德也提到"通过意识(consciousness)觉知心理活动"。总体而言,如果他使用词语"我们的意识(our consciousness)"时,他指的是我们意识到的内容(our consciousness of something),当他希望心理状态中的意识具有被动含义时,他会使用德语"Bewusstheit"一词,英文翻译为"the attribute of being conscious""the fact of being conscious""being conscious",即"被意识到"——英文"conscious"一词几乎在所有的文章中都是带有被动含义的。

论潜意识

我们从精神分析中学到，压抑过程的本质并不是结束或者消除某种体现本能的观念，而是防止它被意识化。当这个过程发生时，我们说这个观念处在一种"潜意识"❶状态。而且我们可以充分地证明，即使这个观念是潜意识的，它也能产生作用，最终甚至会影响意识内容。所有被压抑的内容必须保留在潜意识中，但我们一开始要声明一点，被压抑的内容不包含所有的潜意识内容。潜意识有更广阔的范围，被压抑的内容只是其中的一部分。

我们如何获得对潜意识的认识呢？当然只能在它经过转化或转译为意识内容之后，我们才能了解它。精神分析的工作每天都向我们揭示，这种转译是有可能的。为了有助于转变的发生，接受分析的人必须克服某种阻抗，这些阻抗就如同之前将相关内容压抑的阻抗一样，会抗拒这些内容进入意识。

Ⅰ. 对潜意识概念的辩护

我们有权利假设一些心理过程是潜意识存在的，并为了科学工作目的使用这个假设。但这样的权利在很多方面被驳斥了。面对这些，我们的回答是：关于潜意识的假设是必要和合理的，我们有大量证据证实它的存在。

---

❶ 见编者导言，第 31 页的脚注

之所以说是必要的，是因为意识内容的信息本身就有很多的漏洞；不管是健康的人还是患者，经常会出现一些无法从意识上解释的言行举止，只能通过假定存在一些其他的行为来解释。这不仅包括健康人群的失误行为和梦，还有所有被描述为精神症状（psychical symptom）或强迫症的一切；我们最个人化的日常经验会让我们熟悉一些进入脑海的观念和理智的结论。但我们并不知道这些观念和结论从何而来，以及是如何形成的。如果我们坚持认为所有的心理活动都必须通过意识才能经验到的话，那这些有意识的活动会缺乏连贯性和难以理解；另外，如果我们在它们之间插入推测存在的潜意识活动，这些活动之间就具有了一个明显的联系。突破直接经验的限制来获取意义，这是一个完全正当的理由。除此之外，假设存在潜意识使我们能构建一个成功的方法，它能帮助我们对意识过程施加有效的影响。这又会对我们关于潜意识存在的假设提供无可争议的证据支持。鉴于此，我们必须采纳的立场是：那种主张凡是内心发生的一切均必须被意识所觉察到的看法，是站不住脚的。

为支持潜意识心理状态的存在，我们会进一步提出：在任何时候，意识到的内容都仅包含了内心的一小部分，所以大部分被我们称为意识知识（conscious knowledge）的东西在相当长时间里都必定处于潜伏状态。也就是说，都在潜意识心理中。当我们考虑到所有潜伏的记忆的时候，否认潜意识存在的观点就显得完全不可理喻了。但在这里会有人提出异议，认为这些潜伏的记忆不应该再看作是心理活动，而只是类似于身体反应的残留物，通过它可以再次引发其中的心理活动。对这种说法的明确答复是：恰恰相反，一个潜伏的记忆就是一个心理反应的残留物。然而更重要的是，我们要清楚意识到，这个反对意见建立在一个错误的等式上：意识活动等同于心理活动。这一等式虽未被明确提出，却被一些人视作不言自明的事情。这个等式要么被当作一种预期理由，未经证实地假定所有心理活动都必须是意识活动；要么只是把它当作一个惯例或命名的问题。后者如同其他惯例一样不接受质疑。然而不管这个惯例多么方便以致我们必须要接受它，这个问题仍然存在。针对此点，我们的回复是：这种将心理和意识混淆的习惯性等式是不恰当的。它破坏了心理的连续性，使我们陷入了关于心身平行论（psychophysical parallelism）❶无法解决的难题中。它还很容易遭到非议，因为它在没有任何可靠依据的情况下，过高地估计了意识所起的作用。并且它还迫使我们过早地从心理学研究领域中退出来，却没有一个可以作为这种损失之补偿的其他去处。

潜在的精神活动状态无可否认地存在着。但将它们看作是一种可意识化的心理状态还是物质状态的问题是如此常见，这迫使我们必须打一场笔墨官司来解决这个问题。对于这些有争议的状态，我们最好先将注意力放在我们已明确的性质上来。如果从它们的物理特性来看，我们是完全无法理解它们的：没有任何生理学概念或者化学过程可以定义它们的性质。而另一面，我们确定它们和意识化心理活动有着千丝万缕的联系；通过一些工作的帮助，它们可以被转化或者替代为意识化心理活动。所有我们用来描述意识化心理活动的分类，比如想法、目的、决心，等等，都适用于它们。的确，我们不得不承认，有时候这些潜在的状态与意识化心理活动的唯一区别只是在于缺乏意识化。因此我们理应毫不犹豫将它们当作心理研究的对象，并且将其视为意识化心理活动最密切的"朋友"来对待。

对潜在精神活动心理学属性的顽固否认，是因为大部分相关的现象还没有成为精神分析之外的研究对象。对那些忽视病理事实，认为正常人的失误只是一种偶然事件，满足于相信"梦只是泡影"（*Träume sind Schäume*）❷这种古老格言的人来说，他们只会忽视更多关于意识的心理学问题，用来回避必须假设存在潜意识心理活动的情况。顺便说一句，甚至在精神分析没有出现之前，催眠实验，特别是催眠后暗示，也已经实实在在地展示了心理潜意识的存在和它的运作机制。❸

进一步来说，对潜意识存在的假设也是完全合理的，因为推论它的存在，一点也没有脱离我们常规和普遍接受的思维模式。意识使得我们每个人都知道自己的心理状态，也会将他人身上可观察到的言谈举止作类比，推论

---

❶弗洛伊德似乎一度倾向于接受心身平行理论，他在《失语症》（Freud, 1891b：56ff）一书中曾建议使用该理论。在本文附录 B 中可以找到此内容
❷参见《梦的解析》（Freud, 1900a, Standard Ed., 4：133）。
❸弗洛伊德在未完成的论著《精神分析纲要》（Freud, 1940b）中，最后一次讨论了此主题，并以相当长的篇幅论证了催眠后暗示的真实性。

他们也具备意识，以便我们理解他们的行为。（毫无疑问从心理层面我们可以这样说：没有经过任何特殊的反思，我们就会将自身的组成部分推而广之到他人身上，当然也包括我们的意识，而且这种认同是我们理解事物的一个必要条件。）这种推论（或者说认同）在人类早期被自我推广运用到其他人，到动物、植物、到没有生命的物体，甚至到整个外部世界，并长时间被证明是有效的，因为此时它们与个体自我看起来如此相似；但随着自我和这些"身外之物"的区别越来越大，这种推论也相应变得不那么可靠。时至今日，我们已经开始质疑关于动物存在意识的判断；我们拒绝承认植物有意识，我们认为假定无生命体存在意识是一种神秘主义论调。甚至最初的认同倾向也遭受了批判——也就是，当这些"身外之物"是指我们的同类时——假定他人具备意识也只是依靠一个推论获得，并不能如我们对自身意识一样快速地确定。

精神分析仅仅是要求我们将这个推论过程也运用于自身——事实上，我们本来并没有天然想做这个事情的倾向。如果我们这样做了，我们必须说：如果我注意到一些自身行为和表现无法与我其他的心理活动相联系，我必定会将它们视作好像属于他人的东西，即它们被解释为由他人的心理活动所引起。更进一步来说，经验告诉我们，我们可以非常懂得如何去解释他人的一些行为（也就是，如何将它们纳入他人的心理活动链之中），但对于同样的行为，我们却不承认其在自己心理中发生了。这里存在一些特别的阻碍，明显使我们偏离了对自身的探索，阻止我们获得关于它的真相。

然而当我们克服内在阻力，将这个推论过程运用于自身时，并不会导致潜意识的表露；逻辑上它推导出的是另外一个意识，即第二意识，它与我们自己已知的意识相连。针对此观点，我们需要保留相当的批判性态度。首先，一个属于个体但却无法被自身知道的意识和一个属于他人的意识是完全不同的。而且，这种意识由于缺乏意识最重要的一些特征，是否值得讨论还有待商榷。对那些抗拒潜意识具有心理特征的假设的人来说，他们不可能将这个意识看作是潜在的意识。其次，精神分析表明，我们可以推论出各种各样的潜在的心理过程，它们彼此之间具有高度独立性，好像它们之间毫无联系、互不了解。如果是这样，我们必须有心理准备去假设，不仅存在第二意识，还会有第三、第四，甚至无穷无尽的意识状态，所有这些意识并不为我们所知，也彼此互不了解。再次——这也是最有争议之处——我们必须要考虑到这个事实，即分析性探索解释了一些潜在的心理过程，它们具有一些我们感到陌生甚至难以置信的特点和奇特之处，甚至直接与我们熟知的关于意识的性质截然相反。因此我们有理由修正我们关于自身的推论，甚至可以说，被证明出来的不是我们具有第二意识，而是具有一些没有被意识化的心理活动。我们也应该有理由拒绝"下意识"（subconscious）❶这个术语，因为它不正确并具有误导性的。那些著名的有关"双重意识"（double conscience）❷（意识分裂）的案例并不与我们的观点相矛盾。我们对这些案例最恰当的描述是，案例中的心理活动被分裂为两组，而意识只是在这组或那组心理活动中交替出现。

在精神分析中，我们毫不犹豫地断定：心理过程都是潜意识的，并将通过意识觉知它们的过程和通过感觉器官感知外部世界的过程做类比❸。通过这个比较，我们甚至有希望获得更多新知识。精神分析关于潜意识心理活动的假说，一方面看起来是万物泛灵论（animism）的进一步扩展，万物泛灵论促使我们在周围事物中寻找我们自身意识的复制品。另一方面可以看作是康德观点的进一步延伸，他修正了我们关于感知外部世界的一些观点。康德曾警告我们，不要忽视我们的感知是受主观性限制的，必定不能将其与被感知的外部事物等同起来，尽管这些事物是令人费解的。精神分析同样也警告我们，不要将意识到的知觉与潜意识心理过程等同起来，尽管后者是前者的目标。如同物理世界一样，心理内容也不一定像它看起来那样的真实无误。还好我们高兴地获知，修正内在知觉并不会像修正外在知觉那样困难，也就是说，内部对象比外部世界更容易被了解掌握。

---

❶ 在弗洛伊德的某些早期著作中，他曾使用过"subconscious"一词。例如，他在用法文写的论文《癔症性麻痹》（Freud，1893c）和《癔症研究》（Freud，1895，Standard Ed.，2：69）里都用过这个词。但是在《梦的解析》中（1900a，Standard Ed.，5：615），他开始不提倡使用这个词。在《精神分析引论》（the Introductory Lectures）（Freud，1916-1917）的第19讲中他再次提及了此观点。并在《非专业分析的问题》（The Question of Lay Analysis，1926e）的第二章末尾处做了更充分的论证。

❷ 法语"double conscience"即双重意识（dual consciousness）。

❸ 这一点在《梦的解析》（Freud，1900a，Standard Ed.，5：615-617）中已相当详细地论述过。

Ⅱ．"潜意识"的各种含义——地形学说观点

在进一步阐述之前，让我们先声明一个重要而复杂的事实，即潜意识化仅仅是心理过程的特点之一，它肯定无法代表其所有特征。有很多潜意识的心理活动具有不同的价值和意义。一方面，潜意识包含着一些仅仅因潜伏而暂时不被意识化的心理活动，但除了不被意识到之外，它们与可意识到的心理活动并无不同。另一方面，还有一些心理活动，比如被压抑的内容，一旦被意识到必定会凸显出来，与意识上的活动形成最天然的对比。但如果从今以后，我们描述各种心理活动时，不去关注它是意识的还是潜意识的，而只是根据它们与本能和动机的关系，根据它们自身的构成，根据它们隶属于哪层心理系统来进行分类和分析它们之间的联系的话，那么人们对它们的所有误解都会消除。然而，很多理由导致这种操作很难实现。我们在使用"意识"和"潜意识"的词语时，有时从描述的角度出发，有时从系统的角度出发，这就使得难以回避其带来的模糊性。从系统的角度出发，这些词语可以表示不同特定系统的内容和其具有的特点。为了避免这种模糊和困惑，我们可以给这些有点被武断划分的心理系统取名，这些名字不会涉及意识的特性。但我们首先需要说明的是我们根据什么理由划分这些系统。为了达到此目的，我们还是无法回避意识的特性，因为它构成了我们所有探索的出发点❶。或许至少在书面上，当我们从系统的角度使用这两个词时，可以借鉴将意识缩写为 Cs.、将潜意识缩写为 Ucs. 的提议❷。

现在，让我们进一步阐述目前精神分析所有的明确发现。我们可以说，总体而言，一个心理活动都要经历两个阶段，在这两种状态中穿插着一种检验或者审查（censorship）机制。在第一个阶段中，心理活动是潜意识的，属于 Ucs. 系统；如果在之后检验中，它被审查机制拒绝，即意味着它不被允许进入第二阶段，然后我们就可以说它受到了"压抑"，必须维持潜意识状态。然而，如果它通过了审查，进入了第二阶段，此后就属于第二系统了，也就

---

❶ 弗洛伊德在第 53 页又再次提到这点。
❷ 弗洛伊德在《梦的解析》（Freud, 1900a, Standard Ed., 5: 540ff.）中已经介绍了这些缩写。

是我们所说的 Cs. 系统。但事实上尽管它属于这个系统，并不意味着就能马上明确它与意识的相关性。这时候，它还没有被意识化，但它肯定有能力变得意识化（使用布洛伊尔的描述）❶，也就是说，在某种条件下，它可以毫无阻碍地变成意识到的内容。考虑到它可以被意识化的能力，我们也称 Cs. 系统为"前意识"（preconscious, Pcs.）。如果发现某种审查机制在前意识变成意识的过程中起到决定性作用时，我们也应该更清晰地将 Pcs. 和 Cs. 区分开来。但到目前为止，我们只需要记住，Pcs. 系统和 Cs. 系统具有相同的特性，而严厉的审查机制主要设置在从 Ucs. 到 Pcs.（或 Cs.）的过渡点上。

通过接受两个（或三个）心理系统的存在，精神分析已经从描述性"意识心理学"（psychology of consciousness）向前迈了一步，并且提出了新的问题，扩展了新的内容。到目前为止，它与意识心理学的主要区别在于它对心理活动的动力学观点；除此之外，它也考虑了心理地形学说（psychical topography），并指出了任何一个心理活动要么在系统里发生，要么在系统之间发生。考虑到它的整个企图，它被称为"深度心理学"（depth-psychology）❷。我们可以说，通过纳入下面另外一个观点，它会变得更加丰富和完善。

如果我们严肃对待心理活动的地形学说，我们就必须关注针对此学说的一个质疑。如果一个心理活动（我们在这里将其限定为一个观念❸）从 Ucs. 系统转移到 Cs.（或 Pcs.）系统，我们是否可以毫不犹豫地假设，这个转移包含了对该观念的一个新的记录——就好像是第二次登记，因此也包含了将其放在一个新的心理位置，那么原来的潜意识登记是否还继续存在呢？❹又或者，我们宁愿相信这个转移只指这个观念本身状态的改变，而它的内容和位置并没有变化？这个问题看起来很深奥，但如果我们希望对心理地形学说和心灵

---

❶ 见布洛伊尔和弗洛伊德的《癔症研究》（Breuer & Freud, 1895, Standard Ed., 2: 225）。
❷ 该名称是布洛伊尔取的。见《精神分析运动史》（*History of the Psycho-Analytic Movement*）（1914d, Standard Ed., 2: 41）。
❸ 这里的德文词是"*vorstellung*"。它涵盖了英文词"观念"（idea）、"图像"（image）和"表象"（presentation）之意。
❹ 弗洛伊德于 1896 年 12 月 6 日给弗利斯（Fliess）的信中首次提出：脑中呈现的一个观念不仅"登记"了一次（Freud, 1950a, Letter 52），在《梦的解析》第七章第二节（Freud, 1900a, Standard Ed., 5: 539）中，他用"登记"解释记忆理论。在同一章第六节（p610）中，他再次提到了"登记"，并预示了此文中所阐述的内容。

的深度有更明确的定义，那就必须面对它。为什么它很难，是因为它超出了心理学的一般范畴，涉及了心理器官（mental apparatus）与解剖学的关系。我们知道，从最粗浅的角度来说，两者之间肯定是有关系的。已经有难以反驳的研究证明了心理活动与大脑功能密切相关，而与其他器官没有关系。大脑的不同部位具有不同的作用，各个部位与特定的身体部位和心理活动又产生不同的联系。这些发现把我们的知识向前推进了一步，只是不知道前进了多远。但是，任何凭此就想要找到心理活动具体位置的企图、任何把观念看作是储存在神经细胞内、把兴奋看作是顺着神经纤维传导的设想的努力，都会彻底失败❶。我们可以说，那些企图将 Cs. 系统——意识的心理活动——的解剖学位置定位于大脑皮质，将潜意识过程定位于大脑皮质下❷的理论，都会面临同样的命运。这个定位问题成为了目前研究难以填补的空白，但这也不是心理学该解决的问题。目前来说，我们的心理地形学说与解剖学毫无关系；它不涉及解剖学位置，而是涉及了心理器官的空间，这些心理器官也许存在于身体的某个部位。

从这个角度来说，我们的工作前景是广阔的，它会根据自身需要而进展。但是我们有必要提醒自己，就目前情况来说，我们的假设还只是一个图解式说明。我们考虑的两种可能性中的第一种假设——一个观念到了 Cs. 阶段，意味着对它有一个新的登记，置于一个新的位置——毫无疑问更粗浅，但也更方便理解。第二种假设——仅仅是观念的状态发生了功能性变化——理论上推测可能性更大，但它缺乏弹性，更不容易把握。第一种是地形学说的假设，意味着 Ucs. 系统和 Cs. 系统之间存在地形上的分离，也预示着一个观点可能在心理器官空间中的两个不同位置上同时存在。事实上，如果它没有被审查机制压抑住，它通常会从一个位置前进到另外一个位置，其间可能并不会失去它之前的位置或登记。

这个观点看起来有些奇怪，但在精神分析实践的观察中得到了证实。如果我们在治疗中发现了患者的一个观念，它之前被患者压抑了，现在我们向

---

❶ 弗洛伊德在《失语症》（Freud，1891b）中非常重视脑功能定位的问题。
❷ 弗洛伊德（Freud，1888—1889）最早在其翻译伯恩海姆（Bernheim）著作《暗示》（*De La Suggestion*）的译文序言中就坚持了此想法。

患者传达出这个观念，一开始我们的告知不会给他的心理状态带来任何改变。尤其是它既不会移除压抑，也不会消除压抑的效应。尽管发生了曾经的潜意识观念现在被意识化了的事实，但这个事实并不能带来我们预期的改变。相反，我们一开始面临的将会是患者再次拒绝这个被压抑的观念。现在的真实情况是，患者的同一个观念以不同形式出现在了他心理器官中的不同位置：首先，我们告诉他的观点会形成听觉痕迹，存在于他意识的记忆中；其次，我们确定他潜意识中也保留着该经验的更早期形式❶。实际上，只有克服了阻抗（resistance）之后，意识里的观念才能进入并连接上潜意识的记忆痕迹（memory-trace），压抑的内容才会浮现出来。只有把后者本身意识化，我们才算取得了成功。从表面上看，这好像显示出意识和潜意识观点是在不同地形带有不同登记的相同内容。但仔细思考后会发现，对那些带有压抑记忆的患者来说，只有那些被告知的信息才是显而易见的。听到的事情和经验到的事情在心理学性质上是大相径庭的，尽管这些事情的内容是一样的。

所以到目前为止，我们还没办法在上述讨论的两个可能性中下决断。可能之后我们会碰到一些因素打破这个平衡，使得我们更倾向其中的一个可能性。或许我们会发现，我们所提的问题本身就不恰当，我们需要用另一种方式来定义潜意识和意识观念的差异性❷。

III. 潜意识情绪

我们之前只限于对观念的讨论，现在让我们再提出一个问题，回答这个问题必定有助于我们理论观点的进一步阐述。我们已经说过，存在潜意识和意识上的观念，但是否存在潜意识的本能冲动（instinctual impulses）、情绪和感受呢？或者将它们合并起来一起分析是否毫无意义呢？

---

❶ 关于意识和潜意识观念的地形学差异，弗洛伊德在他对"小汉斯案例"（Freud，1909b，Standard Ed.，10：120）的讨论中就有阐述，还在他的技术性论文《治疗初始》（*On Beginning the Treatment*）（Freud，1913c）的结束段有更长篇幅的论述。

❷ 这个论点在第 60~61 页再次被提及。

我本人的观点是：意识和潜意识的差异不适用于本能。一个本能永远无法成为意识的对象——只有代表此本能的观念才可以。即使在潜意识中，一个本能也只能以一个观念的形式被表征。如果本能不附着于一个观念或者以一种情感状态表现出来，那么我们将会对它一无所知。然而，我们平时常说一个潜意识的本能冲动或一个被压抑的本能冲动，这种不严谨的措辞倒也无伤大雅。我们只需要知道，这个本能冲动指的其实是一个潜意识的观念表征，不用考虑其他的意思❶。

针对潜意识感受（feelings）、情绪（emotions）和情感（affects）的问题，我们也希望能很容易地给出答案。很显然，我们都能觉察到一种情绪的本质，也就是说，它可以被我们的意识了解到。因此就情绪、感受和情感来说，它们存在潜意识特点的可能性是完全可以排除的。但在精神分析实践中，我们习惯了说潜意识的爱、恨、愤怒，等等，而且甚至发现无法避免使用一些奇怪的组合，比如"潜意识里意识到的罪恶感"❷或者一个矛盾的"潜意识焦虑"。使用这些称呼会比使用"潜意识的本能"更有意义吗？

上述两种情况事实上并不完全一致。首先有可能出现的情况是，一种情感或情绪冲动被我们觉知到了，但却被错误理解了。因为对它恰当的表征受到压抑，所以它被迫与另外一个观念相连，随后被意识当作是这个观念的表现。如果我们能恢复它正确的联系，就可以把原来的情感冲动当作是"潜意识"的。然而，情感本身从来都不是潜意识的，只是针对它的观念遭受了压抑，这是唯一发生的事情。总而言之，"潜意识情感"和"潜意识情绪"的说法指的是被压抑的本能冲动在多种因素影响下经历的变化。我们知道有三种可能的变化❸：要么情感被完全或者部分地保留为原来的样子；要么它被转换成性质不同的其他情感，尤其是转化成焦虑（anxiety）；要么它被压制（suppression）了，也就是说，它的发展完全被阻断了。（相较于针对神经症的工作，在针对梦的工作中可能更容易研究这些可能性。❹）我们也知道，

---

❶ 参见编者对《本能及其变迁》的注释（p111ff）。
❷ 德语"*Schuldbewusstsein*"，其常见对应词是"*Schuldgefühl*"，即"罪恶感"。
❸ 参见之前的《压抑》一文（p153）。
❹ 在《梦的解析》（Freud, 1900a, Standard Ed., 5：460-487）第六章第八节里可找到对"情感"的详细论述。

压抑的真实目的就是抑制情感的发展，如果这个目的没有达到，那它的工作就没有完成。在任何情况下，如果压抑成功地抑制住了情感的发展，我们会说这些情感（当取消压抑时，它们又可以恢复原状）是"潜意识的"。因此我们必须承认，使用这些说法时缺乏一致性；但和潜意识观念相比，后者存在一个明显的区别，即潜意识观念被压抑后，仍会以 Ucs. 系统中的一个实际的结构而继续存在。而 Ucs. 系统中相对应的潜意识情感，在刚开始时就可能被阻止继续发展了。尽管使用时挑不出语义学上的毛病，但严格来说，我们可以说存在"潜意识观念"，而不应该说存在"潜意识情感"。但是，Ucs. 系统中很有可能存在情感性的结构，像其他内容一样，也可以被意识化。上述的整个区别建立在一个事实基础上——观念基本上是针对记忆痕迹的一种精神贯注（cathexis），而情感和情绪对应的是释能（discharge）的过程，它们最终的表现就是我们觉知到的"感受"。就目前我们对情感和情绪了解的程度来看，我们无法更清楚地说明这个区别了❶。

我们已经发现的让人特别感兴趣的事实是：压抑可以成功抑制一个本能冲动转化为一种情感表现。这个事实表明，一般来说，Cs. 系统同时控制着情感作用和通往行为的途径。它强调了压抑的重要性，因为压抑不仅使一些东西不被意识到，还阻止了情感的发展和肌肉运动的启合。相反地，我们也可以说，只要 Cs. 系统控制着情感作用和行为，那可以说这个人的精神状态是正常的。不过，这个控制系统（Cs. 系统）与这两种连续的释放过程❷（情感和肌肉运动）的关系有一个明显的差别：Cs. 系统对随意运动的控制是深入而稳定的，它经常要耐受神经症的猛烈攻击，只在精神病发作时才会行为崩溃，而 Cs. 系统对情感发展的控制并不稳固。即使在正常人当中，我们也会看到在 Cs. 系统和 Ucs. 系统之间，为了争夺对情感作用的优势而发生的持久争斗，会看到双方都影响着此过程并因此出现了一些相互混合的作用力。

Cs. 系统（Pcs.）❸对于释放情感和行为的重要性，也使我们能理解替

---

❶ 该问题在《自我与本我》（Freud, 1923b）的第二章再次被讨论。
❷ 情感反应基本上表现在促分泌和血管舒缩运动的释能上，从而导致个体身体的一个（内部）变化，它与外部世界无关；而肌肉运动却是在影响外部世界的行为中体现出来的。
❸ 只有在 1915 年版本中，此处没有出现"Pcs."。

代性观念（substitutive ideas）在决定疾病形式时所起的作用。对情感发展来说，它有可能直接从 Ucs. 系统开始；在这种情况下，这些情感总是带有焦虑的性质，毕竟所有"被压抑"的情感都是可以和焦虑互换的。然而，对本能冲动来说，更常见的情况是，它们需要耐心等待，直到在 Cs. 系统中找到一个替代性观念才行。如此一来，情感发展也可以在这个意识化的替代观念基础上开始。而这个替代物的性质决定了情感的性质。我们曾经断言，在压抑过程中情感和它附属的观念之间会出现分离，然后它们会经历各自的变化。从描述上，这没有什么争议；但事实上，情感一般都不会产生，直到那些冲动能突破到 Cs. 系统并成功找到一个新的表征后才会出现。

Ⅳ. 压抑的地形学说和动力学

我们已得出，压抑的本质是一个对观念产生影响的过程，这些观念存在于 Ucs. 系统和 Pcs.（Cs.）系统的边界上。现在我们可以尝试更详细地描述这个过程。

这个过程必定是跟精神贯注（cathexis）的撤回有关。但问题是，这个撤回发生在哪个系统？撤回的精神贯注又去往哪个系统呢？被压抑的观念在 Ucs. 系统中还能保持作用力，这必定说明它还保留着精神贯注，那被撤回的就一定是其他的东西。让我们拿狭义的压抑（repression proper）——压力后（after-pressure）的情况举例，因为在这种情况下，它指的是对前意识甚至可以说是意识的观念的影响。在这里，压抑只会将属于 Cs. 系统或 Pcs. 系统的精神贯注从观念中撤回。随后该观念要么保持无贯注状态，要么保留它之前就有的 Ucs. 系统贯注，要么重新接受来自 Ucs. 系统的贯注。因此相对应地就会涉及对该观念前意识贯注的撤回、原潜意识贯注的保留，或者由另外一种潜意识贯注代替前意识贯注。我们更需要注意到，这些思考（好似无意地）建立在一个假设上，即一个观念从 Ucs. 系统到相邻系统之间的转变，并不是依赖于制造一个新的登记而是它状态本身的改变，也就是对它精神贯注的改变。因此在这里，功能性假说轻易打败了地形学假说（前文提到）。

但这个撤回力比多❶（libido）的过程还不足以解释压抑的另外一个特点。我们并不清楚，为什么保留了精神贯注或接受了Ucs.系统精神贯注的观念，凭借它的精神贯注，不能重新试图进入Pcs.系统。如果它可以做到的话，那从它身上撤回力比多的过程就会被不断重复，同样的表现会一直持续下去，但这样就不会出现压抑的结局了。而且，如果涉及描述原初压抑（primal repression），上述讨论的前意识精神贯注的撤回过程并不适用；因为在原初压抑中，我们说的是一种潜意识观念，它还从来没有接受过来自Pcs.系统的精神贯注，因此它也不含有从那里来的精神贯注。

因此，我们需要另外一个过程，用来在第一种情况下（压力后）保持压抑的结局，以及在第二种情况下（关于原初压抑）确保压抑的建立和维持。这个过程只能通过假设存在一个"反精神贯注"（anticathexis）的过程来实现，通过此过程，Pcs.保护自身免受来自潜意识观念的压力。从临床案例中，我们可以看到这样的"反精神贯注"如何在Pcs.系统中显示自身。它代表了原初压抑需要持续消耗的能量，并且因此保证了压抑的维持。反精神贯注是原初压抑的唯一作用机制。而对狭义的压抑（"压力后"）来说，除此之外，还多出了Pcs.系统精神贯注的撤回过程。很有可能的情况是，正是那些从观念中撤回的精神贯注会被用作反精神贯注。

由此我们可以看到，我们对于心理现象的解释如何逐渐囊括和采用了第三个观点，即除了动力性和地形学说这两种观点之外，我们也采用了经济学观点。它会努力执行大量的兴奋变化，并至少对它们的兴奋量级进行一些相对的评估。

我们有理由给这种看待问题的整体方式取个名字，因为它是精神分析研究的成就。我提议，当我们能成功地从动力学、地形学和经济学角度描述一个心理过程，我们可以称其为一种元心理学❷式说明。但我们又必须马上声明，就目前我们的知识水平而言，我们只是成功地达到了很小一部分目标。

---

❶ 在这里使用"力比多"的原因，可见往下的第四段。
❷ 弗洛伊德大约于20年前，在1896年2月13日写给弗利斯的信中（Freud, 1950a, Letter 41）首次使用该词汇。直到他出版的著作《日常生活心理病理学》（*Psychopathology of Everyday Life*, 1901b）第十二章中，他才再次提到它。

让我们尝试着给我们已经熟知的三种移情神经症的压抑过程做一种元心理学描述。在这里，我们会用"力比多❶"代替"精神贯注"，因为我们下面将面对的是性冲动能量的变迁。

在焦虑性癔症（anxiety hysteria）中，压抑过程的第一阶段通常被忽视了，甚至可能被漏掉了。然而，如果仔细观察，它还是可清晰地被辨认出来。它就存在于个体不知道自己害怕什么的焦虑当中。我们必须假设，在 Ucs. 系统中存在一些爱欲的冲动，它要求被转移到 Pcs. 系统中去，但是从 Pcs. 系统中指向这些冲动的精神贯注被撤回了（如同一种逃离的方式），这样一来，这个被拒绝的观念中含有的潜意识力比多会以一种焦虑的方式被释放出来。

当这个过程重复（如果存在这种重复）出现时，下一步的方向就是要控制这种令人不愉快的焦虑继续发展❷。已经撤回的前意识精神贯注将自身与一个替代性观念结合，这个观念一方面通过联想与已被拒绝的观念相连，另一方面因为它与该观念的疏离，又逃避了被压抑的命运。这个替代性观念——一个"经移置（replacement）的替代物"——使得那仍然无法抑制的焦虑得以合理化。接下来它在 Cs.（Pcs.）❸ 系统中发挥了反精神贯注的作用，它通过遏制被压抑的观念出现在 Cs. 系统来保护该系统。另外，它又成了（至少表现出来的是）释放那些变得更难以抑制的焦虑-情感的起点。例如，在临床观察中可以发现，一个患动物恐怖症的孩子会在两种情况下体验到焦虑：第一种情况是，当他压抑的爱欲冲动变得更强烈的时候；第二种情况是，当他察觉到他害怕的动物存在的时候。在第一种情况中，这个替代性观念发挥了从 Ucs. 系统到 Cs. 系统过渡的通道作用。在另外一种情况，这个观念成了焦虑释放的一个自我满足的来源。Cs. 系统不断增加的主导权通常体现在一个事实上，即这两种刺激替代性观念的模式中，第一种模式逐渐让位于第二种模式。这个孩子可能的结局是，他表现出好像他对他的父亲没有任何喜爱，完全不受对方的影响，并且他对动物的害怕好像变成了一种

---

❶ 弗洛伊德曾在前文提及过。
❷ 这是这一过程的第二阶段。
❸ 只有在 1915 年版本中，此处没有出现"Pcs."。

真切的恐惧——尽管这种对动物的恐惧是源于一个潜意识本能导致的恐惧，在面对来自 Cs. 系统的所有影响时，它显得顽固而夸大，因此偏离了其 Ucs. 系统的源头。在焦虑性癔症的第二阶段，来自 Cs. 系统的反精神贯注导致了替代形成（substitute-formation）。

同样的机制很快找到了新的用武之地。如我们所知，压抑的过程还没有完成，它更进一步的目标是抑制由替代物所引发的焦虑进展❶。此目标的达成依赖于替代性观念所在的整个相关环境，此时这些观念被高度精神贯注着，所以整个环境对刺激具有高度敏感性。基于这种环境与替代性观念的联系，对这个外部结构任何一点的刺激都会难以避免地引发轻微的焦虑反应；这个反应又被当作一个信号，通过一个新的逃离 Pcs. 系统精神贯注的方式（即反精神贯注——译者按），用来抑制焦虑的进一步发展❷。这种敏感和警惕的反精神贯注离替代性观念扩展得越远，它用来隔离替代性观念，保护它免受新的刺激的机制就会发挥更精准的作用。它本来只用来防范来自外界，通过知觉获得的刺激；它从来不提防来自本能的刺激，这些本能刺激可以通过被压抑观念与替代性观念的联系到达替代物。因此只有在替代物满意地取代了被压抑观念的表征后，这种防范才会启动，而且它们也绝不会完全稳定地运行。这种本能刺激每增加一点，围绕着替代性观念的保护性壁垒也必须随之往外扩展一点。这样的整个结构也在其他神经症中以类似的方式建立，可称之为恐怖症（phobia）。我们从焦虑性癔症中见到的回避、否认和禁止等症状，都是替代性观念逃避意识精神贯注的表现。

纵览这整个过程，我们可以说，第三个阶段是在更大程度上重复了第二个阶段的工作。Cs. 系统通过对替代性观念的环境的反精神贯注，使替代性观念避免被激活，从而保护了自身系统。就如同它之前通过对替代性观念的精神贯注，使被压抑的观念无法出现一样保护了自身。通过这种方

---

❶ 这是第三阶段。
❷ 不愉快感的小的释放对阻止更大的释放起到"信号"作用——这在弗洛伊德 1895 年的《方案》（Freud, 1950a, Part Ⅱ, Section 6）和《梦的解析》（Freud, 1900a, Standard Ed., 5: 602）中都可以找到。当然，这一观点在《抑制、症状与焦虑》（Freud, 1926b）中得到了明显的发展，例如在其第十一章第一节。

式，通过置换机制形成的替代物会进一步维持。必须补充的一点是：一开始 Cs. 系统只有一小部分区域是可以让被压抑的本能观念突破进入的，也就是替代性观念，但这个被潜意识影响的范围最后会逐渐蔓延到恐怖症的整个外部结构。我们更需要重视这个有趣的结果，即通过启动整个防御机制，完成了将本能危险向外投射（projection）的过程。自我表现得好像那些威胁它的焦虑危险不是来自内部本能冲动的方向，而是来自知觉的方向。因此它使得自我以恐怖症行为回避的方式试图逃离这些外部危险。在这个过程中，压抑在某一个点上特别成功：虽然以牺牲了个体自由为沉重代价，但在某种程度上拦截了焦虑。然而，总体而言，那些逃离本能要求的企图都是无用的。不管怎么样，逃避恐怖难以达到令人满意的结果。

我们在焦虑性癔症中得到的大部分发现都适用于其他两种神经症，所以我们接下来的讨论可以限定到它们的差异性和反精神贯注所起的作用上。在转换性癔症（conversion hysteria）中，被压抑观念的本能性贯注被转换成神经支配的症状。在多大程度上和处于何种条件下，潜意识观念的本能贯注被排空并释放到支配的神经中，以便它能放弃对 Cs. 系统的压迫——这些以及与其类似的问题都最好留给有关癔症的专门性研究去解决❶。在转换性癔症中，源于 Cs.（Pcs.）❷ 系统的反精神贯注所起的作用是清晰的，它体现在症状的形成中。就是这种反精神贯注决定了整个本能表征的精神贯注应该集中在本能的哪个部分。这个部分因此被选出来形成了症状，它既满足了表达本能冲动的目标，也体现了 Cs. 系统防御或者惩罚性的努力成果，因此它变得被高度精神贯注（hypercathected）了，如同焦虑性癔症中的替代性观念一样，它从两个方向被维持着。从这个情况来看，我们可以毫不犹豫地推论：Cs. 系统花费在压抑上的能量不需要像花费在症状上的贯注能量那么多，因为压抑的程度由使用的反精神贯注的强度来衡量，而症状的维持不仅仅靠这个反精神贯注，还需要来自 Cs. 系统的本能贯注，这些精神贯注已

---

❶很可能这里涉及弗洛伊德的一篇下落不明的关于转换性癔症的元心理学论文［弗洛伊德在《癔症研究》（1895d, Standard Ed., 2: 166-167）中已触及此问题］。

❷只有在 1915 年版本中，此处没有出现 "Pcs."。

被压缩到症状中。

对于强迫性神经症（obsessional neurosis），除了之前论文中提到的观察结果，我们仅需要补充的是：在此病中，Cs. 系统的反精神贯注凸显出来，占据了最引人注目的位置。也正是它以反向形成（reaction formation）的方式，制造了第一层压抑。随后它又成了被压抑观念进入 Cs. 系统的突破口。我们可以大胆假设，由于反精神贯注的强势且得不到释放，压抑在焦虑性神经症和强迫性神经症中的工作效果，远没有在转换性神经症中表现得那么出色。

V. Ucs. 系统的特点

我们已经区分开了两种心理系统，当我们更进一步观察其中的 Ucs. 系统时，它再一次显示出与 Cs. 系统不同的特点，这给两者之间带来了更明显的区别。

Ucs. 系统的核心包括了各种本能表征，它们一直在寻求释放自身的精神贯注；也就是说，它包含了渴望的冲动。这些本能冲动彼此合作，而且相互之间没有矛盾、冲突。当两个渴望的冲动之间出现了我们以为的无法相容的目标时，它们可以同时被激活。两个冲动并不会彼此削弱对方或者消除对方，而是联合起来形成一个中间目标，即一种妥协形式。

在这个系统里，没有否定，没有怀疑，没有确定性；只有经过位于 Ucs. 系统和 Pcs. 系统之间的审查工作后，上述一切才能出现。在更高层面上，否定就是压抑的替代者❶。而在 Ucs. 系统中，只存在着由强弱不等的精神贯注所构成的内容。

处于 Ucs. 系统中的精神贯注强度的流动性是非常大的。通过移置过程，一个观念向另外一个观念交出所有的配额贯注；通过凝缩（condensation）过程，它又可能占用其他数个观念的精神贯注。我曾经提议，将这两个过程看

---

❶ 弗洛伊德已在《诙谐及其与潜意识的关系》（Freud, 1905c）一文第六章里宣称了此点。还可参见弗洛伊德之后关于《否定》（Negation）的讨论（Freud, 1925h）。

作是我们称为初级心理过程（primary psychical process）的特定标志。而在 Pcs. 系统，次级心理过程（secondary psychical process）❶更占优势。当一个初级过程的发生与属于 Pcs. 系统的某些内容相连接时，就会显示出"喜剧"效果而引人发笑❷。

Ucs. 系统里的过程都无时间性，即它们不按时间顺序进行，也不因时间的推移而改变，与时间不发生任何关系。再次声明，只有 Cs.❸ 系统中的活动才与时间建立起联系。

Ucs. 系统中的活动很少顾及现实。它们遵循快乐原则；它们的命运只取决于其本身力量的强弱，以及它们是否能满足快乐-不快乐原则❹的要求。

总而言之，相互没有矛盾、初级过程（精神贯注的移动性）、无时间性，以及以心理现实代替外界现实——这些都是我们从 Ucs. 系统❺的活动中可期望发现的几个特征。

我们只有通过梦和神经症才能认识潜意识过程，也就是说，在更高级的

---

❶ 参见《梦的解析》（Freud，1900a，Standard Ed.，5：588ff）第七章的讨论。这个讨论由布洛伊尔在《癔症研究》（Breuer & Freud，1895）里提出的观点发展而来。弗洛伊德把这些假设归功于布洛伊尔，这样的言论在编者导言（Standard Ed.，2：XVII）和同卷的一个脚注中都可以找到（Standard Ed.，2：194）。

❷ 弗洛伊德在《梦的解析》（Freud，1900a，Standard Ed.，5：605）第七章，以非常类似的语言表达了这个思想。而在《诙谐及其与潜意识的关系》（Freud，1905c）里对此做了更充分的论述，特别是在第七章第二、第三节中。

❸ 只有在 1915 年版本中，此处出现的是 "Pcs."。在弗洛伊德的作品中，到处可以找到潜意识的"无时间性"的说法。这个说法最早可追溯到 1897 年，他宣称（Freud，1950a，Draft M）："毫无疑问，忽视时间的特性是前意识和潜意识活动之间的基本区别。"他在《梦的解析》（Freud，1900a，Standard Ed.，5：557-558）中也间接提到此观点。但是，第一次明确公开阐述它似乎是在 1907 年对《日常生活心理病理学》（Freud，1901b）最后一章结尾处添加的一个脚注里。另外，他在《论自恋》（p96）的一个脚注里也附带提及。弗洛伊德在后来的作品中不止一次重提这个问题，尤其是在《超越快乐原则》（Freud，1920a，Standard Ed.，18：28）和《精神分析新论》（Freud，1933a）第 31 讲中。关于该问题的讨论也曾在 1911 年 11 月 8 日维也纳精神分析学会举办的一个会议上进行过，此会议还发表了会议记录，里面总结了弗洛伊德在那个时候提出的一些评论。

❹ 参见《心理功能的两个原则》（*The Two Principles of Mental Functioning*）（Freud，1911b）第八节。下一篇文章详细论述的是"现实检验"。

❺ 为了另外一种语境，我们没有提到 Ucs. 系统另一个显著的特权（这里可能指的是 Ucs. 和言语之间的关系；或者也可能涉及某篇未发表的文章）。

Pcs. 系统通过退行回到更初级阶段时。潜意识过程不能单独被认识,事实上,它们甚至不能独立存在;Ucs. 系统出现后很快就被 Pcs. 系统所覆盖,只有 Pcs. 系统掌控着进入意识和导致活动的通道。Ucs. 系统将能量释放进入躯体的神经支配,然后导致了情感的发展;但我们可以看到,即使这样的释能途径也受到了 Pcs. 系统的争夺。正常情况下,Ucs. 系统自身没有办法引发哪怕是权宜之计的肌肉运动,它能做的仅仅是那些已经预设的反射动作。

如果要充分理解我们已经描述过的 Ucs. 系统种种特征的意义,我们需要将它们同 Pcs. 系统的特性加以对照和比较,但这样又使论述范围太广。所以,我建议我们先停留在目前这一步,等到我们讨论更高层的系统时,再比较两者也不迟❶。目前我们只能先对几个最重要的问题做出阐析。

Pcs. 系统中的活动——不管是已经有意识的,还是仅仅有可能会意识到的——都会显示出一种对贯注观念释放倾向的抑制。当一个活动从一种观念转向另外一种观念时,第一种观念会保留部分的精神贯注,只有一小部分贯注发生移置。所以在初级过程中常见的移置和凝缩是被排斥或者严格限定的。这种情况促使布洛伊尔假设:在心理生活中,存在两种不同状态的贯注能量。在一种状态下,能量被紧张地"约束"着;在另外一种状态下,能量是自由流动并寻求向外释放的❷。在我看来,这种区别代表了我们到目前为止对神经能量(nervous energy)本质的最深刻洞悉,我们无法回避地要做出这个区分。并且我们迫切需要进一步讨论它的元心理学式描述,尽管目前来说,这无疑是个大胆举动。

另外,它移交给 Pcs. 系统的任务包括:使各种不同的观念性内容之间相互交流、相互影响;及时给它们指令❸;设置一个或多个审查机制;还有"现实性检验"(reality-testing)和现实性原则(reality-principle)也归属于

---

❶ 或许涉及那篇已丢失的论意识的论文。
❷ 参见第 49 页的脚注 1。
❸ 在弗洛伊德的论文《神秘书写板札记》(*Mystic Writing Pad*)(Freud,1925a)倒数第二段里有暗示一种作用机制,通过该机制,Pcs. 系统可以达到此效果。

它的管辖范围。而且意识记忆似乎全部依赖于 Pcs.❶ 系统。它应该与体现 Ucs. 系统经验的记忆痕迹清晰区分开。意识记忆很有可能对应了我们之前提议（这个提议后又被拒绝）的特殊登记，这种登记用来解释意识观念和潜意识观念的关系。通过这层关系，我们可以找到一些方法结束我们之前对更高层系统命名的摇摆不定——到目前为止，我们对这一系统尚难明确称谓，有时称 Pcs. 系统，有时称 Cs. 系统。

在这里我们有理由提出忠告：对于我们发现的两个系统间分布的各种心理功能，不要过于急着归纳概括。我们所描述的是成年人的心理状态，严格说来，Ucs. 系统的运行只能看作是更高层系统（Pcs.）的初级阶段。在个体发展过程中，会体现这一系统的哪些内容和联系呢？在动物身上这一系统又有何意义呢？对这些问题，都无法从我们的描述中推论出答案。需要对这些问题进行独立研究❷。而且，对于人类来说，我们必须准备好发现可能的致病条件，在这些致病条件下，这两个系统会改变，甚至交换彼此的内容和特征。

VI. 两个系统间的交流

这里存在一种无疑是错误的假设，即认为 Ucs. 系统已经没有作用，心灵的所有工作都由 Pcs. 系统执行，认为 Ucs. 系统只是某种退化器官，是进化过程所遗留下来的痕迹。而另一种同样错误的假设是，认为这两种系统之间仅限于通过压抑活动而交流，即 Pcs. 系统将所有令其不安的东西抛入 Ucs. 系统的无底深渊。与之相反，Ucs. 系统活力十足且能不断发展，并与 Pcs. 系统保持着千丝万缕的联系，包括相互合作的关系。总而言之，我必须声明从 Ucs. 系统会不断延伸出我们熟悉的衍生物❸，它可以受到生活经历的影响，也能持续不断地影响 Pcs. 系统，甚至它也会受到来自 Pcs. 系统

---

❶ 只有在 1915 年版本中，此处出现的是 Cs. 。
❷ 弗洛伊德对动物元心理学所作的评论非常少，在《精神分析纲要》（Freud，1940a）第一章结尾处可找到一段。
❸ 见《压抑》（*Repression*）一文，第 149 页。

的影响。

通过对 Ucs. 系统的衍生物的研究，我们将会对图式般清晰划分出两个系统的期待感到彻底失望。这无疑会让人对我们的结论不满，也很可能让人怀疑我们当初划分心理过程的方法的价值。然而，我们的回答是，我们的目的只是将我们观察的结果转化成理论。我们没有责任去想方设法建立一个既全面又以简单性为傲的理论。只要这个理论符合我们观察的结果，我们就会捍卫它的复杂性。我们也不要放弃期待这些复杂性最终可以引领我们发现一种情形，这个情形虽然本身简单，却能解释所有现实中的复杂性。

在所有的 Ucs. 系统本能冲动的衍生物（包括我们之前描述的那些）中，一些衍生物存在着一些与其本身对立的特征。一方面，它们高度结构化，没有自相矛盾之处，能充分利用从 Cs. 系统获得的所有东西，所以我们很难判断它与 Cs. 系统内容的区别。另一方面，它们又是潜意识的，无法被意识到。因此，从性质上来讲，它们属于 Pcs. 系统，但事实上却归属于 Ucs. 系统。它们的出身决定了它们的命运。我们可以将它们与人类的混血儿相比较，整体上看，他们都很像白人，但他们又表现出一些与他们的肤色血统不一致的显著特征。因此他们受到白人社会的排挤，也不能享受白人的特权。这个正是正常人和神经症患者的幻想所具有的特点。我们把幻想看作是梦和心理症状形成的初始阶段，尽管它们高度结构化，但仍是被压抑的，因此无法被意识到❶。它们靠近意识层面，但只要它们没有得到强烈的精神贯注，就不会被扰动。但是一旦超过了某种程度的精神贯注，它们就会被挤回至潜意识。替代形成虽然也是这种高度结构化的 Ucs. 系统衍生物，但当环境适宜时，它们可以成功突破封锁进入意识层。比如，当它们碰巧与来自 Pcs. 系统的反精神贯注形成合力的时候。

当我们在其他地方❷更仔细地考察进入意识的条件时，我们有可能找出在这个结合处出现的一些困难的解决办法。在这里，我们适合从意识的角度来看待问题，而不是采用我们过去的方法，即从 Ucs. 系统往上看。

---

❶弗洛伊德在 1920 年对其《性学三论》第三篇第五节（Freud, 1905a, Standard Ed., 7: 226）所添加的一个脚注中对这个问题有更详细的阐述。

❷这里很可能涉及那篇丢失的论意识的论文。

对意识来说，所有的心理活动都出现在前意识的领域。前意识有一大部分源自潜意识，它们具有潜意识衍生物的特征，因此它们进入意识之前要被迫接受审查。而 Pcs. 系统的另一部分可以不用任何审查，就能进入意识。在这里，我们与之前的假设有了矛盾冲突。在之前讨论压抑的主题时，我们不得不设想在 Ucs. 系统和 Pcs. 系统之间存在着一个审查机制，它决定了什么可以被意识化。现在很有可能在 Pcs. 系统和 Cs. 系统❶之间也存在着一个审查机制。然而我们最好不要把这个复杂的情况看作一种新的困难，而是假设从一个系统到上面一级系统（也就是，每向更高一级的心理结构迈进一步）的每一个过渡都对应着一个新的审查机制。这样我们就算是放弃了原来的假设——需要不断制定新的登记的假设。

我们遇到的所有困难，究其原因都可归结于这样一个事实：我们所能直接观察到的心理过程的唯一特征，就是其意识性，但意识性又无法作为划分不同系统的合适标准。除了意识领域的内容不一定总被意识到这一事实以外，我们还观察到，很多具有 Pcs. 系统特征的内容也不能被意识到；另外，我们还了解到，能否进入意识取决于 Pcs. 系统是否将注意力调转到某个方向❷。因此，意识与各个系统或压抑之间的关系并不那么简单。事实上，意识不仅排斥心理压抑的内容，也排斥一些支配着自我的冲动——因此，自我对那些被压抑的内容形成了功能最强的对立面。我们越想寻求对心理生活开

---

❶ 见第 37 页。弗洛伊德在《梦的解析》第七章（Freud, 1900a, Standard Ed., 5: 615 & 617-618）里已经提出这个观点。在本文 53 页之后还有更详细的讨论。

❷ 原文是："我们还了解到，进入意识受到它的注意力方向的限制。"这里的"它"几乎确定是指 Pcs.。如果我们能看到那篇丢失的论意识的文章，这个很模糊的句子就会更加清晰明了。这个模糊之处是特别诱人的，而那篇丢失的文章很有可能就是在讨论"注意力"的功能——弗洛伊德在后来的作品中很少提到这个主题。在《梦的解析》（Freud, 1900a）中有两三个段落与注意力有关："在前意识里发生的兴奋性过程可以没有阻碍地进入意识，这说明它满足了一些其他条件，比如……一种只能描述为'注意'的功能以一种特别的方式被分配出去"（Freud, Standard Ed., 5: 541）、"进入意识与一种特殊的心理功能的运作有关，即注意的功能"（Freud, Standard Ed., 5: 593）、"Pcs. 系统不仅阻碍着进入意识的通道，而且它掌管着移动的贯注性能量的分配，我们熟悉的掌管形式之一就是注意力"（Freud, Standard Ed., 5: 615）。与弗洛伊德在后来作品中很少提到注意力的问题形成天然对比，他在 1895 年《方案》一文中详细谈论了该主题，并认为注意力是心理器官工作时的基本力量之一（Freud, 1950a, 特别在《方案》第三部分第一节）。他指出（同样在 1911 年的《心理功能的两个基本原则》一文中提到）注意力尤其与"现实检验"功能相关。在《关于梦理论的一个元心理学补充》的编者导言中，它讨论了注意力与 Pcpt.（知觉）的关系。

辟出一个元心理学的理解角度，就越应该想方设法把我们从重视症状的"意识化"❶的情形当中解放出来。

只要我们还固守这一信念，就会看到我们的结论会经常被一些例外情况所打破。一方面，我们发现 Ucs.❷ 系统的衍生物以替代形成和心理症状的方式进入意识。一般来说，尽管它们还保留着一些会招致压抑的特征，但跟潜意识原貌相比，它们已经发生极大的扭曲。另一方面，我们发现一些前意识内容也保持着潜意识状态，虽然按我们的预想，就其性质而言，它们理应进入意识层。很有可能，在这个情况中，Ucs. 系统对它们有更强的吸引力。下面我们要尽力寻找的重要区别，不再是意识与前意识间的区别，而是存在于前意识与潜意识之间的区别。Ucs. 总是在 Pcs. 领域的边界被审查机制挡回去，但 Ucs. 衍生物却能绕过审查机制，获得更高的结构化，并在 Pcs. 中获得一定强度的精神贯注。当超过了一定强度后，它们便会迫使自己进入意识领域。然而它们随后被认出是 Ucs. 衍生物，就会被 Pcs. 和 Cs. 间的一个新审查机制再次压抑回去。因此第一级审查机制是用来对付 Ucs. 本身，而第二级审查机制是用来对付其在 Pcs. 中的衍生物。在个体发展过程中，可能审查机制已经向前迈进了一步。

在精神分析治疗中，已经证明位于 Pcs. 系统和 Cs. 系统之间的第二级审查机制明确存在。我们可以要求患者产生很多 Ucs. 衍生物，也要求他保证自己去克服审查机制对那些前意识内容进入意识的反对。通过推翻这个（第二级）审查机制，我们清理出一条通往消除压抑的道路，而压抑是由第一级审查机制完成的。我们另外补充的一点是，Pcs. 系统和 Cs. 系统之间审查机制的存在告诉我们，变得有意识（becoming couscious）不仅仅是一种知觉的活动，很有可能也是一种高度精神贯注❸（hypercathexis），它代表着心理结构的进一步发展。

让我们再转到 Ucs. 系统和其他系统之间交流的议题上来，这不是为了获

---

❶ 弗洛伊德在《自我与本我》（Freud，1923b）第一章末尾处再次强调这段所讨论的复杂性。在下一章，他提出了新的心理结构框架，从而使心理过程的整个描述极大简化了。
❷ 在所有的德文版中，用的都是"*Vbw*"（Pcs.），这很可能是对"*Ubw*"（Ucs.）的错误印刷。
❸ 见第 61 页。

得什么新发现，而是怕忽视了一些非常重要的内容。在本能活动的根基之处，各个系统间的相互交流是非常广泛的。其中一部分活动较活跃地穿过 Ucs.，进入 Pcs.，然后到达最高级的心理发展层——意识。另外一部分活动仍保留在 Ucs. 中。但是，Ucs. 也会受到源于外部感知经验的影响。正常情况下，从知觉通往 Ucs. 系统的所有通道都敞开着，只有从 Ucs. 往外的通道受到压抑的阻挡。

一件非常值得注意的事情是，一个人的 Ucs. 可以对另一个人的 Ucs. 产生影响，而不需要经过 Cs.。这值得更进一步研究，特别是要搞清楚前意识有没有参与这个过程；但是，从描述性角度来说，这个事实是无可争辩的（参见弗洛伊德提到的一个例子，1913i）。

Pcs.（或 Cs.）系统的内容一部分源自本能生活（通过 Ucs. 这一媒介），一部分则来自知觉。令人怀疑的是，这个系统的活动能直接对 Ucs. 产生多大的影响；针对病例的研究常常发现 Pcs. 有着令人难以置信的独立性，缺乏对 Ucs. 施加影响的趋势或敏感性。两个系统影响趋势的完全背离，两个系统之间的完全隔离，才是疾病最重要的特征。然而，精神分析治疗建立在从 Cs. 方向对 Ucs. 施加影响的基础之上。尽管这是一个费力的任务，但它表明这种影响还是有可能的。像我们说过的那样，Ucs. 衍生物扮演着两个系统之间的媒介物，它打开了完成这个任务的道路。但是我们要注意到，通过 Cs. 而造成 Ucs. 自发的改变，这是一个既困难又缓慢的过程。

如果能出现这样一种情形，即潜意识冲动可以像占据主导趋势的冲动一样起作用，那么前意识冲动和潜意识冲动才可能出现合作，即便后者是被强烈压抑的。在这样的情况下，压抑被移走，被压抑的活动被用来强化自我想实现的目标。在这个单独的结合点上，潜意识和自我是和谐相处的，除此之外，其所受的压抑没有产生变化。在这一合作中，Ucs. 的影响是毋庸置疑的；这种被强化的趋势表明它们与常态不同，它们可以行使特别完美的功能。它们对相反倾向产生抵抗，这类似于强迫症状所表现的那样。

Ucs. 的内容可比作心灵中的土著居民。如果人类心灵中存在着遗传而来的心理功能——类似于动物本能❶——那它们便构成了 Ucs. 的核心。随后在儿童发展过程中，一些被视作无用的东西会被抛弃，并加入潜意识。我们没有必要将后者的性质与原有的遗传物区别开来。一般来说，两个系统的内容直到青春期时才最终截然区分开来。

VII. 潜意识的评估

就我们对梦和移情性神经症的认识，我们在之前的讨论中基本上总结了对 Ucs. 系统已有的理解。但显然这些理解还不够，在一些点上，我们还是持有模糊和迷惑的印象；除此之外，它无法让我们把 Ucs. 搭配或纳入任何我们业已熟悉的情境中去。只有通过分析一种喜爱之情——我们称为自恋性精神神经症（narcissistic psychoneuroses）才给我们提供了一些概念，使得我们更接近神秘的 Ucs.，也就是说，让它显得更具体。

自从亚伯拉罕（Abraham）1908 年发表其著作以来——这位真诚的作者将其归功于我的鼓励——我们一直尝试将克雷佩林（Kraepelin）命名的"早发性痴呆"（dementia praecox）（布洛伊尔称为"精神分裂症"）的基本特征视为自我与客体的对立。在移情性神经症（焦虑性癔症、转换性癔症和强迫性神经症）中，这种对立并没有特别凸显出来。事实上，我们知道，跟客体有关的挫败带来了神经症的发作，神经症包含着对真实客体的一种放弃；我们也知道，从真实客体撤回的力比多首先返回到一个幻想的客体，随后返回到一个已被压抑的客体（内向性）❷。但在这些疾病中，客体贯注一般还保留着很大能量。对压抑过程做出更仔细的检查后，我们不得不承认，客体贯注尽管受到压抑（或者说它就是压抑的结果），但它仍持续存在于 Ucs. 系统中。事实上，我们利用移情能力达到治疗目标，而这个过程的前提就是客体贯注并没有受到损害。

---

❶这里的德文词是"*Instinkt*"，而不是常用的"*Trieb*"（见《本能及其变迁》一文的编者导言，p111）。关于心理内容的遗传问题，弗洛伊德在随后的《精神分析导论》第 23 讲（1916—1917）和《对狼人案例的分析》（*Wolf Man*）（1918b，Standard Ed.，17：97）中都有讨论。

❷这个过程在弗洛伊德论文《神经症发作类型》（*Types of Onset of Neurosis*）（Freud，1912c）第一节中有详细描述。

但对于精神分裂症患者却又是另外一种情况。我们不得不假设在压抑过程后，撤回的力比多没有找到一个新客体，而是退回到自我中去了。也就是说，客体贯注在此被放弃了，一个原始的无客体状态的自恋主义被重新建立起来。这种疾病的所有临床特征，如患者无法产生移情（就病理过程的延伸来说）、对治疗的努力毫无反应、对外部世界的否认、他们表现出的自我高度贯注的信号以及最终出现的情感淡漠，似乎都与我们提出的客体贯注已被放弃的假设完全相吻合。当考虑到两种心理系统之间的关系时，所有的观察者都对发现的事实感到震惊，即在精神分裂症中，这些关系的大部分内容都在意识中表现出来；而在移情性神经症中，只有通过精神分析，才能将其从Ucs.系统中揭示出来。但是在刚开始时，我们还不能在自我-客体关系和意识内容的关系之间建立可以理解的连接。

我们所寻找的东西似乎通过下面这种出乎意料的方式呈现出来。在精神分裂症中，我们观察到，特别是在极具启发意义的早期阶段，患者在谈吐方面发生了很多变化，其中的一些变化值得我们特别关注。患者常常特别关心他们的表达方式，结果反而变得呆板生硬和矫揉造作。因其句子结构怪异散乱，使得我们难以理解其内容，他们的谈话显得毫无意义。这些谈话内容常常与某些身体器官或神经支配显著相关。关于这一点还需要补充一个事实：精神分裂症的上述症状类似于癔症或强迫性神经症的替代性形成，不过在这两种形式的神经症中，替代物与被压抑的内容之间的关系显示出一些让人吃惊的特性。

维也纳的维克多·塔斯克（Victor Tausk）医生曾经对一名女性精神分裂症早期阶段患者进行观察，并将观察结果供我自由使用。这些材料最有价值的地方是，这位患者乐意解释自己说过的话❶。我将借他的两个例子来阐述我即将提出的观点，我深信所有观察者都可以轻松地获得大量的类似材料。

塔斯克曾受理过这样一位女患者。她是在同其恋人争吵后被带到诊所的。她抱怨自己的眼睛不对劲，它们被扭曲了。为了解释这句话，她继而用一系列连贯的语言谴责她的恋人："我根本不了解他，他每次看上去都不一样；他是个伪君子，是个眼睛扭曲者❷，他扭曲了我的眼睛；现在我的眼睛

---

❶ 塔斯克随后在1919年发表的论文中谈到了这个病人。
❷ 德语 "*Augenverdreher*" 有"骗子"的象征意义。

已经被扭曲了，不再是我的眼睛，现在我只能用其他眼睛来看世界。"

患者对其开始那句令人费解的话的解释说明，很值得进行一下分析，因为它用一种更易于理解的方式表达了与开始那句话相同的内容。而且它同时显示出了精神分裂症患者字词结构的含义和起源。对这一病例，我与塔斯克都认为值得注意的一点是：患者与身体器官（眼睛）的关系夺取（arrogate）了她所有思考内容的表征。在这里，精神分裂症患者的谈吐显示出一种疑病特征：它变成了一种"器官语言"（organ-speech）❶。

这个患者所做的第二个陈述是："我站在一个教堂里，突然我感到一阵肌肉痉挛，我不得不换个位置，好像有人把我推到了这个位置，好像我是被某人逼迫站在这个位置上的。"

接下来她又是一番解释，又开始新一轮对其恋人的谴责："他是个俗人，尽管我生性文雅，现在也让他带俗气了。他使我相信他更优越，从而让我向他看齐；现在我变得像他了，因为我认为，如果我像他，我就会变得更好。他赋予他的位置一种虚假的印象，现在我变得完全像他了"（通过认同），"他把我置于一个虚假的位置上。"

塔斯克认为，"改变位置"的这个身体动作刻画出了"把我置于一个虚假的位置上"这句话和她对其恋人的认同。我再次提醒大家注意这个事实：患者的整个思维链条被一个要素所主导，要素的内容是对身体的神经支配（或者说对身体的感觉）。更进一步来说，如果这是一位癔症患者，在第一种情况中，她可能会发生真实的痉挛式挤眼睛；在第二种情况中，她会真的出现肌肉痉挛，而不是带着想这么做的冲动或者这么做会出现的感觉。在这两种情况中，都不会伴随任何有此意识的想法，即使过后她也无法表达出这些想法。

这两个观察结果证实了我们所说的疑病语言或"器官语言"。但是，对我们来说更重要的是，它们也指出了其他一些事情：关于这些事情我们有不胜枚举的例子（比如在布洛伊尔1911年的专题报告中所收集的病例），它们似乎可以归纳为一个明确的公式。在精神分裂症中，语言表达要经历的过程和从梦的思维中抽取出梦的图像的过程是一样的——我们称之为初级心理过

---

❶ 参加弗洛伊德在《论自恋》（Freud，1914c）对疑病症的讨论。

程。言语经历了凝缩，然后通过移置将整个的精神贯注彼此之间相互转移。这个过程有时会走得很远，特别是当一个词语适合解释众多与它相关的联系时，它就能接管整个思维链条❶的表征。布洛伊尔、荣格和他们的学生提供的一些丰富材料尤其能支持这一论断❷。

在我们利用上述印象得出任何结论之前，让我们先更进一步考虑一下在精神分裂症中的替代形成与在癔症和强迫性神经症中的替代形成之间的区别，这是一种微妙的区别但却能产生奇特的效果。我目前正在观察一个患者，他因为糟糕的皮肤问题，而撤回了对生活的所有兴趣。他声称自己脸上有很多黑头和深坑，每个人都能看出来。经分析显示，他将自己的阉割情结完全释放到皮肤上。一开始，他坚持不懈地去对付那些黑头，当黑头被挤出的时候，他得到了一种强烈的满足感，因为如他所说，有一些东西在他的挤压下喷射出来了。后来他注意到，每挤掉一个黑头就会在脸上留下一个坑，这时候他就会强烈地谴责自己的所作所为，觉得自己"经常用手瞎弄"，皮肤才被搞坏了。很显然，对他而言，将黑头里的东西挤出来正是手淫的替代物，然后因为他的错误举动导致的洞则代表着女性的生殖器，也就是说，因其手淫而引起了阉割威胁（或代表着这种威胁的幻想）的形成。这种替代形成尽管具有疑病的特征，却与转换性癔症非常相似。但我们仍觉得一定有一些东西是不同的，虽然我们还不知道这些差异性在哪，但这种替代形成是不可能在癔症中出现的。对于癔症患者来说，像皮肤上的小坑这样一个小小的孔洞是很难被视为阴道的象征的。他更可能将其与所有想象到的具有封闭空间的物体相比较。除此之外，我们还可以想到，由于脸上的小坑是各种各样的，这也阻止了患者将它们视为女性生殖器的替代物。同样的情况也适用于塔斯克几年前向维也纳精神分析学会提交的另一个病例报告。这个年轻患者的很多表现看起来就像强迫性神经症，他每天要花数小时清洗和穿戴。然而，让人值得注意的一点是，他可以毫无阻抗地说出这些抑制行为的含义。比如，在穿长筒袜时，他会被这样的观念所困扰：必须将袜子的针脚拉开，

---

❶ 见《梦的解析》（Freud, 1900a, Standard Ed., 5: 595）。
❷ 在梦的工作中偶尔也会把词语像事物一样对待，所以也会创造出非常类似于"精神分裂症"式的言语或者语词新作（neologism）[见《梦的解析》（Freud, 1900a, Standard Ed., 4: 295ff）]。而梦和精神分裂症发生机制的差异性，在《关于梦理论的一个元心理学补充》第229页对此有描述。

显出一个洞来。对他而言，所有的洞都是女性生殖器孔洞的象征。同样地，我们无法将这个表现归结于强迫性神经症。瑞特尔（Reitler）观察了一个真正的强迫性神经症患者：他也总花很多时间穿袜子。在克服阻抗后，他做出了这样的解释：他的脚象征着阴茎，穿上袜子代表着手淫行为。他之所以忙于将袜子穿上又脱下，一部分是想完成手淫的想象，另一部分是为了抵消这个手淫行为。

如果我们问自己，究竟什么原因使得精神分裂症的替代形成和症状具有怪异的特征。我们最终会明白语言的重要性要超过事物本身。随着事物的进展，挤出黑头和阴茎射精只存在着微弱的相似性，而难以计数的皮肤坑洞与阴道的相似性更低。对于第一种情况（指挤出黑头和阴茎射精——译者按），两个举动都包含"喷射"的字词意味。而对于第二种情况（指皮肤坑洞和阴道——译者按），这种玩世不恭的说法即"一个洞就是一个洞"才是对它正确的语言描述。精神分裂症的替代形成不是靠两种所指事物的相似性，而是用来解释事物的词语的等同性。当两者（词语和事物）不一致时，精神分裂症的替代形成便与移情性神经症的替代形成区别开来。

我们之前提到一种假设，即在精神分裂症中，整个客体贯注是被放弃的。如果我们现在把上述发现与这个假设放在一起分析，就必须对此假设进行补充修正。应加上一点：对客体的词语表征（word-presentation）的贯注还是被保留着的。我们之前被允许称谓的客体的意识表征（conscious presentation）❶，现在可以分为词语表征和事物表征（thing-presentation）两部分。而对后者来说，如果没有对其直接的记忆图像，也至少有对其较遥远记

---

❶ 德语"Vorstellung"一词之前通常被翻译为"观念"（idea）（见第38页脚注4）。从这里到本文结束，"Vorstellung"一律翻译为"表征"，"Wortvorstellung"翻译为"词语表征"（word-presentation），"Sachvorstellung"翻译为"事物表征"（thing-presentation）。这些德文词语之前被误导性地翻译为"言语观念"和"具体观念"。在《抑郁与哀伤》一文（p256）中，弗洛伊德将同义词"Dingvorstellung"代替了"Sachvorstellung"。事实上，弗洛伊德在更早期就使用过第二个翻译版本，比如在《梦的解析》（Freud，1900a，Standard Ed.，4：295-296）和《诙谐及其与潜意识的关系》（Freud，1905c）第四章的开始。在他的这些早期著作中，他已经有意识地区分"词语表征"和"事物表征"了。毫无疑问，这种区分源于他对失语症的研究。这个主题在他的专题研究（Freud，1891b）中已经花相当长篇幅去讨论了，尽管使用的是不同的术语。该讨论的有关段落在后面的附录C中（第67页）已被译出。

忆痕迹的精神贯注。我们现在似乎突然间知道了意识表征和潜意识表征之间的区别。这两者既非我们设想的，是同一内容在不同心理位置的不同登记，也不是精神贯注在同一位置上的不同功能状态，而是意识表征包含了事物表征和与之相关的词语表征，而潜意识表征则只有事物表征一种。Ucs. 系统包含着对客体的事物贯注（thing-cathexis），这是一种最初和真实的客体贯注；而在 Pcs. 系统中，事物表征通过与对应的词语表征的联系被高度贯注了。我们可以设想，正是这种高度贯注才产生了更高级的心理结构，次级心理过程才能继位于初级心理过程，并主导 Pcs. 系统。现在我们有可能清晰地指出，在移情性神经症中，压抑到底拒绝了表征的哪一部分：那就是，它拒绝把表征转译成词语，而这些词语本该附着于客体。一个没有被转换成词语的表征，或者一个没有被高度贯注的心理活动，都以一种压抑的状态保留在 Ucs. 系统中。

在此我想指出，我们在更早以前就获得的洞见有助于我们理解精神分裂症一个最显著的特征。在 1900 年出版的《梦的解析》一文的最后几页中，我就提到过这样的观点：思维过程，也就是那些远离知觉的精神贯注活动，它们本身并没有"特性"，而且是潜意识的。它们要想进入意识，只有通过关联上对词语的残余知觉才有可能❶。但是词语表征与事物表征一样，也是来源于感官知觉。因此，我们可能提出这样一个问题：为什么客体表征不能通过它们自己的残余知觉这一媒介而变成意识？很可能是因为系统内的思维过程远离了最初的残余知觉，所以不再保留这些残余知觉的任何特性。为了进入意识，它们需要被一些新的特性所强化。而且通过与词语相关联，精神贯注会被赋予某种特性，甚至当这个贯注仅仅代表的是客体表征之间的关系。因此，这些贯注无法通过知觉获得任何特性。这些只能通过词语方可理解的关系，构成了我们思维过程的主要部分。如同我们所看到的那样，与词语表征关联并不代表就能成为意识，而只是有了成为意识的可能性。所以它代表着 Pcs. 系统的特征，也只能属于这一系

---

❶ 见《梦的解析》（Freud, 1900a, Standard Ed., 5: 574, 617）。实际上弗洛伊德在更早期就提出过这个假设。这可见于 1895 年的《方案》（1950a, 第三部分第一节的开始段），弗洛伊德在他的论文《心理功能的两个基本原则》（Freud, 1911b）中也提到这点。

统❶。通过这些讨论，我们已经明显脱离了我们本来的主题，并陷入了与前意识和潜意识有关的问题中，而这些问题我们最好另外单独解决❷。

关于精神分裂症，我们目前还只涉及大致理解 Ucs. 时必不可少的那部分。我们必定会质疑该疾病的压抑过程与移情性神经症中的压抑过程是否有共同之处。我们对压抑的定义是发生在 Ucs. 系统和 Pcs.（或 Cs.）系统之间的一种活动，它导致一些材料与意识保持距离。对于这一定义，必须进行修正，以便它能涵盖早发性痴呆和其他自恋式喜爱（narcissistic affections）的情况。不过，在这两种类型的神经症中仍保持着一个共同特征，即自我在试图逃避，体现在对意识贯注的撤回。这种最表浅的思考告诉我们，自我逃避的企图在自恋性神经症中表现得多么彻底和深刻。

如果在精神分裂症中，这种逃避表现为：从代表着潜意识的客体表征的部位撤回本能贯注。那么看上去显得奇怪的是，属于 Pcs. 系统的那部分客体表征——与它对应的词语表征——相反地会接受一种更为强烈的贯注。我们本来期待的是，处在前意识的词语表征会不得不用来维持压抑的主要效果，也预期当压抑迫近潜意识的事物表征之后，这个词语表征变得完全无法精神贯注。确实，这种现象是让人难以理解的。这表明词语表征的贯注并不是压抑活动的一部分，而是代表了争取康复或痊愈的首次尝试，它非常明显地主导着精神分裂症的临床表现❸。这些努力直接指向重新获得失去的客体。为了实现这一目的，它们很有可能通过客体的言语化踏上通往客体的路途，但随后它们发现自己不得不满足于这些词语，却无法关联上事物。一般来说，我们的心理活动总是沿着两个相反的方向移动：要么从本能出发，经过 Ucs. 系统，到达有意识的思维活动；要么始于外部的激发，经过 Cs. 和 Pcs. 系统，最终到达 Ucs. 系统中自我和客体的精神贯注。尽管会发生压抑的过程，第二条路径仍必须保持通畅，某种程度上它对神经症为重新获得客体的努力保持开放。当我们抽象地思考时，可能会有忽视词语与潜意识

---

❶ 弗洛伊德在《自我与本我》（Freud，1923b）第二章的开始部分再次提到这个主题。
❷ 这里很可能又涉及那篇没被发表的论意识的文章。
❸ 见弗洛伊德的《关于史瑞伯的分析》（Schreber Analysis）（Freud，1911c）第三部分。关于精神分裂症患者对康复的企图后面有进一步阐述。

事物表征之间关系的风险。我们必须承认，我们的理性思考开始获得一种令人讨厌的类似于精神分裂症患者的思考模式❶。另外一方面，我们尝试描述精神分裂症患者思考模式的一个特征，那就是他们会将具体事物当成抽象事物般对待。

如果我们对 Ucs. 的性质做出了正确的评估，清楚地区分了潜意识表征和意识表征之间的差异，那么将来我们在其他方向的研究一定会把我们带回到这个同样的洞见中来。

---

❶ 弗洛伊德在《图腾与禁忌》（Freud，Standard Ed.，1912-1913，13：73）第二篇文章结尾处已提出这一点。

附录 A

弗洛伊德和埃瓦尔德·海林（Ewald Hering）

生理学家埃瓦尔德·海林（1834—1918）是弗洛伊德在维也纳的众多前辈之一。据我们从琼斯医生（Jones，1953：244）那得知，海林于1884年给年轻的弗洛伊德在布拉格提供了一个给他当助理的职位。厄恩斯特·克里斯（Ernst Kris，1956）曾指出，这段经历在40年后显示出海林对弗洛伊德关于潜意识观点的影响。1880年，塞缪尔·巴特勒（Samuel Butler）发表了《潜意识记忆》（*Unconscious Memory*），在这篇文章中他翻译了海林在1870年做的一个演讲《记忆作为结构性物质的普遍功能》[*Über das Gedächtnis als eine allgemeine Funktion der organisierten Materie* (*On Memory as a Universal Function of Organized Matter*)]，巴特勒对这个演讲相当认同。伊斯雷尔·莱文（Israel Levine）的著作《潜意识》（*The Unconscious*）于1923年在英国出版，安娜·弗洛伊德（Anna Freud）于1926年将其翻译为德文。此版本中与塞缪尔·巴特勒有关的部分，由弗洛伊德亲自翻译。作者莱文虽然提到了海林的讲座，但他更关注的是巴特勒。基于这个原因，弗洛伊德在德文版第34页添加了一个脚注，内容如下：

"德国读者已经熟悉海林的这个讲座并将其视为一个杰作，他们自然不会看重巴特勒对这个讲座的一些反思。而且海林给出了一些中肯的意见，这让心理学有权利去假设潜意识心理活动的存在：'如果我们只愿意在意识范围中寻找心灵的脉络，谁能想象解开我们内心生活千面的复杂性？……'潜意识材料中的神经过程构成了链条，这些链条的最后一环与一个意识的知觉相连，它们被称作'潜意识观念链'和'潜意识推论'；从心理学角度是可以证明它的合理性的。如果心理学拒绝关注心灵的潜意识状态，那么心灵将会经常从心理学的手指间溜走。"（Hering，1870：11-13）

附录 B

心身平行论

［之前提到过，弗洛伊德早期对于心理和神经系统的关系的观点，受到了休林斯·杰克逊（Hughlings Jackson）非常大的影响。下面这段文章特别体现了这一点，它截取自弗洛伊德的专题论文《失语症》（*aphasia*）（Freud，1891b：56-58）。将本文中讨论潜伏记忆的最后一句话与弗洛伊德后期观点进行对比非常具有启发性意义。为了保留统一的术语而重新翻译了它。］

经过上面的题外话之后，我们返回到失语症的讨论中来。我们可以回想，在梅纳特（Meynert）教学的基础上进一步发展了理论，这个理论认为语言器官存在不同的皮质中心，这些中心的细胞包含了词语表征，它们被无功能的皮质区分隔开，又被白色纤维（联合纤维束）连接起来。这马上会产生一个问题，这种假设——把表征包围在神经细胞中——是否可能是正确和可被接受的？我认为不会。

虽然采用的是心理学的术语，但更早期的医学倾向是将所有心理功能都定位在大脑的某些特定部位。因此，当韦尼克（Wernicke）宣称只有最简单的心理成分——不同的感觉表征——才能被合理定位且被定位在接受刺激的周围神经的中枢端时，这看起来必定是一个巨大的进步。但是我们正定位的内容到底是一个复杂的概念、一整个心理活动还是一种心理成分？对于这个问题，我们不应该再犯同样的原则性错误。整个神经纤维是一个纯粹的生理结构，并且完全只受生理修饰（modification）的支配。那么我们拿一根神经纤维，将它一端插入大脑半球，然后给这一端安装上一个表征或一个记忆的图像，这种设想是否有道理呢？如果"意志""智力"等都被看作是一些心理学的专门术语，在生理学范围内有非常复杂的事态与之对应，那么我们怎么就能认定，一个"简单的感觉表征"就只意味着一种专门的心理学术语呢？

神经系统中的一系列生理事件很可能与心理事件之间并不存在因果关系。生理事件不会在心理事件开始后就停止，相反，生理活动链还在继续。

所发生的仅仅只是，在某个时间点之后，生理活动的每一个（或一些）环节具有了一个与之相对应的心理现象。因此，心理是一个与生理平行的过程——"一个依赖的伴随物"❶。

我非常清楚，虽然我不能苟同，但我无法指责其他人的跳跃性观点，改变他们这种未慎重思考的科学视角（也就是，从生理学跳到心理学）。很显然他们的意思就是，伴随着感觉刺激，神经纤维出现了生理修饰，然后导致了中枢神经细胞的修饰，后者的修饰就变成了与"表征"相关的生理现象。他们可以对表征大谈阔论，而不是生理修饰，而后者的任何生理特征到目前为止我们都还不知道。因此他们想含糊地表明表征被定位在神经细胞中。然而，这种处理事物的方式会马上导致对这两者（心理表征和神经细胞——译者按）的混淆，它们本来需要被清楚地区分开。在心理学中，一个简单的表征是基本事物，我们可以很清楚地将它与其他表征区分开。这种方式会导致我们猜想与表征相关的生理现象——被兴奋的神经纤维（它们的终端在中枢）导致的修饰——它可以被定位在某个特定的点上，也是一个过于简单的解释。当然，这种平行现象的描述是完全不合理的，修饰的特征必须建立在它们自身基础上，独立于它们的心理学对应物❷。

那么，一个简单的表征或者反复出现的相同表征的相关生理现象是什么呢？显然不是一个静态的东西，而是一个包含过程的东西。这个过程允许定位。它开始于皮质的某一特殊点，由此扩展至整个皮质或顺着某些路径扩展。当这个过程完成，它造成了皮质的修饰，皮质也受到其影响——导致记忆的可能性。这个过程是否也存在与修饰对应的心理活动，这很令人怀疑。从心理学的角度来看，我们的意识没有显示出任何一点可以证明"潜在记忆图像"的存在。但是任何时候，当皮质的同样状态被再次激活，心理上会再次形成一个记忆的图像……

---

❶英文版添加的。该短语来自休林斯·杰克逊。
❷休林斯·杰克逊特别强调要警惕在言语过程中生理和心理活动的这种混淆："在我们对神经系统疾病的所有研究中，我们必须捍卫自身免受这些谬论的影响，比如在低级中心的生理状态会逐渐改善成更高级中心的心理状态；感觉神经的震动就会变成感觉；一个观念以某种方式导致了一个动作。"（Hughlings-Jackson, 1878: 306）

附录 C

词语和事物

[弗洛伊德《论潜意识》一文的最后一节似乎起源于他早期的专题研究《失语症》（Freud，1891b）。因此，在这里重现其中的一段文章是有意思的，虽然这一段单独理解起来不是那么容易，但它有助于理解弗洛伊德后来一些观点中的假设。而且另外一个有意思的地方是，这段话还顺带显示，弗洛伊德非常罕见地用一种19世纪后期的"学术"心理学中的技术性语言来进行论述。这段文章产生于对解剖学和生理学的观点进行了一系列具有破坏性和建设性的争论之后，这些争论让弗洛伊德对神经系统的功能产生了一个假设性方案，他将其称为"语言器官"（speech apparatus）。然而必须注意的是，弗洛伊德在此使用的术语和在《论潜意识》中使用的术语存在一个重要的，甚至让人容易混淆的差异。他在这里所谓的"客体表征"（object-presentation）在《论潜意识》一文中称为"事物表征"（thing-presentation）；他在《论潜意识》一文中所谓的"客体表征"指的是一种复合物，它由"事物表征"和"词语表征"（word-presentation）共同组成，这个复合物在《失语症》一文中并没有专门的名字。这个翻译就是特别考虑到这个情况，因为术语差异的原因，之前出版的已不能完全适应现在的需要。与《论潜意识》的最后一节类似，我们在这一直使用"表征"（presentation）来翻译德文 *Vorstellung*，而用"印象"（image）代表德文 *Bild*。这段文章来自德文原版的第74~81页。]

现在我提出这样的思考，什么样的假设可以解释语言障碍，而这种障碍发生在以这种方式构建的语言器官的基础之上。换句话来说，对这个器官的功能，关于语言障碍的研究能告诉我们什么？为了这个考量，我需要将这个问题的心理学方面和解剖学方面尽量分开。

从心理学的角度来看，语言功能的单位是"词语"（word），这是一个复杂的表征，它被证明是将听觉、视觉到动觉因素组合在一起的结合体。我们把对这个结合体的了解归功于病理学，病理学向我们表明，当语言器官存在器质性病变时，语言将顺着这个结合体的组装路线而解体。因此，我们可以设想找到词语表征中缺失的那个因素，将它看作是指导我们对该疾病进行定位的最重要的标志。词语表征的四个因素通常这样区分开："声音印象"（sound-image）、"视觉的字母印象"（visual letter-image）、"运动的说话印象"（motor speech-image）以及"运动的手写印象"（motor writing-image）。然而，在每次语言活动中，当一个人进入很可能发生的联想过程时，这个结合就变得更为复杂。

（1）我们是通过将"词语的声音印象"和"词语的神经支配感"关联在一起而学会说话的。在我们会说话后，我们也同时具有了"运动的说话表征"❶（来自语言器官的中枢感觉）；所以，从运动角度来说，"词语"是被双重决定的。在这两个决定因素中，第一种因素，即神经支配的词语表征，至少从心理学角度上是具有价值的，虽然把它所有的表现都看作是心理因素还有待商榷。除此之外，我们在说话之后会接收到这些话的"声音印象"。只要我们还没有将语言的能力发展得非常高深，那第二种的声音印象就不必要与第一种声音印象保持一致，仅仅需要和它有关联即可❷。在这个阶段（也就是儿童早期）的语言发展中，我们在使用一种自己建构的语言。我们这个表现类似于运动性失语症，因为我们将各种各样的外来的语言声音与我们自己建构的一个单独声音关联起来了。

（2）我们努力使我们创造的声音印象尽可能相似于那个引发我们语言神经支配的声音印象，这成了我们学习说别人语言的方式。通过这个方式，我们学会了"重复"另外一个人"说完"的话。当我们在连贯的语言中把两个词语并列在一起，我们会抑制第二个词语的神经支配，直到我们已经得到第一个词的声音印象和（或）运动的说话表征。因此，我们说话的安全性是多因素决定的（overdetermined）❸，它能轻松地承受住某一个因素的缺

---

❶ 斯托特（Stout，1938：258）提出："曾经假设过，主动的自发运动涉及一种特殊的感觉，它与从大脑运动区域的神经冲动释放到肌肉的过程直接相关……关于存在这种'神经支配感'或者提出的'能量感觉'的观点，现在已被广泛地否认了。"弗洛伊德在本文随后的下几行文字中证实了最后一句评论。

❷ 第二种声音印象是我们说出来的词语的声音印象，第一种声音印象是我们模仿的词语的声音印象（就是在这段开头处提到的声音印象）。

❸ 德文原词是"überbestimmt"。其同义词"überdeterminiert"在弗洛伊德后来的作品中被非常频繁地用来表示多种原因的含义。参考：Standard Ed.，2：212。

失。但从另一方面来说，失去了经第二个声音印象和运动的说话印象而进行的练习，就会错失对语言的纠正。这种情况可以解释言语错乱（paraphasia）的一些特征，不管是从生理还是从病理角度上。

（3）我们将字母的视觉印象和新的声音印象关联起来，从而学会了如何拼写。这些新的声音印象必须能唤醒我们已知的词语声音。我们立刻"重复"指向这个字母的声音印象，所以这些字母看起来也是被两种同时出现的声音印象和两种互相对应的运动表征所决定的。

（4）当我们说出单个的字母时，我们接收到神经支配和运动的词语表征，并根据某种规则将这一系列的表征关联起来，从而学会了阅读，然后新的运动的词语表征出现了。只要我们已经大声说出这些新的词语表征，就会从这些声音印象中发现：我们其实已经非常熟悉通过这种方式接收到的两种运动印象和声音印象，它们与说话时使用的印象是完全相同的。然后我们将最初的词语声音所附带的意义与通过拼写获得的说话印象关联起来。这样我们就能带着理解阅读了。如果最初说话的形式是一种方言，而不是文学语言，那么通过拼写获得的运动和声音印象就不得不与旧印象进行超级关联。因此我们不得不学习一种新语言，而方言和文学语言之间的相似性可以促进这个任务的达成。

从上面描述如何学习阅读的过程来看，这是一个非常复杂的过程。在这个过程中，关联必须不断地前后移动。我们也应该认识到，失语症的阅读障碍必定有各种各样的发生途径。而对单个字母的阅读障碍是阅读的视觉因素受到损害的唯一决定因素。字母组合为词语的过程发生在往说话通道传送的过程中，因此它在运动性失语症中是被废除的。对阅读内容的理解只能通过曾说过的词语产生的声音印象或者说话时产生的运动的词语印象为媒介。因此，看起来不仅仅运动区损害会破坏阅读功能，听觉上的损害也会破坏阅读功能。更进一步来说，对阅读内容的理解可以看作是独立于实际阅读效果的功能。每个人都可以从自我观察中发现多种阅读方式，其中一些阅读方式并不会带来对阅读内容的理解。当我为了特别关注字母的视觉印象和其他印刷符号而去阅读时，我对阅读的理解完全消失了。如果我想要纠正这种方式，就不得不特意重新阅读。另外，当我读一本感兴趣的书时，比如说一本小说，我会忽视所有的印刷错误。可能我对小说中的人物姓名只留下了一个模糊的印象，当我回忆时可能只记得名字的长短或者其中包含的一些不寻常的字母，比如一个"X"或一个"Z"字母。当我大声阅读并且特别关注词语的声音印象和它们之间的间隔时，我又再一次陷入对词语的含义关注太少的危险当中。只要我一开始疲惫，我就会以这样的方式阅读，尽管其他人仍能理解我读的内容，我自己却不再理解我读的内容。这是关于注意力被分割的现象，它如此精确地出现在这里，是因为对阅读内容的理解只能以这种非常迂回的方式发生。如果阅读过程本身出现了困难，那就更不要谈理解了。通过对我们自己学习阅读时的行为进行类比，事情就变得清晰起来。我们必须注意，不要把理解的缺失当作一个通道被打断的证据。从任何角度上来说，大声阅读与自己默读没有任何区别，除了它能帮助将注意力从阅读过程中的感官部分转移开之外。

（5）通过对手的神经支配印象我们把字母的视觉印象进行复制，从而学会写字，直到同样的或类似的视觉印象出现。一般来说，书写的印象仅仅是与阅读的印象相似并且超级关联，因为我们学会阅读的字是印刷体，我们学会写的字是手写体。书写被证明是一个相当简单的过程，而且不像阅读那样容易被干扰。

（6）我们也可以假定，我们随后执行说话的不同功能时所遵循的关联路径与我们学习它们的路径是相同的。在后面的阶段，可能发展出词语缩写和替代的现象，但说出它们的性质却并不总是容易的事情。如果考虑到语言器官存在一些器质性损害的情况，这时它的整体性很可能受到某种程度的损害，就会被迫退回到最初的、已固定下来但却更冗长的关联模式中。这时候词语缩写和替代的重要性就会被削弱。关于阅读，"视觉的词语印象"毫无疑问对熟练的阅读者施加了影响，以致单个的词语（特别是正确的姓名）甚至不需要拼写它们就能被读出来。

所以一个词语就是一个复杂的表征，它包含了上述列举的多种印象，或者换一句话说，词语相当于一个复杂的关联过程，上述列举的视觉、听觉和动觉起源因素共同进入了这个过程。

然而，不管怎么样，如果我们考虑把范围限定到名词上，一个词语就会通过与一个"客体表征"关联而获得它的意义❶。这个客体表征本身又是一个关联组合体，包括了最大量的视觉、听觉、触觉、动觉和其他表征种类。哲学告诉我们一个客体表征表明一个"事物"的存在现象（我们的感觉印象见证了它的各种"性质"）仅仅是源于一个事实，那就是当我们从一个客体接收到列举的各种感觉印象（Sense-impressions）时，我们也会假设在同一个关联链条中还存在着更多大量印象的可能性（John Stuart Mill，1843 & 1865）❷。因此客体表征可以被看作是开放的，几乎是无法封闭的，而词语表征被看作是一个封闭的概念，尽管也可以延伸（图1-1）。

语言障碍的病理学让我们断定：词语表征在它的感觉端（通过它的声音印象）与客体表征相连。由此我们知道了两种语言障碍的存在：①一级失语症，即言语性失语症（verbal aphasia），在这种情况下，仅仅是词语表征中的独立因素之间的关联受到损害。②二级失语症，即象征失能失语症（asymbolic aphasia），在这种情况下，词语表征和客体表征之间的关联受到损害。

我使用"象征失能症"（asymbolia）这个术语，并不是指它自芬克伦堡（Finkelnburg）❸以来的常用含义。因为对我来说，只有词语（表征）和客体表征的关系才值得描述为一个"象征性"关系，而不是客体和客体表征之间的关系。对于识别客体的障碍，芬克伦堡将其归类为象征失能症，我更愿意称为"agnosia"（失认症）。"失认"障碍（只可能发生在双侧和广泛的皮质损害的情况下）也有可能涉及说话障碍，因为所有对自发讲话的刺激都源自客体关联的领域。我应该将这类说话障碍称作三级失语症或失认失语症（agnostic aphasia）。事实上临床观察已经带给我们一些案例作为启示，只能从这个角度看待它们……

---

❶ 见《论潜意识》一文的"事物表征"（p201 ff.）。
❷ 参考：《逻辑系统》（*A System of Logic*）（J. S. Mill，1843）第一卷第三章，也见于《对威廉·汉密尔顿爵士哲学思想的考查》（*An Examination of Sir William Hamilton's Philosophy*）（J. S. Mill，1865）。
❸ 引自斯巴尔（Spamer，1876）。

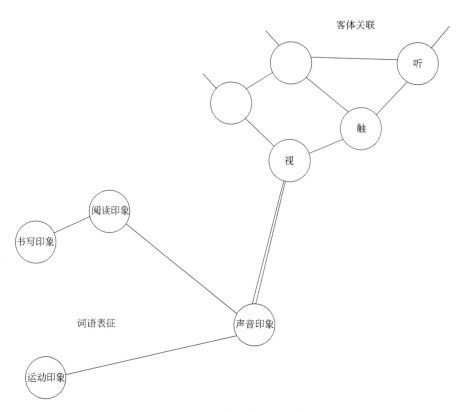

图 1-1　一个词语表征的心理图示

这个词语表征显示为一个封闭的表征组合物,然而客体表征却显示为一个开放的状态。

词语表征并不是通过所有的组成因素与客体表征相连,而只是通过声音印象。

在这些客体关联中,视觉关联代表了客体,就如同声音印象代表了词语一样。

除了视觉以外,词语的声音印象与其他的客体关联的联系并没有被指明

第二部分
对《论潜意识》的讨论

元心理学与临床实践：弗洛伊德《论潜意识》的启示❶

彼得·韦格纳（Peter Wegner）❷

关于 1915 年的文章《论潜意识》起源的一些观察

《论潜意识》是弗洛伊德 1915 年计划写作的关于精神分析元理论的十二篇论文中的第三篇。我们从信件中得知，弗洛伊德计划在几天或几周的时间内完成这些论文。1915 年 4 月初，弗洛伊德对费伦奇（Ferenczi）说，他已经完成了综合系列论文的第二篇（Falzeder & Brabant，1996：55，Letter 542F）。到 4 月底，第三篇论文（《论潜意识》）也完成了，并躺在 *Zeitschrift* 杂志出版商的公文包里（Falzeder & Brabant，1996：58，Letter 544F）。

1915 年 5 月 4 日，也就是弗洛伊德 60 岁生日的前两天，他写信给亚伯拉罕（Abraham）：

> 工作正在逐步成形。我准备了五篇论文：关于《本能及其变迁》，这可

---

❶ 本文由索菲·莉顿（Sophie Leighton）翻译。
❷ 彼得·韦格纳：自 1995 年以来一直是德国精神分析协会的培训和督导分析师，目前在德国西南部的图宾根私人执业。他于 1972 年至 1978 年在图宾根大学学习心理学，之后接受了心理剧（1982 年）和精神分析（1986 年）的培训。1978 年至 1982 年，他受聘于两个咨询中心（儿童和成人）从事咨询工作；1982 年至 1995 年，他在图宾根大学精神分析、心理治疗和身心疗法系担任助理讲师；2000 年至 2006 年，他任斯图加特/图宾根精神分析研究所培训委员会主席，并是国际精神分析协会出版物委员会成员（2001 年至 2005 年）；从 2006 年到 2012 年，他任欧洲精神分析联合会（EPF）的副主席和主席。

能是相当枯燥的，但作为介绍是必不可少的，接下来的文章中也会证明其必要性；然后是《压抑》《论潜意识》《关于梦理论的一个元心理学补充》，以及《哀伤与忧郁》。前四篇将在 *Zeitschrift* 杂志新一期中出版，其余的论文我会自己留着。如果战争持续得够长，我希望能集齐十多篇这样的论文，在比较和平的时期，以《准备一门元心理学的论文集》（*Essays in Preparation of a Metapsychology*）为名，提供给无知的世界。我认为，总的来说，它将代表着进步。（Falzeder，2002：309）

从 1914 年底开始，弗洛伊德似乎更专注于这个议题。他 1914 年 11 月 25 日写信给卢·安德烈亚斯·萨洛米（Lou Andreas-Salomé）："我在私下里研究某些问题，这些问题涉及范围很广，内容也可能很丰富。在两个月无法工作之后，我的兴趣似乎又得到了释放。"（Pfeiffer，1985）他还写信给亚伯拉罕："此外，我已经开始一个更大的综合性工作，这也顺带地产生了对时间和空间问题的解决方案"（Falzeder，2002），然后他在 1914 年 12 月 21 日写信给亚伯拉罕，说"唯一令人满意的是我的工作，在间断的工作中确实让我得出了相当多的奇思妙想和结论。我最近成功地找到 Cs. 及 Ucs. 这两个系统的一个共同特点……"（Falzeder，2002：291）。

直到最近，弗洛伊德该系列论文中只有五篇发表：《本能及其变迁》（Freud，1915c）、《压抑》（Freud，1915d）、《论潜意识》（Freud，1915e）、《关于梦理论的一个元心理学补充》（Freud，1917d）和《哀伤与忧郁》（Freud，1917e）。其他论文则下落不明。弗洛伊德可能全部都写过，但否定甚至毁掉了其中一些。伊尔丝·格鲁布里奇·西米蒂斯（Ilse Grubrich-Simitis）1983 年在伦敦碰巧发现了一篇遗失的论文：《移情神经症概述：一份之前不为人知的手稿》（*Übersicht über Übertragungsneurosen. Ein bisher unbekanntes Manuskript*）。关于元心理学论文的起源及其科学背景，也请参见 1987 年格鲁布里奇·西米蒂斯对弗洛伊德的论述。

国际精神分析协会成立于 1910 年（cf. Wegner，2011），没几年之后，弗洛伊德已经完成了相当长时间的全职精神分析实践。1914 年前后，他不仅发表了其他一些重要的临床论文［如《回忆、重复和修通》（*Re-*

membering, Repeating and Working-through)(Freud，1914g)和《移情之爱的观察》(Observations on Transference Love)(Freud，1915a)],并发表了关键性的论文《论自恋:一篇导论》(On Narcissism: An Introduction)(Freud，1914c)。弗洛伊德在1915年1月31日给安德烈亚斯·萨洛米的信中写道:"我注意到,我对自恋的描述具有我将来会称之为元心理学的特性。例如,它纯粹受'地形-动力'(topographical-dynamic)因素制约,与意识过程无关。"(Pfeiffer，1985)

当弗洛伊德写这些论文的时候,政治局势变得越来越混乱。1914年7月23日,奥匈帝国向塞尔维亚发出最后通牒,最终导致了第一次世界大战。战时条件不仅迫使许多精神分析师(包括亚伯拉罕和费伦奇)限制或暂停他们的临床工作,也使许多患者的继续分析受到阻止。弗洛伊德的两个儿子被征召入伍并很快卷入了战事。在1915年4月8日,弗洛伊德就说,战时条件使他每天最多只能看两三个患者,他写道:

> 我的生产力可能与我胃肠状况的巨大改善有关。现在,不管我是把其归因于机械因素——战争时期的面包硬度,还是精神因素——我和金钱之间不可避免被改变的关系,我先不做结论。无论如何,战争已经让我损失了大约4万克朗。如果我用它买了健康作为补偿,我只能引用乞丐(Schnorrer)对男爵说的话:我认为没什么比我的健康更昂贵的了。(Falzeder & Brabant，1996:55)

因为取消了治疗会面,弗洛伊德不仅有了更多的时间,也蒙受了巨大的经济损失。他在1915年7月30日给安德烈亚斯·萨洛米的信中写道:"现时的成果可能会以一本书的形式出现,由十二篇文章组成,第一篇是关于本能及其变迁……这本书已经完成了,除了因为基于文章之间的安排和配置而做一些必要的修订。"(Pfeiffer，1985)

在《论潜意识》(Freud，1915e)中,地形学的或系统的观点……是重点所在。这种观点也是弗洛伊德在1912年关于潜意识的文章中就已经触及的核心观点。在 1912 年的文章中,他区分了描述性的、动力学的和系统的潜意识(Holder,1992:18)。在任何系统层面,潜意识并不等同于被压抑。被压抑的内容只占潜意识的一部分。其他部分则由那些没有被拦截住的愿望和幻想组成,这些愿望和幻想可以形成前意识或意识表征(Holder,1992:19)。在《梦的解析》(Freud,1900a)第七章中,弗洛伊德已经假设了潜意识系统和意识系统之间存在着一种审查机制,他之后扩充了这种想法,那就是在前意识系统和意识系统之间也有进一步的审查机制。他从地形学的角度描述了意识、前意识和潜意识系统之间驱力表征、思维和情感的运动和限制。最后,描绘了意识和潜意识之间的一个高度复杂的功能结构。下面的例子展示了弗洛伊德在建立这些理论联系方面所取得的巨大成就(Freud,1915e:201-202):

> 我们现在似乎突然间知道了意识表征和潜意识表征之间的区别。这两者既非我们所设想的,是同一内容在不同心理位置的不同登记,也不是精神贯注在同一位置上的不同功能状态,而是意识表征包含了事物表征和与之相关的词语表征,而潜意识表征则只有事物表征一种。Ucs. 系统包含着对客体的事物贯注,这是一种最初和真实的客体贯注;而在 Pcs. 系统中,事物表征通过与对应的词语表征的联系被高度贯注了。我们可以设想,正是这种高度贯注才产生了更高级的心理结构,次级心理过程才能继位于初级心理过程,并主导 Pcs. 系统。现在我们有可能清晰地指出,在移情性神经症中,压抑到底拒绝了表征的哪一部分:那就是,它拒绝把表征转译成词语,而这些词语本该附着于客体。一个没有被转换成词语的表征,或者一个没有被高度贯注的心理活动,都以一种压抑的状态保留在 Ucs. 系统中。

关于"元心理学"发展的几点观察

关于元心理学的内在正当性和必要性的争论,在过去的一百年里一直是激烈争论的焦点。弗洛伊德本人毫不怀疑,"潜意识的心理学"需要一个理论概念化，以便把这种以科学为基础、"在意识以外的"心理学与"迷信"的本质以及"神秘学的世界观"区分开（Freud，1901b：258）。他在给弗利斯（Fliess）的一封信中首次使用了元心理学这个概念（Masson，1985：301；cf. Loch，1980：1298）。在《论潜意识》（Freud，1915e：181）一文中，他定义了元理论的必要组成部分：

> 我提议，当我们能成功地从动力学、地形学和经济学角度描述一个心理过程，我们可以称其为一种元心理学式说明。但我们又必须马上声明，就目前我们的知识水平而言，我们只是成功地达到了很小一部分目标。

地形学的观点最终为结构性的观点铺平了道路（cf. Freud，1920g，1923b）。后来，哈特曼（Hartmann，1958）、哈特曼和克里斯（Hartmann & Kris，1945）加入了遗传学的视角，拉帕波特和吉尔（Rapaport & Gill，1959）加入了适应性的视角，作为一种元心理学的扩增和必要的延伸（cf. Akhtar，2009b：171；Laplanche & Pontalis，1973：249；Loch，1980：1298）。因此，拉帕波特和吉尔无意中提到了爱德华·格洛弗（Edward Glover），后者很久以前就得出了同样的结论（Glover，1943：8）：

> 心理活动不能单独用本能、自我结构或功能机制来描述。即使把这三个视角［（动力性、结构性和经济性（着重号非原文所有，为本文作者引用时标注——译者按）］放在一起，还是不够。每个心理活动也应该根据其发展遗传学（着重号为作者引用时标注）或退化的意义进行评估，最后还应该根据它与过去和现在的环境因素的关系进行评估。在这些标准的清单中，自我整体与其环境的关系是所有标准中最有前景的。它提示，对（自我）虚弱或有力的最实用（临床）的标准是指适应性方面。

五个视角充分地描述了精神分析元理论的基础，并在某种程度上造就了对弗洛伊德遗产的学习途径。这五个视角（Loch，1999：25）是：

> 动力学的（各种力量）、经济学的（这些力量如何相互影响和冲突，结果为能量的平衡）、结构性的（塑造和发展人格中恒定的反应形式）、遗传的（指特定的依次成熟阶段），以及适应性的（一切都在一个社会心理环境中发生）。

这些视角共同描述了一个三人元心理学（Three-Person-Metapsychology），其在儿童-母亲（自我-环境、意识-潜意识和分析师-被分析者）之外的第三者，象征的不仅仅是父亲，而且也象征着群体［意识-前意识-潜意识、（身体）自我-本我-超我、父亲-母亲-孩子、分析师-被分析者-环境］。如果没有这个三角结构作为前提，发展本质上是不可想象的。

这一基本的弗洛伊德范式在理论和临床中的应用被极其不同的方式进行评估。在过去的几十年里，元理论已经被新的个人发现、见解、简化和详述不断分化，但几乎所有的努力都表明一种延续或整合尚未到来。我们只要考虑梅兰妮·克莱茵（Melanie Klein）和她的后继者拜昂（Bion）、哈特曼、温尼科特（Winnicott）、科胡特（Kohut）、巴林特（Balint），以及法兰西学派（French school）的工作，包括心身医学的新方法，就能意识到精神分析知识被分化和多元化到了这样一个地步：任何整合的努力看起来都是不可能的。更早的时候，伯格曼（Bergmann，1993）曾试图描述更近期的范式倾向，这涉及了弗洛伊德元理论的"异教徒、改良者和推广者"。最近出版的《论潜意识：进一步的反思》（*The Unconscious. Further Reflections*）（Calich & Hinz，2007）旨在展现、评论和评估更多的当代趋势。这本书也展现了当代精神分析目前寻找通往一个被普遍认可的元心理学的途径时所要处理的困难。目前看来，将各种办法结合起来似乎是不可能的。因此，过去几十年精神分析研究的主要焦点是精神分析治疗技术，这并非只是偶然的现象（cf. Etchegoyen，1991）。

在德国的精神分析学中，劳克（Loch）一直在努力将弗洛伊德的遗产与更近期的元心理学观点联系起来并加以整合（cf. Eickhoff，1995：176）。他最后的主要工作在其去世后发表在 1995 年的《精神分析年鉴》（*Jahrbuch der Psychoanalyse*）上，在此文中他"特意总结"了他的科学工作［Loch，1995：103（F. W. Eickhoff 注）］。他本打算以此在1995年旧金山举行的第39届国际精神分析协会大会上做一个演讲:《心理现实：它对今天的分析师及患者的影响》。他简洁地强调建构是精神分析治疗技术中的实际工具。在找出区分物质现实和心理现实的标准的过程中，他尝试将以下元素纳入考量：时间、梦的发展、防御机制、感知、思考以及一系列的放大（amplifications）、转录（transcriptions）（例如：初级过程和次级过程）以及转化（例如：从原初的二元联盟到三人关系）活动。劳克最终得出的结论是"心理现实是以否定物质现实为条件的，反之亦然"，因为"物质现实是具体的，而心理现实是抽象的"（Loch，2010［1995］：256）。此外，"通过对外部世界的感知而形成的精神世界，内在的、私人的世界"是由经验、感知觉和非感觉的观念构成的（Loch，2010［1995］：275-285）。因此，外部现实也是我们建构的产物。如弗洛伊德所述："如果正确地进行分析，我们在他身上制造了对建构的真实性的确信，这与重温回忆所取得的治疗效果相同。"（Freud，1937d：265-266）对弗洛伊德来说，在精神分析过程中建立或忆起的童年经历可能被视为是正确的或错误的，但主要被视为是"真实和虚假的混合物"（Freud，1916-1917：367），后被艾克霍夫引用（Eickhoff，1995：176），其最后写道：

劳克以一种不同的方式描述出弗洛伊德区分［对与错之间的区分］的局限性。我认为他自己对这种方式也感到吃惊，即：否认潜意识现象的心理本质是无时间性的，因为它们必须与暂时的参照点相联系。并且他将其归类为外部的和可以定位的，并补充到，当解释（interpretation）被体验为具体的外部现实时——被具体体验到的建构为被分析者的行动和思维奠定了新的基础，精神分析治疗就可以取得成功。从这个角度来看，精神分析对话中的合作双方在解释的过程中、在移情和反移情（同一现象的两面）的动力下、在此时此地、在希望为内在精神状态和未来的行动打下更好的基础的期待中，共同建构了他们的心理现实。

然而，患者必须满足什么前提条件，才能体验到精神分析师的解释和态

度是具体的、外在的现实？他需要能够感觉和思考自己，并体验到自己是存在于时间中的一个人。他必须能够把对方和自己区分开来。他必须能够区分具体的物质现实和抽象的心理现实。如果所有这些前提条件只能在有限的程度上获得满足，或者部分被埋没，那么精神分析工作就需要极大的耐心，因为它们必须被恢复或重新创造。下面 E 夫人的临床案例阐明了这样的情况，尽管她试图对我隐瞒这种严重障碍。再也没有人像她一样，让我了解到不去感受是多么悲惨的体验。对 E 夫人来说，一种真实感受的发展和感知，以及将它转化为语言，意味着一种新的存在方式。她是在经过很长时间的分析后才抵达这一步的。

临床例证

E 夫人在首次访谈中（Wegner，2012b）表示，她有一个"快乐的童年"。只是在青春期，她才觉得"自己跟其他人很不一样"。她来找我是因为她的神经性皮炎。她总是感到"孤独"，强烈地想要建立一种"合二为一"的关系，这意味着完全适应另一个人，"为两个人而活着（life for two）"（cf. McDougall，1989）。她失去了对自己身体的所有感觉，而其实她的身体在强烈地反抗这种生活。

在她的内心，她并没有与一个几乎无法分化的母性-父性客体分开。她体验到的性是"艰难的"，她不能容忍她的丈夫插入她。通过皮肤治疗，以及多次去看医生并向他们展示自己身体上各种各样的洞，她潜意识地拒绝了性唤起。分析的主要对象是不断进展并不断变化的身体疾病：神经性皮炎（经过三年分析后消失）、过敏、饮食失调、恶心、对身体响声的焦虑、耳部和眼部问题、水疱发炎、膀胱过敏、痔疮，最后还有疝气。

我们工作的心理维度使她的感觉"完全开放"，而我在任何时候都可以"触及"她的焦虑。这种在移情中体验到的毫无防御，表征了她想要与他人"合二为一"的愿望——一种无法解决的内在冲突。只有通过建立和理解这种移情冲突，改变才可能发生。然而，她之后觉得自己好像被活埋了。她害怕入睡，害怕死亡。

E夫人之后发展出了一个非常庞大的强迫体系。她把合租的公寓变成了抵御外来危险入侵的堡垒。后来，她逐渐觉得她可能会污染别人，给别人带来危险。"体液交换"对她来说变成了真正的危险。她害怕污染我的地板、门框或者我的手，总是"不得不"问我是否一切安好。最后，她成功地传达了这样一个想法：她也想让我"日渐衰弱"，就像她长久以来所做的那样。

接下来的这节会谈接近她分析的尾声（A—分析师； E—E夫人）。

E：我只是在想……嗯……我意识到……一直以来我……呃……一切都是关于污染的……转移某些东西……去某个地方……我已经很担心了！尽管如此，我对实际的危险其实是相当不关心的！好像它们是两个不同的东西……这真的很奇怪，不是吗？（停顿）

E：我只是想知道我为什么会这么冷静……呃……在我看来这种感觉就像……在风暴中心！在那里是完全平静的……就在中心……这在某种程度上是有道理的，因为从昨天开始我就一直在想……呃……正如我们昨天谈论的关于禁欲的文章……所以体液的交换……它不就是各种事物聚集在一起的那个点吗？或者分开的点……呃……具体的……以及……象征的……危险的……以及……愿望？（停顿）

A：是的。请继续。

E：嗯，我一直在寻找一个所有事情都同时发生的地方。我知道……仍然缺少了一种联系。昨天当我要离开这里，再次查看自己时……看我是否带上了所有东西……"我是否有件夹克，一把伞还是别的什么东西留在那儿"……然后我注意到，或者我应该怎么说……我希望我能在这里留下一些东西。一方面，我害怕忘记什么，另一方面，我觉得有必要在这里留下什么，或者我希望……我的一些东西会保留在这里。

A：是的。

E：其实很简单……我必须把具体的东西翻译出来，但我做不到。（停顿）

A：把现在的感觉正确分类？

E：是的，我想这就是我说的困惑。然后我就困惑了，什么都分辨不出来了。我分不清什么是具体的，什么不是。（沉默）

E：也就是说，什么是真的，什么不是真的。（停顿）如果它不是具体的，它也不是真实的。

A：只有具体的才是真实的！

E：是的，没错。

A：因为那样的话，你就不能觉察到你自己的东西和我一起留在这里的愿望了……比如留在我的记忆里……因为那不是具体的？因为它不是具体的，所以不会出现感觉。

E：也没有想法……这种事怎么可能发生！但你最近说我持续的不信任是有伤害性的以及……我想……但我甚至都不知道！我已经看到了这种可能性……但这并不容易，因为我无法想象！当然，理论上我可以有这样的想法或者知道一些关于它的事情……但我无法想象那种感受。

A：你感受不到。

E：没错。我认为，这也难怪……难怪我自己感受不到……当我发现有些东西是有伤害性的时候。那我怎么能觉得某些事伤害了别人呢？当我能感受到一些东西，我可能突然想象到一切可能性……但这让我感到焦虑，因为其他人可能也会有感觉……这感觉来源于我。我现在只是在想，我所有的行为或体验如何被完全改变了，这真是太疯狂了。以前我主要是回到家有问题……因为所有的污染……现在是当我离开家的时候，我有更多的问题……我说的是，来见你。（停顿）以前我丈夫不在家的时候，我会开始大扫除……消毒一切东西，等等……现在我担心他什么时候回家。（长时间的沉默）

A：风暴中心的平静……

E：我是说那种感觉……蜷缩在它中间！所以不去逃跑，尽管有恐慌和不安的感觉。有时我会设法有这样的感觉：我（在中间苟且地）蜷缩在中间！（长时间的沉默）

E：我还没说过它……它又重新出现了！不……（停顿）……我想到了一些事情……

……那些下流的词语又出现了，与首字母"f"有关［她指的是性交（Fucking）］。我想说一些事情，例如……也许我只是不知道它意味着什么［她呻吟着］。很简单地说……我感觉好像我希望……我可以从这里拿走一些东西，而我的一些东西可以留在这里。呃……在我莫名其妙有一种感觉：一件事可能会成功之后……我希望反过来也能奏效。但问题是为什么……它会这么危险？（沉默）

A：你有什么想法吗？

E：呃……也许它之所以危险是因为我想要它？呃……关于需要的主题。但我真的知道这是什么意思吗？（沉默）

E：我不相信我真的知道！（停顿）

A：你没想过……例如一个关于我的想法吗，当你有这些愿望的时候？

E：呃……有过。（沉默）

E：有过……或者……你会怎么处理它！（长时间的沉默）

E：我想是这样的。我的想法是，现在它进入了虚空。

A：你不能想象你的愿望会被我接受……而且它们对我并没有造成威胁和危险？（沉默）

E：或者……你是否会立即想再次摆脱它……

A：想象你的一些东西可以留下！你好像没法想象，从我这里得到一些东西或留下一些东西的愿望也可能是一些美妙的感觉，而你可以与我分享并享受它？这是一种丰富的体验，使你的生活富有价值和令人满意？（长时间的沉默）

E：呃……（咳嗽）……呃……这显然是个好主意。［哭泣！！］

A：悲伤和快乐都会让人流泪……或者被打动。

E：呃……这正是我想说的！对！我注意到我正在哭。我的哭就像是对你的话的确认……

A：我用一个好的方式打动了你。正如你可以接受这个新想法，这也打动了我。（长时间的沉默）

E：这个新的想法……我认为……实际上是真实的想法。

A：就好像如果那真的是可以想象的，就会是一种完全不同于孤独的感觉吗？那就不是合二为一，而是单独但成对的。（长时间的沉默）

E：孤独的感觉实际上就是无处可去。来自我的一切都进入了虚空……没有被接收到。（沉默）

A：这种感觉也可以在没有被别人引起的情况下出现。

E：逻辑上是。如果你有这个想法……然后……它总是可以起作用的。（长时间的沉默）

E：呃……那么……那么这个想法也不会有什么变化了？

A：是的！（长时间的沉默）

A：是的……因为这个想法现在可以被感觉到，作为一个可分享的想法，与他人分享，而不是，比如说一个沉默的希望或幻想。（沉默）

E：那是对对方的依赖……这有时也让人难以忍受。

A：是的！我们今天的时间快到了……

E：好吧。

对 E 夫人的分析在经历了困难而冗长的工作后开始有进步。在这之前，我们针对她的心身症状进行工作，帮她将以前无处不在的操作性思维（pensée opératoire）转化为用言语表达感情的能力，并最终通过发展一种强有力的强迫性防御来修通抑郁情绪。与此同时，患者总是说这也有助于她的"自体-自我"进行"自我保护"。然而，她能认识到这只是迈向俄狄浦斯式自主的一个中间步骤。

在我们这段时间的治疗中，这个患者在狭义上接近了移情性神经症的状态。攻击性的和性的本能内容，现在只能通过强有力的强迫性防御来控制，但是仍然处在要突破潜意识、前意识和意识之间边界的压力威胁下。E 夫人还有另外一个问题，那就是她对无法区分具体的现实和幻想的"现实"的困惑和怀疑，因为对她来说，只有具体的（尤其是具体到身体的）现实才能被记住。

弗洛伊德认为这种普遍反对潜意识的存在及其力量的观点是"不恰当的"，"这个反对意见建立在一个错误的等式上：意识活动等同于心理活动。这一等式虽未被明确提出，却被一些人视作不言自明的事情"（Freud，1915e：167-168）。然而，这当然还不足以解释神经症患者的防御。对 E 夫人来说，在移情中对父亲/分析师的性愿望等同于具体的性行为，而这自然被她的超我严格禁止。在此次会谈中，在我看来，她对从"某物"到"某处"相互的性欲移情的渴望通过言语表达了出来，因此，她开始知道那些未被识别的愿望的存在。这些愿望是她心理现实的一部分，独立于她严格的超我——也就是她的自发控制——而存在。在这种情况下，另一个方面使她更困惑，那就是在这次会谈中她所体验到的具体的性兴奋与性渴望的联系。在此之前，她几乎没有感觉到，也从来没有说出来过。威胁她的不仅是情绪的风暴，还有一些"下流的"的词汇，让她陷入恐慌，威胁到强迫性的防御。不管怎样，她可以问问自己："为什么这些东西这么危险？"她认识到自己对他人的依赖以及对依赖愿望的压抑，这导致了一种具体存在的威胁，因为她将再次被投入空虚，也就是说，她将无法触及那些将拒绝她的客体。这次会谈中决定性的进展，是在移情和反移情的过程中有一些时刻患者能够与她的愿望联结。

我只想谈谈众多相关技术问题中的一个。在这一节会谈中，为什么没有具体解释目前显而易见的关系？有人可能会想是因为患者的防御系统受到了威胁，她的恐惧证实了这一点。这可能是我潜意识的一部分动机。但与此相反的是，我从她那里学到了，一个过于具体的解释会加强她的防御，从而导致上述过程无法发生。我试图寻找一种足够远离具体化的语言，以便患者能够发展她真正的理解。在此处我很不确定！选哪个词是正确的，用什么声音，用什么语调？什么能把患者带到一个可以听到并回应的位置？她能接受什么样的语气,从而可以让她自己找到连接,而不被迫进入一个"合二为一"的境地?这一次会谈代表了很多次会谈中的局面。我们的目的是让患者能够找到适合自己的语言来表达自己的情感和思维,接近自己的前意识和潜意识。意识到"此时此刻"的心理现实,以及她实际的愿望和感受,是关系到她"获得更好的内在感觉的希望,也关系到她未来的关系"(Eickhoff, 1995:176)。

第二个问题是这个患者潜在的但可察觉的破坏性。在这次会谈中没有涉及这个方面,但在这次会谈前后有涉及。在这次会谈中,对破坏性的干预只会增加混乱;尽管在这个患者复杂的精神病理中,破坏原初客体的愿望扮演了重要的角色。

对临床实践的一些观察

在国内和国际各级别的交流中,越来越多的精神分析师们在开展临床工作中没有任何进行元理论分类的压力。他们的工作方式高度个人化,每个人从各种各样的精神分析流派和传统中分别撷取了一小部分的临床-理论概念。似乎我们的工作主要集中在所谓的"此时此地",并且充分被它扩展开,正如我自己在临床资料中看到的那样。

有趣的是,与此同时,目前还没有证据能证明在不同流派思想的作用下,我们相互之间仍然有可能对治疗技术问题达成理解。然而,精神分析技术似乎可以用一种系统的精确的和精细的方式来表述,这种表述可以使差异性用言语表达出来,达到语言上的理解,并被讨论。

约瑟夫·桑德勒(Joseph Sandler)是尝试利用这个现象,把它变成促进精神分析进步的来源的第一人。相应地,他(Sandler, 1983:36)提出了一些新的概念,这些概念既可以灵活地表述,又可以弹性地纳入现有理论的准则中:

弹性的概念在将精神分析理论聚合在一起时起着非常重要的作用。由于精神分析是由不同抽象层次的构想和不能互相很好整合的部分理论（part-theories）组成的，弹性的、依靠上下文情境的概念使得精神分析理论的整体框架得以组合。这一框架的组成部分被严格地阐明，但如果这些部分之间并没有紧密相关的联系，它们可以通过部分相似的理论关联在一起，但形成关联点的概念具有灵活性。最重要的是，这样一个松散结合的理论的价值在于，它允许精神分析理论的发展发生，而不会对精神分析的整体理论结构造成根本性破坏。弹性和灵活的概念承担和吸收了理论变化的张力，从而使得更结构化的新理论或部分理论可以发展。苏珊·艾萨克斯（Susan Isaacs）给出了一个最好的例子，她使用潜意识幻想（unconscious fantasy）的概念来吸收一种针对幻想的观点，这个观点是完全不同于弗洛伊德的。

事实上，"潜意识幻想"的概念在许多临床领域已经取代了潜意识-前意识-意识或自我-本我-超我的元理论概念，并且使用起来相对更容易。桑德勒（Sandler，1992：190）试图通过分析临床实践领域来取得同样的进步，他将这个领域称之为"私人的"（private），它通常"潜意识"地指导着不同分析师的技术行为。

关于精神分析技术理论和相关的更高层次的精神分析心理学，显然已经被不同的学者以不同的方式明确阐述，但它们代表了我们可能会称之为精神分析技术的"公众形象"。而我们与患者私人化的工作方式——我在这里指的是什么可以被称作好的精神分析工作——可能与更明确的公共（public）阐述有显著的不同。此外，我们参照的技术框架的私人形象只有部分是呈现在意识中的。很大一部分是潜意识的概念结构，这些结构源于新受训的精神分析师从他的个人分析、他的老师、他的阅读和他的临床经验中获得的东西。他会有意识地想到各种各样的精神分析的观点，大部分是官方的或公共的观点，是与他自己的分析师一致的观点。然而，随着时间的推移，分析师通常会在潜意识中创造出大量的潜意识的部分理论，这些理论在必要时可以被召唤出来。我曾在其他地方指出（Sandler，1983），只要它们保持在潜意识状态，它们之间可能的相互矛盾就不是问题。此外，它们可能比官方的和

公共的理论更有用和更合适；当它们以一种似乎合理的、为意识所接受的方式聚集在一起时，一种新的理论可能会出现，这可能也代表了其在更广阔公共领域的发展。

这些想法被人们热情地采纳了，但是，随着时间的推移，我们可以清晰看到：事实证明从"良好"的临床实践中产生的理论是高度复杂的，而且常常包含着巨大的挑战。

在现实的临床工作中（例如，在首次访谈中），从业者的体验就像年轻的精神分析师遇到不同的理论取向时的挑战一样：无法借助设备、仪器、测试，等等，工作的工具就是分析师自己；他面对的困难是"探索的对象和研究的工具……其实是同一范畴"（Loch，1965：21）。因此，分析师在精神分析探索的情境中，好像要从两个方向、两个向量登记和处理信号：一个向量是针对意识的沟通和它们与潜意识的可能关联——在这个过程中，患者在"此时此地"背景下（比如反移情方面）可识别的扭曲交流尤其重要。第二个向量指向分析师身上发生的加工活动（我们也可以说，这是信号触发的反应），这个维度我称之为"内省"（introspective），它与（前）意识的内部过程有关，在某种程度上，也与潜意识过程有关。

哪怕是在一次会谈刚开始的一些时刻，分析师要处理的数据量就已达到极大的程度。特别是随着患者信息的交流和可感知性的增加，每次互动还会添加许多反应和验证过程，而在某种程度上这些是高度主观的。换句话说，精神分析师正在处理的问题-解决情境可以被描述为一个复杂的系统，在这个系统中，他只有通过人为的简化和分层才可以继续巧妙地行使治疗师的功能。否则，分析师的系统将会崩溃。但不管怎么样，这种情况是在不同程度上经常发生的，这与分析师本人有明显的相关性（cf. Wegner，2012a：31），例如，如果一个分析师开始思考自己令人不安的身体感觉，而不是跟随其患者所交流的内容的话。

一个无可争辩的事实是，在某些情况下，精神分析会谈中需要处理的大量数据会随治疗过程迅速增加，甚至到无限大，类似于在精神分析历史进程中产生的大量自相矛盾的精神分析理论一样。但是，我们可以采用什么样的问题解决策略来人为地减少这些数据，将它们分层，或者将它们理解为一系列的过程？在我看来，在绝大多数情况下，我们采用一种"自然"的方法，依靠机会或我们的前意识，把它留给我们所谓的自发的反移情反应来处理、建构并阐述我们的解释，以及那些伴随而来的情感。当然这种"自然"的方法也被弗洛伊德采纳和倚仗，他说到分析师"必须将他的潜意识转变为接受患者潜意识传递的器官"（Freud，1912e：115）。另外，在临床实践中，当我们对元理论观点进行概念化时，什么能够（也必须）称得上"艺术或技能"就变得有问题了。主观性、数据和数据结构的组合，还有关于事实的说法，都变得混乱无序，我们仍然在不确定性中困惑着。

无论如何，我们现在还没有看到任何曙光，让我们可以期待进一步的研究能简化我们对内在现实与外在现实或心理现实与物质现实之间相互影响的理解。我们意识到，人类心理的状况和功能比我们想象得要更加复杂。

结束语

本文的这些考量会导致各种不同的结论，在这里我只能用非常广泛的术语加以总结。要么我们痛惜这种情况，认为它是严重的缺陷，并要求采取根本性的纠正措施；要么我们就要理解这一事实，认为它是当前精神分析知识中可接受的成分。采用第一种立场需要系统地减少精神分析理论的组成部分，同时非常努力地就元理论和临床技术概念的对错达成共识。我个人认为，基于一些根本的原因，目前这种做法是不可能成功的。其中一个原因是，在整个精神分析运动中，这样的工作将额外带来分裂的危险。采取第二种立场也需要付出卓绝的努力，因为随之而来的长期不确定性会给我们整个培训体系以及我们对内在和外部的理解带来负担。然而，在我个人看来，我们只有后一种立场，除此别无选择。我们不仅需要接受新的弹性理论和临床概念，还需要在理论思维和行为上有很大的灵活性，以及有能力在工作中容忍不确定性。然而，如果我们在培训中对这种不确定性特别能保持开放和容忍，我们是可以成功做到这一点的。

承认不确定性是基于这样一个事实：所有意识到的事物都存在于我们尚不知道的潜意识中，只有当我们"在它们之间插入推测存在的潜意识活动"时，我们才能理解它们（Freud，1915e：167）。后来的工作趋向于一个发现：一个真实，或者更确切地说主观真实，它本身并不是真实的。弗洛伊德写道："如同物理世界一样，心理内容也不一定像它看起来那样的真实无误。"（Freud，1915e：171）弗洛伊德说："有一件非常值得注意的事情是，一个人的 Ucs. 可以对另一个人的 Ucs. 作出反应，而不需要经过 Cs."，以及：

……精神分析治疗建立在从 Cs. 方向对 Ucs. 施加影响的基础之上。尽管这是一个费力的任务，但它表明这种影响还是有可能的……［但］这是一个既困难又缓慢的过程。（Freud，1915e：194）

"潜意识有各种各样的含义"（Freud，1915e：172）。我们的工作使之复杂化，除此之外，我们还面临这样一种观点：

我们可以推论出各种各样的潜在的心理过程，它们彼此之间具有高度独立性，好像它们之间毫无联系、互不了解。如果是这样，我们必须有心理准备去假设，不仅存在第二意识，还会有第三、第四，甚至无穷无尽的意识状态，所有这些意识并不为我们所知，也彼此互不了解。（Freud，1915e：170）

正是因为这些事实，从总体的元心理学建构来看，我们在每一个时间点上，以及与每个特定患者的精神分析工作结束时，都会把自己置于一个"尚未完成"的方案和一个无法预知的未来上。

在未来将引起我们更多关注的另一个因素是目前"对精神分析方法本身日益增长的恐惧"，越来越多的精神分析师开展越来越少的高频精神分析就证明了这一点。很多学者已经指出了这个情况（Danckwardt，2011a & b；Reith，2011）。丹克沃特（Danckwardt，2011a：121-122）进一步指出：

> 精神分析情境中的焦虑不仅是被分析者在移情和反移情过程中的病理表现，这种焦虑也是由精神分析方法的结构和过程引发的。这种焦虑取决于系统，因此也是与职业特定相关的。精神分析方法让字词、句子、声音和图像辩证式地大量涌现，使得被分析者不可见的心理现实变得可见可感。精神分析方法引起了分析师对不安全感的焦虑，感知冲突的焦虑，对困境、侵入的焦虑，感到困惑的威胁的焦虑，以及面对被分析者真正的心理结构时无法忍受的无能感的焦虑。这些都是关于失去一个人的治疗全能感的焦虑。此外，还有的是对依赖的焦虑——依赖精神分析对当前状态的洞察力，以及对发展一个精神分析式回忆的焦虑。

我所提出的这些反思仍然是零碎的，并没有达到我们的实际期望。然而，在理论存在不确定性和暂时性的情况下，我们能否争论出一条前进的道路，以确保精神分析的生存，并继续帮我们足够了解我们的患者？我们如何才能最好地帮我们的受训分析师们做好准备，去处理这些不确定性，并使这成为他们临床实践的一部分，而不是完全鲁莽地屈服于武断行为？这是一项艰巨的任务，也许是一项总是很困难的任务，但这正是我们必须继续追寻的动力源泉。

精神分析和神经心理学中的"潜意识"

马克·索姆斯（Mark Solms）❶

大部分心理过程都是潜意识的

弗洛伊德曾声称："我们有权利假设存在潜意识的心理过程，并为了科学工作目的使用这个假设，但这样的权利在很多方面被驳斥了。"（Freud，1915e：166）❷ 这个说法已经不再正确。今天，在神经心理学领域，弗洛伊德坚持的观念是被广泛接受的，即心理潜意识的存在既是必需的，也是合理的。

然而，这个共识并不是来自弗洛伊德在《论潜意识》一文中陈述的那些论点，它源于一种不同的研究传统。在弗洛伊德引用临床精神病理学证据之处（即所谓的日常生活中的精神病理学），神经心理学理论家基于临床神经病理学证据，也独立地假设了心理的潜意识过程。最重要的证据来自对"分裂大脑"案例的观察。在这些案例中，仅对病人被隔绝的右大脑发出快速刺激（比如色情图像）就可以激发一些心理反应（比如，脸红和傻笑），而言

---

❶ 除非另有说明，对弗洛伊德所有的引用均来自《论潜意识》（Freud，1915e）一文。

❷ 马克·索姆斯：最为人所知的是他发现了做梦的前脑机制，并开创性地将精神分析理论和方法与现代神经科学相结合。目前，他在开普敦大学和格鲁特·索尔（Groote Schuur）医院（心理学和神经学系）担任神经心理学教授。目前，他还担任圣巴塞洛缪的伦敦皇家医学院神经外科名誉讲师、纽约精神分析研究所阿诺德·普费弗神经精神分析中心（Arnold Pfeffer Center for Neuropsychoanalysis）主任。1998年，他被授予纽约精神分析学会荣誉会员资格。他获得的其他奖项还有：国立根特大学的乔治·萨顿奖章（George Sarton Medal）（1996 年）和西格尼奖（2012 年）。他在神经科学和精神分析期刊上发表了多篇文章，并著有五本书。他与奥利弗·特恩布尔（Oliver Turnbull）合著的最新著作《大脑与内心世界》（The Brain and the Inner World，2002 年）是一本畅销书，已被翻译成 12 种语言。他是英国精神分析学会成员，也是南非精神分析协会成员并担任主席。

语性左脑没有觉察到这些刺激（Galin，1974）。关于一些遗忘症患者的明显学习效果，也有一些具有影响力的报告。这些患者在接受了双内侧颞叶切除术后，失去了编码新的意识记忆的能力（Milner et al.，1968）。最引人注目的是关于"盲视"（blindsight）的报告：尽管没有觉察到视觉刺激，皮质盲的患者却能将这些刺激予以定位（Weiskrantz，1990）。这些例子提供了潜意识过程存在的证据，而且它只能被描述为心理性的：潜意识的尴尬、潜意识的记忆和潜意识地看见。这些例子也能很容易被重复。

一些实验性研究也仅仅是进一步增强了这个信念，比如利贝特（Libet，1985）演示了自主运动的启动发生在主体意识到做移动的决定以前（潜意识意志）。当今普遍的观点就如同弗洛伊德所说的（Freud，1915e：167）：

在任何时候，意识到的内容都仅包含了内心的一小部分，所以大部分被我们称为意识知识（conscious knowledge）的东西在相当长时间里都必定处于潜伏状态。也就是说，都在潜意识心理中。

同样地，现在达成的广泛共识是一些心理过程不仅仅"处在潜伏期"，而且他们"无法变得意识化"（Freud，1915e：173）。换一句话说，从表面上，我们看起来都同意把心理活动分为三个等级，弗洛伊德称之为Cs.、Pcs.和Ucs.（意识、前意识、潜意识）。

然而，在这一点上，神经心理学开始与弗洛伊德所提到的潜意识观念分道扬镳。

潜意识过程是自动化的认知

的确，弗洛伊德自己也逐渐认识到其分类学的不足之处，尤其当他认识到自我在开展次级过程和遵守现实原则时，有时候处在动力性潜意识状态中（Freud，1923b）。但是对自我存在潜意识的过程这点是没有争议的。有争议的是关于动力性潜意识过程的概念。也就是弗洛伊德在"阻抗"（resistance）、"审察机制"(censorship)和"压抑"(repression)这些主题下构建的所有理论内容。对弗洛伊德来说,这些回避不愉快情感的机制处于其潜意识概念的核心位置,它们的作用导致了将某些心理内容主动排除在意识觉察之外。而除了少数例外情况(Ramachandran,1994;Anderson et al.,2004),认知神经科学家的潜意识理论却与这些心理动力学过程没有任何关系;事实上,它和情感没有任何特殊关系。在当代神经心理学中,潜意识是一个自动化和被自动化的信息处理能力的储藏室;它是完全的认知实体(Bargh et al.,1999)。简而言之,在现在的认知神经科学中仍没有本我(id)的概念。

因此,对认知神经科学家而言,如弗洛伊德那样(Freud,1915e:187)谈论"潜意识系统的特殊性质"是没有意义的。尽管一些神经精神分析师把注意力放临床神经科学证据和实验室结果上,看似它们证实了弗洛伊德的概念(Kaplan-Solms et al.,2000;Shevrin et al.,1996),但认知神经心理学家是在用非常不同的术语(比如,多重记忆系统)描述潜意识系统的特性。而且他们确实比较少提到"意识"与"潜意识"系统,相应提及的是"陈述性"与"非陈述性"系统。这个差别并非偶然现象。

意识是内源性的

在这点上,我们需要重点关注一个可能没有被精神分析师广泛认可的事实。这个事实就是行为神经科学如精神分析一样也被不同的竞争"流派"搞得四分五裂。与我们的目标最相关的是对认知(cognitive)神经科学家和情感(affective)神经科学家的区分。情感神经科学家对认知神经科学家同行的人类中心主义以及对大脑皮质反应的过度重视常常摇头叹息,他们认为这忽视了在种族进化中古老的脑干结构在精神生活中发挥的根本作用,以及与这个结构相关的本能和情感活动的作用。情感神经科学传统上更依赖动物研究,而不是人类研究,它可以追溯到达尔文的《人类和动物的情感表达》(*The Expression of Emotions in Man and Animals*)(Darwin,1872),以及从保罗·麦克莱恩(Paul Maclean,1990)到亚普·潘克塞普(Jaak Panksepp,1998)的工作,后者创造了"情感神经科学"(affective neur-oscience)这个术语。

我所说的认知神经科学家仍然没有本我概念，这不适用于情感神经科学家。弗洛伊德称为本我的内容正是情感神经科学研究的基本对象。潘克塞普声称他的研究焦点是哺乳动物大脑的"初级过程"和原始的本能情感。他认为这些东西在人类进化过程中得到保存，并对人类行为发挥了根本的作用，但这些作用大部分还没有被认识到。因此，他在这方面的发现是与精神分析师高度相关的（Panksepp et al.，2012）。

与认知神经科学家同行不同，潘克塞普应该比较容易同意弗洛伊德的如下言论：

> Ucs. 的内容可比作心灵中的土著居民。如果人类心灵中存在着遗传而来的心理功能——类似于动物本能——那它们便构成了Ucs. 的核心。随后在儿童发展过程中，一些被视作无用的东西会被抛弃，并加入潜意识。我们没有必要将后者的性质与原有的遗传物区别开来。（Freud，1915e：195）

但潘克塞普和他的同事可能并不同意这个说法中的一个关键点，这使得他们对我们观点的支持大打折扣。他们不同意弗洛伊德所谓的Ucs. 系统——也就是，心灵的最深层——的核心内容是潜意识的。潘克塞普和达马西奥（Panksepp & Damasio，2010）以及越来越多的科学家（Merk，2009）认为原始的大脑结构处理着弗洛伊德称为"本能"（德语为*Triebe*）的东西——"本能是源于个体内部的刺激，这些刺激到达大脑，因为本能与身体相连，所以可用来测量大脑工作时被施加的要求"（Freud，1915c：122）——这种本能就是意识的来源（Solms et al.，2012）。根据这些科学家的说法，意识来自激活的上脑干核心区域，这是一种非常古老的唤醒机制。

我们已经知道这一点很多年了。弗洛伊德去世后仅仅十年，摩如兹和马古恩（Moruzzi & Magoun，1949）就首次通过测量激活的脑电波，证明了脑干的某部分（后称为"网状激活系统"）可以产生意识状态。完全截断外部感受的输入并不会影响脑干的内源性生成意识的性质（例如，睡眠

/觉醒电波)。摩如兹和马古恩的结论被彭菲尔德(Penfield)和贾斯珀(Jasper)(Penfield et al.，1954)所证实，他们在大量的研究后得出结论：癫痫失神发作(阵发性意识消失)只能在上脑干的某个部位被稳定地触发。而且让他们印象深刻的事实是，在局部麻醉下切除大部分大脑皮质甚至实施大脑半球切除术，对意识产生的影响也有限。去除皮质并不会干扰自体感知和意识的存在，它只是剥夺了病人"某些形式的信息"(Merker，2009：65)。相比之下，上脑干的损伤会迅速摧毁所有的意识，就像癫痫被诱发后的效果。这些观察展示了一个最重要的观点：意识总是来自上脑干。这与19世纪行为神经学的一个假设相矛盾，即意识来自知觉，并靠大脑皮质维系。现在看起来并没有所谓的固有皮质意识，一切意识都由上脑干提供。

弗洛伊德从未质疑过现在所说的"皮质中心谬论"。尽管弗洛伊德偶尔会声明，"目前来说，我们的心理地形学说与解剖学毫无关系"(Freud，1915e：175)，但他一再宣称其知觉意识(Pcpt.-Cs.，即perception-conscious)系统在解剖学上是可以定位的，而且它是一个皮质系统。例如：

> 意识的领域基本上包括了对外部世界刺激的感知觉与只能来自心理装置内部的愉快和不愉快的感觉。因此，Pcpt.-Cs.系统有可能被分配了一个空间位置。它必须在内部和外部的交界之处，它必须朝向外部世界，又必须覆盖其他的心理系统。在这些假设中，我们并没有看见什么大胆创新的内容，而只是采用了大脑解剖学所持的定位观点，将意识的"座位"定位在大脑皮质——中央器官的最外包裹层。从解剖学的角度来说，大脑解剖学没有必要考虑为什么意识应该存放在大脑的表面，而不是被安全地贮藏在大脑内部最深处的某个地方。(Freud，1923b：24)(着重号为作者标注，非原文所有——译者按)

摩如兹和马古恩(Moruzzi et al.，1949)以及彭菲尔德和贾斯珀(Penfield et al.，1954)的观察推翻了这一经典假设。这些观察经受住了时间的考验，而且之后增加了更精确的解剖学定位（Merker，2009）。更值得注意的是，中脑导水管周围灰质作为一个强烈的情感结构，似乎是激活系统中的一个节点。这是脑组织因损伤导致意识丧失的最小区域。这强调了最近针对激活系统概念的一个重大变化：这个产生意识的深层结构不仅负责意识的水平（量级），而且负责意识的核心性质。在上脑干产生的意识状态天生是情感性的。这种认识现在正在彻底改变人们对意识的研究。

经典概念被颠覆了。意识不是在大脑皮质中产生的，它产生于脑干。此外，意识本来并不是跟知觉有关的，而是情感性的。

基本的（脑干）意识是由状态（states）而不是客体构成的（Mesulam，2000）。产生意识的上脑干结构并不反映我们的外部感觉，而是反映身体（内脏的、自主神经的）的内部状态。对这种内环境的反映不会产生客体，而是产生主体知觉。它产生了意识的背景状态，这是最重要的。我们可以把意识的这一核心性质想象成一页纸，外部觉知的客体被铭刻在上面。因此，客体是被一个已经有意识的主体感知到的。

情感是主体的效价状态。这些状态被认为代表了它们在改变内部状态（如饥饿、性唤起）时所具有的生物学价值。当内部状态利于生存和成功繁衍时，他们感觉"良好"，反之，他们感觉"糟糕"。这就是生物价值，它显然是意识的目的所在，它告诉主体状态好不好（从大脑的这个层面来说，意识与内稳态密切相关）。所有这些都与弗洛伊德的情感概念完全一致：（Freud，1940a [1938]：198）

本我与外部世界隔绝，拥有自己的感知世界。它极其敏锐地检测到其内部的某些变化，特别是对其本能需求张力的震荡。这些变化成为一系列快乐和不快乐的感觉被意识到。当然，很难说这些感觉是通过什么途径，在什么样的终端感觉器官的帮助下产生的。但这是一个既定的事实，自体感知到的存在感（coenaesthetic feelings）和快乐-不快乐的感觉，在本我中专横地掌控着事态的发展。而本我遵从这个不可撼动的快乐原则。

因此，情感可以被描述为一种内感受性的感觉形态，但这还不是它的全部。情感是大脑的内在属性，这一特性也表现在情绪上。而情绪首先是一种强制性形式的动力释能（discharge）。这反映了一个事实，即上述提到的内部状态的改变与外部状态的改变是密切相关的。这是因为，首先，至关重要的需要（与内稳态设定值的偏离）只能通过与外部世界的相互作用得到满足。其次，外部状态的某些变化对生存和繁殖成功具有可预测的意义。因此，情感虽然本质上是主观的，但通常是指向客体的："关于那个东西我的感觉是这样的"［参见哲学概念 "关联性"（aboutness）-意向性（intentionality）］。达马西奥（Damasio，1999）将这种关系定义为意识的基本单元，他称之为"核心意识"（core-consciousness）。

从这个视角看，意识来自心灵的最深层，它天生是情感性的，它只是继而向上"延伸"（用达马西奥的说法）到更高层的知觉和认知机制中，弗洛伊德称之为 Pcpt.-Cs. 和 Pcs. 系统。换句话说，这个更高的系统"本身"是潜意识的，它通过与下层系统的关联来借用意识，而不是反过来。

尽管这明显与弗洛伊德的模型不符，但认真思考一下就会发现情况确实是这样。如果现实原则抑制了快乐原则（这显然是必需的），那么这些强劲的快乐（和不快乐）的感受从何而来？当然不可能从上层而来。快乐原则并不是一个自上而下的控制机制，而是反过来的。而且一个人谈及快乐和不快乐的感受时怎么能不提到意识呢？意识一定是从下层而来。

但弗洛伊德并不这么看：

事物变得有意识的过程尤其与我们的感官从外部世界获得的感知相关。因此，从地形学的角度来看，它是一种发生在个体大脑最外层皮质的现象。的确，我们也从身体内部接收信息，也就是感受。实际上，与外界的感知相比，这些感受对我们的精神生活发挥了更为决定性的影响；此外，在某些情况下，感觉器官本身除了传递特定的知觉之外，还传递对疼痛的感觉和感受。然而，既然这些感觉（这种说法是为了区分意识的知觉）也来自这些终端器官，既然我们把所有这些感觉和感受都看作是大脑皮质的延伸或分支，

我们就仍然能保持之前的论断。唯一的区别是，这些感觉和感受的终端器官是身体本身，而不是外部世界（这点和知觉不同——译者按）（Freud，1940a［1938］：161-162）❶（着重号为作者标记，非原文所有）。

情感总是有意识的

另一方面，弗洛伊德毫不费力地认识到，情感反应"比从外部产生的知觉更原始、更基本"（Freud，1915e：22），换句话说，它是一种比知觉更

---

❶弗洛伊德对Cs. 系统的定位经历了很多变化。最初，他没有区分情感性意识和知觉性意识（Freud，1894a），而是区分了知觉的记忆痕迹（"观念"）和激活它们的能量。这一区别与英国经验主义哲学的传统假设一致，但是弗洛伊德有趣地把激活的能量描述为"情感配额"，它们"遍布在观念的记忆痕迹中，有点像一个电荷遍布在身体表面一样"（Freud，1894a：60）。史崔齐（Strachey，1962：63）正确地把它描述为"弗洛伊德所有假设中最根本的假说"。但是我们有充分的理由相信，弗洛伊德设想这种被激活的对"观念"的记忆痕迹是一些大脑皮质的活动。在他更详细的（Freud，1895a）"科学心理学方案"模型中，他明确地将意识归因于一种特殊的皮质神经元（ω）系统，并把它定位于前脑的运动端。这个位置使意识能够记录能量的释放（或缺乏），这些能量通过内源性和感官的来源累积在记忆痕迹系统（现在称为 ψ 系统）中（请注意：从1895年开始，弗洛伊德将精神能量描述为本身是潜意识的；不再被称为一种"情感配额"）。弗洛伊德随后根据能量兴奋 ω 神经元的方式将意识分为两种形式。当 ψ 系统中能量数量的等级差异（由运动释能的程度导致）在 ω 神经元中被登记为快乐-不快乐的感受时，就产生了情感性意识。当源自不同感觉器官的外源性能量（例如，波长和频率）的质性差异，经知觉（φ）神经元，通过观念的记忆痕迹（ψ）系统传递到 ω 时，就产生了知觉性意识。在1896年对这个"科学心理学方案"模型的修订中，弗洛伊德将 ω 神经元移动到介于 φ 和 ψ 之间的位置，并同时承认了在心理装置中所有能量都是内源性产生的，能量并不是真的通过知觉系统进入装置。［弗洛伊德后来似乎忘记了这一点，例如Freud，1920］然而，在《梦的解析》（Freud，1900a）中，弗洛伊德又回到了"科学心理学方案"的安排上，再次将感知和意识系统定位在心理装置的两端。他在这方面的优柔寡断似乎主要源于这样一个事实，即他的知觉（感觉）和意识（运动）系统形成了一个完整的功能单元，因为运动释能必然产生运动感觉（知觉）信息。因此，弗洛伊德在1917年决定对知觉和意识系统混合定位。在最后的安排中，φ（1900年重新命名为"Pcpt."）和 ω（"Cs."）被合并成一个功能单元，即"Pcpt.-Cs."系统。在这一点上，弗洛伊德阐明了Pcpt.-Cs.系统实际上是一个单一的系统，它可以从两个方向产生兴奋：外源性刺激产生知觉性意识，内源性刺激产生情感性意识。弗洛伊德也从情感性意识记录了 ψ 系统内兴奋数量的等级这一概念中退了出来，取而代之的是，他认为情感性意识像知觉性意识一样记录了一些定性的东西，如波长（即 Pcpt. 系统在一个单位时间内能量水平的波动）（Freud，1920g）。在弗洛伊德关于意识定位的简短历史中，需要注意的主要事情是：意识从始至终都被构想为一个大脑皮质活动［尽管弗洛伊德似乎有时也会对此有短暂的怀疑，例如，Freud，1923b：21］。 1997年，索姆斯（Solms，1997）第一次透露：弗洛伊德对 Pcpt.-Cs. 系统内部（情感性）界面的肤浅定位有问题。

古老的意识形式（Freud，1911b：220）。他也欣然承认，情感从一开始就被有意识地感觉到。与潜意识观念相比，并不存在所谓的潜意识情感（Freud，1915e：177）：

很显然，我们都能觉察到一种情绪的本质，也就是说，它可以被我们的意识了解到。因此就情绪、感受和情感来说，它们存在潜意识特点的可能性是完全可以排除的。

弗洛伊德（Freud，1915e：178）解释道：

上述的整个区别建立在一个事实基础上，即观念基本上是对记忆痕迹的一种精神贯注（cathexis），而情感和情绪对应的是释能的过程，它们最终的表现就是我们觉知到的"感受"。就目前我们对情感和情绪了解的程度来看，我们无法更清楚地说明这个区别了。

换句话说，情感不管有没有被激活，它在大脑中都不是稳定存在的结构。它们本身就在释放激活的过程。弗洛伊德在他最早的元心理学著作（Freud，1894a）中更清楚地阐述了这一点，当时他仍将激活过程理论化为"情感配额……遍布在观念的记忆痕迹中，有点像一个电荷遍布在身体表面一样"（Freud，1894a：60）。然而，后来他把激活过程构想成潜意识的"本能能量"，只有能量释放结束时才被感知成情感。

史崔齐（Strachey）给上面引文的最后一句话（"就目前我们对情感和情绪了解的程度来看，我们无法更清楚地说明这个区别了"）添加了一个脚注，以推荐读者阅读下面这段话，它来自《自我与本我》一文。这段话是如此重要，以致我没有顾及它的篇幅进行了整段引用：

虽然外在知觉与自我的关系是相当清楚的，但内在知觉与自我的关系还

需要特别的研究。这再次引起了一个疑问，即我们将整个意识归诸单一的表面系统 Pcpt.-Cs.是否真的正确？在最多样化的，当然也是最深层的心理配置中，内在知觉引发了感觉的过程。我们对这些内在的感觉和感受知之甚少，其中最好的例子还是那些属于快乐-不快乐系列的感受。它们比从外部产生的知觉更原始、更基本，甚至在意识模糊的情况下也能产生。我已经在其他地方表达了我对它们更大的经济学意义和其背后的元心理学原因的看法。这些感觉是复杂的，就像外部感知一样；它们可能同时来自不同的地方，因此可能具有不同甚至相反的性质。一种快乐性质的感觉没有任何内在的驱动性，而不快乐的感觉却有最高程度的驱动性。后者驱向改变，驱向释能，这就是为什么我们把不快乐感解释为一种能量贯注的升高，而快乐感是能量贯注的下降。让我们把在心理活动中变得快乐和不快乐的东西称为量化和质化的"东西"；那么接下来的问题就是，这个"东西"是否能在它所在之处被意识到，或者它是否必须首先被传递到 Pcpt.系统。临床经验支持的是后者。它向我们显示这个"东西"表现得像一个被压抑的冲动。它可以在自我没有注意到冲动的情况下施加驱动力。直到出现了对冲动的阻抗，导致释能反应的停顿，这个"东西"才会立刻变成意识的不快乐感……因此，感觉和感受也只有通过到达 Pcpt.系统才能成为有意识的，这一点仍然是正确的。如果前方的路被阻断了，它们就不能作为感觉而产生，虽然在刺激过程中与它们相对应的"东西"并没有变化，仿佛它们变成了感觉一样。如果是这样，那么我们就在以一种简要而不完全正确的方式谈及"潜意识感受"，坚持把它和潜意识观念做类比并不是完全合理的。实际上区别在于，对 Ucs.的观念来说，必须在它们进入 Cs.之前建立起关联环节（connecting links），而对感受来说，它们本身是直接传递的，这种关联情况就不会发生。换句话说：就感受而言，Cs.和 Pcs.之间的区分毫无意义，Pcs.在这里没有用武之地。感受要么是有意识的，要么是潜意识的。即使当它们与词语表征联系在一起时，也不是由于那个环境而变得有意识，而是它们的意识化变得如此直接。（Freud，1923b：21-23）

这里必须注意两点。第一点，情感神经科学研究强烈表明，弗洛伊德所说的"某些东西"是可以在它"所在之处"（上脑干和相关的皮质下结构）成为意识的。多种证据可以支持这个结果（Merker，2009；Damasio，2010），但或许最令人震惊的事实是，那些出生时就没有大脑皮质（没有任何 Pcpt.-Cs. 系统）的儿童表现出大量的情感反应证据。

这些儿童处在又聋又盲等状态下❶，但他们并不是没有意识的。他们表现出正常的睡眠-觉醒周期，还会出现失神发作，在这种情况下，他们的父母可以很容易地识别出他们的意识缺失以及什么时候再次"回神"。详细的临床报告（Shewmon et al.，1999）进一步证明，这些儿童不仅通过格拉斯哥昏迷量表（the Glasgow Coma Scale）的行为标准被判定是有意识的，而且还表现出生动的情绪反应：

> 他们通过微笑和大笑来表达快乐，通过"吵闹"、拱背和哭泣（以不同的等级）来表达厌恶，他们的脸庞在情绪状态下显得活泼生动。一个他们熟悉的大人可以利用这种反应性来建立游戏顺序，用来预测孩子逐渐从微笑，到咯咯地笑，再到大笑和强烈兴奋的反应。（Merker，2009：79）

他们也表现出了情绪联想的学习能力：

> 在运动障碍导致行为严重受限的情况下，他们会以利用工具的行为方式采取积极的行动，比如通过踢悬挂在一个特意制造的框架上的小装饰品（"小房间"），或者打开激发玩具的开关来制造噪声。这有可能是基于对其行为和效果之间关系的联想学习。孩子在这样的行为中，都伴随着与情境恰当的愉快和兴奋的表现。（Merker，2009：79）

---

❶他们缺乏知觉性意识。这并不意味着他们不能通过皮质下路径处理知觉信息。意识不是知觉的先决条件（参加"盲视"的例子）。

虽然在这些儿童中，通常与成人认知相关的意识类型显著退化，但毫无疑问，他们是有意识的，无论是在数量上还是在性质上。他们不仅清醒和警觉，而且还能体验和表达所有的本能情绪。简而言之，主观的"存在"是完全存在的。这些缺乏大脑皮质的患者案例证明了核心意识是在皮质下产生和感受到的，本能的能量可以在它所在之处成为意识，而不用被传递到 Pcpt.-Cs. 系统。这与上文引用的弗洛伊德的理论假设相矛盾，即"感觉和感受也只有通过到达 Pcpt. 系统才能成为有意识的"。看起来情感本身是真正有意识的。

可能怀疑这一点的唯一原因是，没有大脑皮质的儿童无法告诉我们他们的感受是什么（他们无法"陈述"自己的感受）。这就导向了与《自我与本我》那段长引文有关的第二点，它涉及情感固有的意识性质。

不是所有的意识都是陈述性的

在那段较长引文的最后几句中，弗洛伊德说道：

实际上区别在于，对 Ucs. 的观念来说，必须在它们进入 Cs. 之前建立起关联环节（connecting links），而对感受来说，它们本身是直接传递的，这种关联情况就不会发生，换句话说：就感受而言，Cs. 和 Pcs. 之间的区分毫无意义，Pcs. 在这里没有用武之地。感受要么是有意识的，要么是潜意识的。即使当它们与词语表征联系在一起时，也不是由于那个环境而变得有意识，而是它们的意识化变得如此直接。（Freud, 1923b: 23）

在《论潜意识》中，弗洛伊德补充道：

Ucs. 系统出现后很快就被 Pcs. 系统所覆盖，只有 Pcs. 系统掌控着进入意识和导致活动的通道。Ucs.系统的将能量释放进入躯体的神经支配，然后导致了情感的发展；但我们可以看到，即使这样的释能途径也受到了Pcs.系统的争夺。正常情况下，Ucs.系统自身没有办法引发哪怕是权宜之计的肌肉运动，它能做的仅仅是那些已经预设的反射动作。（Freud，1915e：187-188）

这里介绍的是一种发展性的观点。最初，Ucs.可以直接接触到情感反应和运动性，而这些通常是由Cs控制的（Freud，1915e：179）。但这种控制权逐渐受到"争夺"，最终被Pcs.所"掌控"（Freud，1915e：187）。

弗洛伊德总结道：

我们所描述的是成年人的心理状态，严格说来，Ucs.系统的运行只能看作更高层系统（Pcs.）的初级阶段。在个体发展过程中，会体现这一系统的哪些内容和联系呢？在动物身上这一系统又有何意义呢？对这些问题，都无法从我们的描述中推论出答案。需要对这些问题进行独立研究。（Freud，1915e：189）

这高度澄清了眼前的观点。心理装置的原始计划（见于许多动物和儿童）可能不包括Pcs.结构。弗洛伊德认为Pcs.负责控制行为和意识（在有限的程度上也包括情感）。

Pcs.结构与"词语表征"的联系最为紧密。因此，我们了解到，弗洛伊德认为成人的意识在很大程度上依赖于语言（language）。下面让我们全面展示弗洛伊德的立场：

我们现在似乎突然间知道了意识表征和潜意识表征之间的区别……

意识表征包含了事物表征和与之相关的词语表征，而潜意识表征则只有事物表征一种。Ucs.系统包含着对客体的事物贯注，这是一种最初和真实的客体贯注；而在 Pcs.系统中，事物表征通过与对应的词语表征的联系被高度贯注了。我们可以设想，正是这种高度贯注才产生了更高级的心理结构，次级心理过程才能继位于初级心理过程，并主导 Pcs.系统……一个没有被转换成词语的表征，或者一个没有被高度贯注的心理活动，都以一种压抑的状态保留在 Ucs.系统中……而且通过与词语相关联，精神贯注会被赋予某种特性，甚至当这个贯注仅仅代表的是客体表征之间的关系。因此，这些贯注无法通过知觉获得任何特性。(Freud，1915e：200-202)

这个概念排除了现在所谓的"初级意识"（primary consciousness）和"次级意识"（secondary consciousness）之间的区别（Edelman，1993）。弗洛伊德对"意识"这个词的使用主要是指"次级意识"，也就是对意识的意识（awareness of consciousness），它与意识本身相对。不同的理论家给"次级意识"起了不同的名字，比如"反思性"意识、"对外"（access）意识、"陈述性"意识、"自知"（autonoetic）意识、"延伸"意识、"高阶"思维，等等。相比之下，初级意识指的是直接的、具体的感觉。正如我们所见，弗洛伊德模糊地意识到这一区别，但他并没有深入思考其中的含义。

根据现在的知识，我们可以澄清：除了弗洛伊德典型强调的次级（陈述性的、反思性的）意识形式，还存在另外两种（初级的）意识形式，它们是情感意识和简单的知觉意识。这些形式不依赖于语言。

正如我们已经看到的，尽管地形学说有不确定性，但弗洛伊德认识到情感意识的初级性质。他似乎也间接地认识到简单的知觉意识是内源性激活的：

> 被能量贯注的神经分布以快速的周期脉冲形式，不断从内在进入到完全通透的Pcpt.-Cs.系统又撤回，只要这个系统以这种方式被贯注，它就会接收知觉（伴随着意识），并将兴奋向前传递到潜意识的记忆系统；但是一旦内源性的贯注被收回，意识就会消失，系统的功能就会停止。似乎潜意识展开触角，通过Pcpt.-Cs.系统的媒介而伸向外部世界。一旦这些触角接触了来自外部世界的刺激，它们就会迅速收缩回去。(Freud，1925a：231)

请注意，是潜意识"从内部"伸出了知觉的触角。然而他认为贯注在到达皮质Pcpt.-Cs.系统之前都是没有意识的。这表明，在弗洛伊德的模型中，即使是简单的知觉意识，最终也是内源性的。如果我们现在补充一点，即他错误地认为精神贯注的"触角"在到达大脑皮质之前都不能产生意识，那么我们就会得到一个不同的理论架构，这个架构更符合现代神经科学的研究结果，即意识是情感性的，在它到达大脑皮质之后，就变成了意识的知觉（"关于那个东西我的感觉是这样的"）。这就产生了对客体的意识，然后它们可能会也可能不会被言语再次表征（次级意识）。

Cs. 和 Pcs. 系统本身是潜意识的

这一提法对弗洛伊德的元心理学有实质性的影响，其中一些影响在其他地方已经提到（Solms，2013）。在这里，我只想阐述这一洞见——Pcpt.-Cs.和Pcs.系统本身是潜意识的——带来的最基本的影响。

首先，我要回到一个已经被引用了两次的观察结果，那就是视觉可以潜意识地发生（"盲视"）。这意味着知觉本身是一个潜意识的过程，同时提出了一个问题：意识给知觉添加了什么？

答案是意识添加了感受（Damasio，1999，2010），这些感受最初源自快乐-不快乐系列的感受。也就是说，意识给知觉增加了效价；它使我们知道："我对此有何感受？""这对我是好是坏？"从最初产生意识的生物学价值来看，它使我们能够决定："这种情况是提高了还是降低了我生存和繁殖成功的机会？"这就是意识添加到知觉中的东西。它告诉我们一个特定的情况意味着什么，从而告诉我们该怎么做，用最简单的话说：是靠近还是撤退？有些这样的决定是"无条件的"，也就是说，这个决定是基于本能做出的。这就是本能反应的作用；它们提供了通用的预测模型，让我们在学习的过程中规避固有的危险。

这些情况可以由心理功能的原始模式来解释，弗洛伊德称之为"快乐原则"。然而，生活中发生的许多情况是无法事先预测的。这就是需要从经验中学习的目的，以及弗洛伊德称之为"现实原则"的整个运作模式。现实原则利用"次级过程"的抑制（Pcs. 中占主导地位的认知模式）来约束快乐原则，并且使用灵活的解决方法来替代它，而这些方法只能靠思维（thinking）才能提供。因此，现实原则的目的是构建一个个性化的世界预测模型。

弗洛伊德把思维称作"实验性行为"（也就是虚拟的或想象的行为）。在现代神经心理学中，这被称为"工作记忆"（working memory）。从定义上讲，工作记忆是有意识的（并非所有的认知都是有意识的，但这里我们只关注有意识的认知）。工作记忆的功能是通过问题去"感受前进的道路"。这种感受告诉你，在上述生物性价值的尺度内，你的表现如何。这决定了你何时可以找到一个好的解决方案［参见弗洛伊德的"情感信号"（signal affect）概念］。

只有出现问题时才需要思考。这就需要有意识的情感"存在"，也就是需要对知觉和认知客体的注意力。然而，现实原则（从经验中学习）的全部目的就是改进一个人的预测模型；也就是说，尽可能减少意外发生的机会，尽可能减少对意识的需求。因此，经典模型再次被颠倒过来。

弗洛伊德的次级过程依赖于对"自由"驱力的"约束"。这种约束（即抑制）造成了对"紧张性活力"（tonic activation）的一种储备，这些活力可用来行使思考功能。正如刚才所描述的,弗洛伊德认为这个思考功能是由自我的 Pcs. 负责的。事实上,弗洛伊德在最早的自我概念中,把次级过程定义为一个"不断被贯注"的神经元网络,这些神经元相互之间产生了附加的抑制作用(Freud,1895a)。这促使卡哈特·哈里斯和弗里斯顿(Carhart-Harris & Friston,2010)将弗洛伊德关于自我"储备"的说法等同于当代神经科学的"默认模式网络"。尽管如此,弗里斯顿的工作与弗洛伊德一样都是基于亥姆霍兹(Helmholtz)的能量概念(见:Friston,2010)。他的模型[根据这个模型,通过编码更精确的世界模型可以使预测误差(prediction-error)或"意外(surprise)"——等同于自由能——的概率降低,从而导致更好的预测性]是与弗洛伊德的模型完全一致的。他的模型用计算机术语重新概念化了弗洛伊德的现实原则,它为量化和实验模型带来了全面的优势。根据这一观点,自由能是未转化的情感能量,由于预测误差,它们从束缚态释放或被阻止释放。

最令人感兴趣的是,在弗里斯顿的模型中,预测误差(通过"意外"表示)增加了知觉和认知过程中的"刺激显著性"(incentive salience)(因此,也包括了有意识的注意力),从生物学角度来说这是一件坏事。大脑对世界的预测模型越真实,意外就越少,显著性就越小,需要的注意力就越少,自动性(automaticity)就越强,效果就越好。这让人想起弗洛伊德的"涅槃原则"(Nirvana principle)。

现实原则的真正目标是自动性,它首先产生次级认知过程,避免了个体在不可预测的情况下"感受前进道路"的需要。这反过来又表明,理想的认知是放弃意识加工,用自动加工取代它——从"松散组成"的功能模式转变为"程序化"的功能模式(从皮质模式到皮质下模式)。看起来,认知过程中的意识是一种暂时的措施:一种妥协方法。但现实总是不确定和不可预测的,总是充满意外,我们在一生中几乎不可能真正达到像行尸走肉般的涅槃状态,虽然我们现在知道这是认知所渴望的状态。但情感却不是那么容易克服的。

结论

对弗洛伊德《论潜意识》一文与当代神经心理学之间关系的回顾表明，他的模型需要进行重大修订，原因至少有三：①Ucs.系统的核心（弗洛伊德后来的"本我"概念）不是潜意识的，它是意识的源头，主要是情感性的。② Pcpt.-Cs. 和Pcs.系统（弗洛伊德后来的"自我"概念）本身是潜意识的，它们渴望通过抑制 Ucs.而保持这种状态。③它们借用意识作为一种妥协措施并容忍意识，以解决不确定性（为了约束情感）。

弗洛伊德的《论潜意识》：这一理论能被生物学观点解释吗？

琳达·布雷克尔（Linda Brakel）❶

《论潜意识》是一篇写于近一个世纪前的相对简短的文章，却包含了很多内容，令人惊讶的是，其中很多内容到现在都不过时。弗洛伊德不仅言简意赅地呈现了他最有创造力的观点，即存在一个充满内容和意义的潜意识，而且他是以这样一个方式做到了：①提出潜意识的生物学和心理学之间联系的可能性；②强调了元心理学框架之地形学、经济学、动力学和结构性方面；③提供了一种精妙而有效的哲学论点来反驳他的（当时以及后来的）批评者，这些批评者断言心理过程和内容根据定义必须是有意识的❷。关于这种对潜意识心理状态可能性的挑战，弗洛伊德（Freud，1915e：167）说道：

……这个反对意见建立在一个错误的等式上：意识活动等同于心理活动。这一等式虽未被明确提出，却被一些人视作不言自明的事情。这个等式

---

❶琳达·布雷克尔：美国密歇根大学医学院精神病学兼职副教授、密歇根大学哲学系助教、密歇根精神分析研究所教员。她的著作涉猎范围广泛——从对精神分析理论的实证研究到归属于心灵及行为哲学领域的哲学问题，到直接的临床话题等；其中也许最值得注意的是她彻底的跨学科项目，包括她最近的两个作品：《哲学、精神分析与非理性心灵》（*Philosophy, Psychoanalysis, and the A-Rational Mind*，2009）和《潜意识的知晓和心理哲学分析中的其他随笔》（*Unconscious Knowing and Other Essays in Psycho-Philosophical Analysis*，2010）。

❷现代有一种观点认为所有的精神/心理都必定是有意识的，参见约翰·塞尔（John Searle，1992）的《心灵的重新发现》（*The Rediscovery of Mind*）。关于当代反对塞尔主张的论点，请参阅我对塞尔著作的评论（Brakel，1994）和《哲学、精神分析和非理性心灵》第二章（Brakel，2009）。

要么被当作一种预期理由［着重号为弗洛伊德原文所标］，未经证实地假定所有心理活动都必须是意识活动；要么只是把它当作一个惯例或命名的问题。后者如同其他惯例一样不接受质疑。

弗洛伊德在这一点上和一些反对者争辩，认为如果他们想反对充满意义和表征的潜意识概念，就必须拿出更有力的论据，而不只是使用定义标准来排除潜意识的心理作用——根据这个定义的规定，任何有意义的心理或精神活动必须是有意识的。

约翰·塞尔（John Searle）是一位著名的心灵哲学家。他在1992年的重要作品《心灵的重新发现》中就通过定义提出了这样的观点。他（Searle，1992：168）断言："弗洛伊德认为我们潜意识的心理状态既是潜意识的，也是正在发生且具有内在意向性的❶，尽管它们的本体是心理的，尽管它们是潜意识的。"塞尔接着提出下面的问题并给了一个快速的回答（Searle，1992：168）："弗洛伊德能使这样的描述变得连贯吗？我无法找到或发明对这个理论的连贯解释。"

塞尔关于连贯性的问题反映了他自己理解"心理"这个概念的局限性。让我们来陈述一下他看到的：①"潜意识心理生活的真实归属与客观的神经生理学本体论相对应，只是从它们有能力造成有意识的主观心理现象的角度来描述"（Searle，1992：168）；②心理现象简单地说是……"由大脑的神经生理过程引起的，而其本身就是大脑的特性"（Searle，1992：1）。塞尔没有承认，他的言论很难回答这个问题："为什么所有对表征性的潜意识心理状态的描述版本（比如弗洛伊德和其他精神分析理论家持有的观点）都无法满足他的这些标准？"（Brakel，2009：18）只有认识到"塞尔从本质上要求意识性是心理的一个必要特征"，这个难题才能得到解决。因此，如果意识是心理存在的本体论标准，那么根据定义，任何潜意识的存在都不是心

---

❶ 对于塞尔（Searle，1992：156-157）而言，意向状态是"关于某事物"的状态，因此意向性意味着"相关性"。

理的（Brakel，2009：18）。❶❷

当弗洛伊德坚信对潜意识的认识与对他人心灵的认识具有同样的地位时，他进一步在《论潜意识》中证明了其哲学敏锐性（Freud，1915e：169）。我们不能确切知道哪个情况才是事实；然而，这两种假设——假设其他人有和我们一样的心灵，假设我们的功能运作都依赖于意识和潜意识的心理过程——使我们更容易解释和理解许多可观察到的东西。在做出这一假设时，弗洛伊德默默地使用了一种被称为"最佳解释推理"（inference to the best explanation）的哲学工具（Lipton，1991）——科学家们（和其他理论家）经常使用这种工具来评估各种假设的相对强度。有趣的是，弗洛伊德援引了康德（Kant，1781—1787）对我们可以理解的"显现之物"（things-as-they-appear）和我们无法理解却藏于"显现之物"背后的"自在之物"（things-in-themselves）之间的区分来继续进行讨论。他以此警告我们："如同物理世界一样，心理内容也不一定像它看起来那样的真实无误。"（Freud，1915 e：171）换句话说，弗洛伊德提醒我们要记住：我们在意识状态下所感知和（或）相信的，可能适用于潜意识心理状态，也可能不适用。

伴随着弗洛伊德对哲学（尤其是关于心灵、形而上学和认识论的哲学）中最旷日持久的问题之一的看法，他在《论潜意识》一文中（尽管非常简短）清晰地表达了他对心身问题的立场。弗洛伊德的立场是非常复杂的。尽管意识和潜意识的内容存在差异性（我将在下面列举这些差异），但对弗洛伊德（Freud，1915e：207）来说，因为意识和潜意识的活动和过程都是心理上的，所以它们在神经系统的生理活动中存在"一种依赖共存"的关

---

❶ 塞尔对于初级过程介导的心理联想作用也有类似的限制性观点，就像我指出的（Brakel，2009：18-19）：

塞尔区分了遵循规则的过程——那些［对他来说是］心理的（以及有意向的）——和联想，例如那些通过相似性产生的联想（以及可能通过其他初级过程/联想的原则而产生的联想……），"这些联想除了被关联者的内容之外不需要任何额外的心理内容"（Searle，1992：240）。

❷ 注意另一位受人尊敬的心灵哲学家盖伦·斯特劳森（Galen Strawson，1994），甚至比塞尔更为极端地捍卫自己在心理方面的立场。对斯特劳森来说，心理不仅是充满内容的，而且是现在就被体验到的（Strawson，1994：168）。

系❶。我将在本章正文中阐述这种本质上是生物学观点的重要性，尤其是它与弗洛伊德在《论潜意识》中指出的其他潜意识特征并不相容。

生物学的潜意识

从生物学的角度来看，弗洛伊德在这篇1915年的文章中对潜意识运作的描述实际上是完全没有问题的。首先，弗洛伊德认为，本能渴望的冲动"同时存在，彼此互不干扰"，也因此它们"相互之间没有矛盾、冲突"（Freud，1915e：186）；这一观点可以很容易地与动物身上的许多由驱力构成的行为相吻合❷。一只动物被饥饿感驱使到野外觅食，但同时又要随时留意逃跑以便躲避捕食者，这种情景显示出动物被两种冲动强烈地驱使着。

弗洛伊德对潜意识运行机制的进一步描述也同样适用于我们的这个动物模型：

> 当两个渴望的冲动之间出现了我们以为的无法相容的目标时，它们可以同时被激活。两个冲动并不会彼此削弱对方或者消除对方，而是联合起来形成一个中间目标，即一种妥协形式。（Freud，1915e：186）

因此，觅食者们会尽快觅食，在每次短暂的突击后迅速返回掩蔽所，而不是将自己较长时间地暴露在开阔地带。虽然以这种方式获得的食物和热量似乎并非最优，但这是一种很有必要的妥协，因为成为某些捕食者的猎物的

---

❶ 以下是相关引用全文：

神经系统中的一系列生理事件很可能与心理事件之间并不存在［简单的一对一的］因果关系。生理事件不会在心理事件开始后就停止，相反，生理活动链还在继续。所发生的仅仅是，在某个时间点之后，生理活动的每一个（或一些）环节具有了一个与之相对应的心理现象。因此，心理是一个与生理平行的过程——"一个依赖的伴随物（dependent concomitant）"。史崔齐接着说："依赖的伴随物"这个词语来自休林斯·杰克逊（Hughlings-Jackson），在弗洛伊德的原文中是用英语写的。还要注意，上面方括号中的文本是我添加的。

❷ 在之前的工作中，我认为渴望的冲动实际上是来自生物学驱力。

代价太过高昂，其结局几乎是必死无疑。

弗洛伊德接下来讲述的是潜意识心理活动运作的初级过程的本质（Freud，1915e：186）——其运作是根据移置、凝缩和不同的分类类型来组织的，这些分类由那些初级过程的组织者产生——同样是与这种动物行为非常匹配，这种行为中可以清楚地显示出选择性（进化）的适应。再回到觅食者，例如，各种植物的某些独特的视觉特征可以真实地预示其营养丰富性和（或）毒性。单一的知觉特征，包括嗅觉、味觉和触感，以及颜色、形状和大小等视觉属性，不仅容易被初级过程思维者所识别，而且更重要的是，它们可以形成基于这些初级过程属性而形成的分类的核心。正如我在更早期的作品中所陈述的（Brakel，2010：61）：

在此有多种基于非理性（a-rationally）的初级过程分类。这包括基于表面相似性而形成的联想分类，以及基于［看似］无关紧要的部分的相似性而形成的分类。诗人们（和其他人）可以使用这样的非理性分类来表达明喻和隐喻。例如，莎士比亚会问："我要把你比作夏日吗？"

我后来继续陈述（Brakel，2010：62）道：

以联想相似性（associative similarities）为依据的非理性分类还包括各种家族相似性分类；由于成员的共同功能角色而形成的类别；以及因为某种心境或感觉状态被唤起而形成的类别。最后一种分类实例可见于我的朋友Z。每当他看到一幅表现主义的绘画，闻到一种特别的香味（燃烧的木头），或者遇到一只流浪猫时，［他］就会体验到一种非常独特的……怀旧感。这些看似不相干的任何一个（或一些联合的）场景引发了那些独特感受，这些感受为Z形成了一个基于非理性的初级过程分类。

回到与当前最相关的问题：

此外，鸟类（和其他动物）可以使用基于非理性的分类来成功觅食。它们往往会回到一些与最佳进食地点具有共同微小（从我们人类的观点来看）视觉特征的地方。比如，蜂鸟会选择橘红色的凹槽形状的地点觅食。(Brakel, 2010: 61-62)

（更多关于初级过程/非理性分类的内容，请参见：Brakel, 2009: 8, 16, 43, 46。）

事实证明这些初级过程分类比起基于次级过程知识的评估，往往能够提供更多的信息和更快的速度；基于次级过程知识的评估则是这样的，例如：熟悉某几个具体植物物种种植的确切位置和其中每一个植株生长的细节状况[更多关于基于初级过程组织而带来的可能的认知进化优势的内容，请参见布雷克尔等的论文（Brakel et al., 2003）；关于现实生活中动物（鸽子）的初级过程分类的例子，请参见加利克（Garlick et al., 2011）等的论文]。

* * *

弗洛伊德本人也认识到了其潜意识系统作为一个生物性相关系统的潜在重要性，这在《论潜意识》的两个段落中有所显露。在第一个（段落）中，他有点不确定。他（Freud, 1915e: 189）在评论潜意识系统时说：

在个体发展过程中，会体现这一系统的哪些内容和联系呢？在动物身上这一系统又有何意义呢？对这些问题，都无法从我们的描述中推论出答案。需要对这些问题进行独立研究。

大约6页后，弗洛伊德（Freud, 1915e: 195）似乎更有信心，他断言道：

> 潜意识的内容可比作心灵中的土著居民。如果人类心灵中存在着遗传而来的心理功能——类似于动物本能——那它们便构成了 Ucs. 的核心。

然而，当我们继续讨论弗洛伊德在《论潜意识》中关于其潜意识系统的进一步评论时，我们必须承认，任何本质上是生物性潜意识的见解都存在严重的问题。我将在下一节中描述这些见解及其引发的冲突。

冲突

弗洛伊德在《论潜意识》中对潜意识特征的进一步描述，直接与对此系统的任何似是而非的生物学解释相冲突。因此，接着看他对潜意识基本运作的描述，我们发现他的以下断言（Freud，1915e：187）："Ucs. 系统里的过程都无时间性，即它们不按时间顺序进行……与时间不发生任何关系。"弗洛伊德（Freud，1915e：187）还进一步提出：

> Ucs. 系统中的活动很少顾及现实。它们遵循快乐原则；它们的命运只取决于其本身力量的强弱，以及它们是否能满足快乐-不快乐原则的要求。

弗洛伊德对潜意识系统思考的张力现在变得明显，虽然他似乎想要让这个充满欲望和愿望的系统由基础和基本的生物学驱力构成，但他对潜意识的表述迫使我们面对以下难题：怎么能让任何生物系统在不考虑时间和其他方面现实的情况下生存下来？没有基于时间和现实考虑的内在的登记和调整，那么任何生物有机体都不能适应其环境。即使是单细胞生物也必须面对现实，接近有营养的环境，避开有毒的环境。再想想捕食者捕捉猎物和猎物逃脱捕食者所需的精确时机，它们每一方都在不断监控另外一方预期的速度、加速度以及方位。

权衡实验证据

虽怀着对弗洛伊德的敬意，但事实上，潜意识过程已经被证明对时间和现实都非常敏感。我会描述三个调查研究，其中两个是关于时间的，第三个是关于现实的。

首先，在时间方面，有两个关于潜意识条件作用（conditioning）的证明性研究。第一个是来自邦斯·伯纳特（Bunce Bernat）、王（Wong）和施维因（Shevrin）（Brunce et al.，1999）的研究：《潜意识学习的进一步证据：阈下刺激下面部肌电图调节的初步支持研究》[*Further Evidence for Unconscious Learning：Preliminary Support for the Conditioning of Facial EMG（Electromyograms） to Subliminal Stimuli*]；第二个是来自王、伯纳特、斯诺德格拉斯（Snodgrass）和施维因（Wong et al.，2004）的研究，标题是《与事件相关的关于大脑非觉察下的联想学习》（*Event-Related Brain Correlates of Associative Learning Without Awareness*）。这两个实验都涉及对厌恶刺激的条件性反应，它们通过特定的生物学指标的变化来证明其发生了成功的条件性反应。在第一个实验中，生物指标是面部肌电图（EMG），被用来记录面部特定肌肉的反应。在第二个实验中，通过被称为诱发反应电位（evoked-response potentials，ERPs）的脑电波变化，并在特定的（经过充分研究的）头皮电极位置记录其变化，以其作为生物指标。

在这两个实验中，两组配对的词（与词语的情感内容配对）都呈现给所有被试者。在开始阶段，呈现的刺激词都是阈上的，换句话说，这些都能完全被意识觉察，并记录其生物学指标。在下一个阶段也就是条件作用阶段，两组词都是以阈下的方式呈现的，都处于意识觉察之外；但是在此处有一半的词条（实验组）伴随着厌恶性刺激，而另一半的词条（对照组）没有伴随厌恶性刺激。这两个研究的意义深远之处就在于：在它们的条件反应阶段，实验组的条件刺激都是阈下呈现的，完全在觉察之外，在阈下刺激之后的一个精确的时间间隔内再给出厌恶刺激。因此，在较早的（1999年）那项研究中，实验组每次给出一个阈下单词刺激，然后在精确的 800 毫秒后给予一次厌恶性电击。在第二项研究（2004 年）中，实验组每次呈现一个阈下单词刺激，然后在精确的 3 秒钟后给出一阵白噪声。

接下来是后条件反应阶段，在这一阶段，两组（实验组和对照组）再次阈上呈现两组刺激词，并再次测定生物指标。在两个实验中，实验组和对照组之间对刺激词条出现了不同的生物学反应（在第一项研究中是 EMG，在第二个研究中是 ERPs），这些提供了确定的证据，证明厌恶条件反应确实发生了，并且非常值得注意的是，这个反应是针对那些完全以阈下方式呈现的条件刺激单词的。

如果被试者的潜意识过程不能很容易地将实验组的每一个阈下刺激词与随后在时间上精确计算过的厌恶刺激联系起来，就不会成功地得到厌恶条件反应，这些实验结果也就不可能获得。简而言之，这些研究支持了这样的结论，即潜意识过程可以显示出极度的时间敏感性。

接下来我们转到潜意识与现实的议题。2001 年，伯纳特、施维因和斯诺德格拉斯发表了题为《阈下 Odd-Ball 范式视觉刺激诱发了 P 300 电位》（*Subliminal Visual Odd-Ball Stimuli Evoke a P300 Component*）的实验报告。实验报告为潜意识处理和区分外部现实各种重要特征的能力提供了简洁且高质量的证据。在此研究中，"'左'（LEFT）和'右'（RIGHT）以一种频繁或罕见的频率呈现给受试者（80％：20％）［根据设计而定］，在受试者之间两个字的总体频率平衡"；同时在几个常规头皮电极位置测量脑电波的诱发反应电位（ERPs）（Bernat et al.，2001：159）。［因此，一半的受试者在 80％ 的时间里看到了"右"（RIGHT）这个词，在 20％ 的时间里看到了"左"（LEFT）这个词；另外一半的受试者在 80％ 的时间里看到了"左"（LEFT）这个词，20％ 的时间里看到了"右"（RIGHT）这个词。］这是一个典型的"Odd-Ball"（怪球）实验设计，在这个实验中，在 80％ 的时间里呈现的词条是通常预期的刺激，而只有 20％ 的时间里呈现的词条则是"怪球"刺激。伯纳特、施维因和斯诺德格拉斯（Bernat et al.，2001：159）的研究（与典型的 Odd-Ball 研究相比——译者按）只存在一个重要的不同之处：所有的"刺激的呈现时间是在可客观检测的临界值

（……1毫秒的呈现）"。这意味着所有的刺激都是阈下刺激，在任何有意识的觉察之外。

这项2001年的实验结果与标准的阈上刺激Odd-Ball实验的结果非常相似，在后者实验中，受试者可以有意识地看到所有的刺激。这是一个最重要的发现："……和更频繁的刺激相比，呈现更罕见刺激能明显增加（ERPs中P300）电位的波幅。"（Bernat et al.，2001：159）这表明："……即使所有这些罕见的和频繁的刺激都出现在意识之外，也可以唤起P300反应。"（Bernat et al.，2001：169）很明显，这些完全是阈下的刺激在大脑中导致的结果，证明了罕见和频繁的阈下刺激可以像阈上刺激一样被区分开来，说明潜意识确实可以准确地理解外部现实的重要方面。

解决方案（不幸的是没有深度）

那么，这种关于潜意识的冲突——它潜在的生物学相关性，以及它具有的时间和现实这两个明显很重要的生物学因素——如何才能解决呢？我们该如何处理弗洛伊德《论潜意识》中对潜意识表述中的张力呢？潜意识是对时间和现实不敏感呢？还是潜意识终究在生物学上适应了？

先来讨论一下时间的问题，来看看我们是否可以通过更仔细地研究弗洛伊德的论文（Freud，1915e：187）以获得更好的理解。关于他对潜意识的无时间性的观点，我们在论文中逐句检验他的主张。首先，他指出潜意识过程不是按时间顺序进行的。即使假定这是真的，假定潜意识过程本身不是以一个时间为导向的方式来组织的，这也并不意味着一些特定的潜意识的活动不能够以世俗的方式有序地登记刺激和内容，就像王及其同事们所做的潜意识条件作用的研究一样；事实上，这项研究令人信服地证明了这些活动是存在的。因此，在这点上，与弗洛伊德文中的冲突张力可以得到缓解。

接下来，弗洛伊德（Freud，1915e：187）假设潜意识的过程"不因时间的推移而改变"。实际上，从生物学的角度来看，这种说法似乎没有问题。只要驱力不被满足，它就不应该被改变，这在生物学上是有用处的。一种更强烈地表达方式则是，一种未被实现的驱力，除非其最终得到满足，否则应当更加坚定和断然地去追求被满足。这样看来，这部分的表述冲突也消失了。

但是，弗洛伊德在这一系列关于时间的评论中（Freud，1915e：187），他最后提到潜意识过程"与时间不发生任何关系"指的是什么呢？为了解决这个问题，我讲一个现实中的故事吧。这是一个经常发生的故事。那是下午两点钟，从早饭后我和我的狗齐妮亚（Xenia）就再没有进食了。因为工作很忙，我没有觉察到（潜意识的）我正在承担一种逐渐增长的、对食物的潜意识欲望/驱力。虽然通常我每天都要再晚一些才会喂齐妮亚下一餐，但她可能也想进食了（我这么猜是因为她的行为表明她常常想要食物）。也许与我的情况不同，齐妮亚其实一直能意识到这种欲望。不管怎么说，在下午2时15分时，我开始意识到我的欲望和饥饿。我想："下午2点15分了，我从早上10点的早饭后再没吃过任何东西呢。"齐妮亚的初级过程仅仅受到食物驱动，她缺少这个次级过程的时间标记。她大概只是在想（以初级过程的方式）一些像"得到食物"之类的事情。虽然我们都饿了，我们也都没有在下午2点15分吃东西。因为这还不是她第二餐的时间。我又开始回到繁忙的工作中，再一次忘记了自己的饥饿感，也使我想要进食的欲望再一次进入潜意识。然而我可以设想我们俩都在挨饿，随着时间的流逝，对食物的欲望/愿望/冲动越来越强烈。对我来说，饥饿感和食欲越来越强烈，尽管我还是没有意识到这种情况。下午4点我的想法中出现了这个观念："哇！现在是下午4点了，早饭后我还没吃东西呢！我现在真的很饿！"而同时齐妮亚的行动也表现出她好像在想"把食物拿过来！"，于是，对我们俩来说，不断增加的驱力强度所带来的压力随后被登记了，对齐妮亚来说是有意识的，是一种初级过程形式的登记，而对我来说是潜意识的，也是一种初级过程形式的登记。这种不断增加的驱力强度本身就像是一个生物-心理计时器，标记着时间的流逝。显然很重要的是，这种时间登记标示器的功能是改变行为，以解决不断增加的驱力压力。因此，这个经常提起的故事有了一个美好的结局：我最终吃饭了，而且一定会喂我的狗。而且，在弗洛伊德的表述中，另一方面的张力也得到了解决。

提到驱力压力的登记和标示以及各种欲望、渴望的相对强度这些话题，我们直接进入到下一个、也是最后一个主题——现实。对此弗洛伊德（Freud，1915e：187）写道：

> Ucs.系统中的活动很少顾及现实。它们遵循快乐原则；它们的命运只取决于其本身力量的强弱，以及它们是否能满足快乐-不快乐原则的要求。

但从生物学角度来看，这真的会造成任何问题吗？实际上，生物学上一个更麻烦的问题似乎是：欲望/驱力是否应该由其他东西来调节，而不是其是否被满足或在一定程度上未被满足？如果是这样，那个调节器会是什么？如果我饿了又没有食物，我难道不应该一直想要食物，而且这种愿望越来越迫切吗？

所以再一次地，看起来很有问题的东西也许不是那么有问题！

* * *

然而（甚至对我来说），在我逐字逐句地试图让弗洛伊德的对潜意识系统的特征化描述与生物学系统完全一致的尝试中，仍有一些不令人满意和未完成的东西。让我试试下面这个更全面、但同样简单、不够深刻的解决方案。

解决时间问题和现实问题的一种方法可能是假设存在另一种时间意识和另一种不同类型的现实，两者都是由社会文化规范而不是由生物法则来调节的。为了举例说明，（让我们）把事情简化到最基本的情况：如果我饿了，但离吃饭时间还很远，那么我对食物的欲望/驱力就会与社会现实发生冲突。同样地，如果我急着小便而没有厕所可用，那我的欲望是与文化规范冲突的。假设我在参加医学考试的过程中或者和我最后一个分析性病人一起工作时想要愤怒地尖叫或者高兴地引吭高歌，等等。在这些例子中，我的驱力和欲望不管是有意识的还是潜意识的，它们既能是基于生物性，完全以生物学时间和现实为根据的，同时也可以是完全无视社会现实的，包括忽视很多世俗的期待。

当然，当生物驱力同时具有心理学上的重要性并受到社会文化的影响时，事情就变得更加复杂了。我举出的简单的（而且我承认是人为的）关于饥饿、食物和进食的例子，以及涉及排泄和情感表达的例子，都能很明显地说明这个问题。此外，可以想象当我们要处理主要涉及心理上的（即使只是从表面上看是心理上的）欲望/驱力/愿望时，复杂性将会成倍增加。例如，对前俄狄浦斯期无法获得满足的渴望和（或）对不可接受及禁忌的俄狄浦斯客体的渴望。然而，如果我们能同时以一个基本的、基础的生物学方法和一个复杂的社会文化方法来思考心理相关时间（psychologically relevant time）和心理相关现实（psychologically relevant reality，这里我指的是包括心理现实）的话，也许弗洛伊德把潜意识与基本的生物学基础联系起来的渴望就可以获得一些真正的联结助力。因为这样的话，我们就可以真正地把潜意识描述为既对时间和现实具有生物学的敏感性，又不受一些来自社会的现实和时间要求的影响。

　　请注意，我并不是说弗洛伊德在他1915年的经典著作《论潜意识》中真的打算对时间和现实持双重观点。确切地说，我提出这个建议有两个原因。首先，为弗洛伊德这个没有被直接陈述的问题提供一个他可能欣赏的解决方案。第二，也许更重要的是，因为我，像之前的弗洛伊德一样，认为精神分析具有完整的心理学性质，因而将其看作是一种本质上以生物学为基础的理论和学科。

一个印度教徒对弗洛伊德的《论潜意识》的解读

玛杜苏丹·拉奥·瓦拉巴哈内尼(Madhusudana Rao Vallabhaneni)❶

在这篇文章中,我将把弗洛伊德的潜意识模型(Freud,1915e)与印度教哲学的模型进行比较和对照。西方读者,除了少数熟悉梵语和印度教的读者之外,可能会发现阅读后面的章节具有挑战性。基于可能遇到的挑战,我会经常复述它们,并尽可能提供英文的同等说法。这里提出的模型既有重叠之处,也有差异之处,我的目的并不是要证明其中一个比另一个强。弗洛伊德的观点是临床和精神分析的。印度教哲学家的观点是冥想式的和形而上学的。这里介绍的印度教概念是哲学的和灵性的,而不是宗教的。弗洛伊德的概念是心理学的和临床的,而不是形而上学或灵性上的。

弗洛伊德是个死亡论者(mortalist)。对他来说,身体是心灵的基础,心灵只存在于身体从出生到死亡的过程中,既不在生前,也不在死后。因此,心灵的起源、发展和进化发生在心身复合体中,这一观点与弗洛伊德(Freud,1925)作为神经解剖学家和神经学家的背景相一致。众所周知,弗

---

❶玛杜苏丹·拉奥·瓦拉巴哈内尼:在印度贡塔尔(Guntar)医学院获得医学学位。此后,他先后在北爱尔兰贝尔法斯特的女王大学、美国密苏里州圣路易斯的圣路易斯大学和加拿大达尔豪斯大学接受精神病学培训。他在圣路易斯精神分析研究所接受过精神分析培训。他在多伦多精神分析研究所和多伦多大学精神病学系任教。瓦拉巴哈内尼博士是加拿大皇家内科医师和外科医师学院的成员,也是国际精神分析协会、美国精神分析协会和加拿大精神分析学会的正式成员,同时是由多伦多精神分析学会赞助的精神分析心理治疗高级培训项目课程委员会的主席。瓦拉巴哈内尼博士是一位研究印度教经文的严肃学者,他就如何看待一元论吠檀多主义和精神分析中的自体写了很多重要的文章。

洛伊德在19世纪80年代曾雄心勃勃地试图建立一种以神经学为基础的心理学，但没有成功。弗洛伊德仍然相信，在未来会有一种对精神现象的神经学解释。目前在生理学、神经学领域各种发现的激增，以及这些发现在神经精神分析方面的应用（Kaplan-Solms & Solms，2000）见证了弗洛伊德的远见。

相比之下，印度教哲学家从超越论视角来研究人类经验，而这一视角立足于灵性论。根据印度教哲学家的说法，在人类的经验中有四种实体：身体、头脑、智力和灵魂（*atman*）（至高意识）。在这种观点中，头脑只是人类的一部分，人类的经验超越了身体和头脑。作为至高意识的灵魂是人类经验的上级容器。显然，这是一种灵性的观点。这种观点和弗洛伊德的观点之间的紧张关系是显而易见的。然而，在深入研究这种紧张关系之前，有必要列出这两种范式的基本原理。

印度教

印度教对于先验经验有不同的看法，其中一个受欢迎的著名学派是不二论教派（*Advaita*）（一元论）。商羯罗查尔雅（Shankaracharya）（公元788—820年），俗称商羯罗，是这一学派的主要支持者。另一个著名的学派是特里瓦达派（*triee vada*），它是基于吠陀（Vedic）概念的关于三个永恒原则的理论。达亚南达·萨拉斯瓦蒂（Dayananda Saraswathi）（公元1824—1883年）是这一学派的主要支持者。著名的不二论教派学者斯瓦米·尼基拉南达（Swami Nikhilananda，2002：17）解释道：

终极实相（ultimate reality）是先验性的。它不能被感官感知或被头脑理解。它是对人类最深处意识的不容置疑的经验。它是直接而即刻的经验，不需要借助感官和头脑工具。它也不依赖任何外在的权威来证明它的存在。对外部世界的感知既不是直接的，也不是即刻的，而是依赖于感觉和头脑，

并且总是受到它们的影响。另一方面，对实相的体验既是直接的，也是即刻的❶，只有当感觉和头脑通过严格的精神训练得到绝对的平静时，才可能体验到它。人的意识（consciousness）（即最深处意识——译者按）在体验最高意识（Consciousness），这两者实际上是等同的。

根据商羯罗的说法，人类通过身心的体验存在只是短暂和临时的，因此是不真实的。至高自我（supreme self）（即 *Brahman*，可译为"梵天"或"婆罗门"）是唯一的实相，它永恒不变，除非它通过身体和头脑设备，以"具身自我"（embodied self）（即 *jeevatma*，"心灵"之意——译者按）运作时。除了绝对实相（梵天）之外，没有别的存在，而 *jeevatma* 就是它的具体化状态。这点反映在梵语格言 "*ekah brahma dvitiya nasti neh na naasti kincham*"（"只有一个实相存在，没有第二个，根本没有，一点都没有"）[大梵经，斯瓦米·维尔斯瓦拉南达（Swami Vireswarananda）的英文译本，2001]。

相比之下，达亚南达认为存在三种永恒的原则，它们共同形成了人类，即原质（*prakriti*）（原始物质，宇宙的起源）、心灵（*jeevatma*，具身自我）和灵魂（*paramatma*，至高自我）（本文中翻译为"灵魂"的词，都等同于"梵天""至高意识""至高自我"的意思——译者注）。这三个原则都是真实的和永恒的，具有各自特定的属性和界定的相互关系。在达亚南达看来，原质为身体和头脑提供了必要的形式，通过它，个体自我得以显化以便体验相互关系。灵魂遍及原质和心灵，使化身（Janma）成为可能。灵魂本身并不参与化身。世间只存在一个"灵魂"、一个"原质"，却有无数个"心灵"，它们都是真实而永恒的，与宇宙中的所有个体相对应。因此，心

---

❶ 它与拜昂（Bion，1970）"O"概念发音的相似性非常明显。拜昂用这个术语来表示某一刻的终极现实，或指代不可测量的"自在之物"。在解释这一概念时，艾克塔（Akhtar，2009a：192）指出：这个真相就在那里，等待着一个善于接纳的心灵去发现，这个心灵已经清空了自身的先入之见、记忆和欲望。后天获得的知识可以为信念的飞跃提供平台，但将知识和经验抛在脑后才是迈向"O"的那一步。

艾克塔提出拜昂的"O"是 Om 的缩减形式，Om 是梵语，意指无所不在的创造者。他接着说：这可能是由于拜昂在印度长到8岁，他由一个印度教女佣照顾，她带他去过许多印度寺庙，并让他接触到对"Om"的唱诵。

灵（个体自我）和灵魂（至高自我）在某种意义上都是超然的，它们都超越了某个特定的化身而继续存在。心灵由于化身的限制而受到经验的限制。但灵魂不受限制，因为它是整个世界现象的基础（Swami Dayananda Saraswati，1975）。世界的多样性是真实存在的。

在下面的《蒙达迦奥义书》（*Mundakopanishad*，又译《剃发奥义书》——译者按）的真言节选中提到了一个美丽的比喻，它优美地描述了原质、心灵和灵魂之间的关系。

Dvau suparnaa sayujaa sakhaayaa

samaanam vriksham parishasvajaate

tayoranyah pippalam swadvattyanashnannanyo

abhichaakashiti.

《蒙达迦奥义书》
斯瓦米·钦马亚南达（Swami Chinmayananda）的论述，1977年，
第三章，第一节，真言Ⅰ

两只鸟儿（心灵和灵魂）彼此紧靠，亲密无间，它们栖息在同一棵树（原质）上。其中一只鸟儿（心灵）津津有味地吃着树上的果子，而另一只鸟儿（灵魂）则不吃东西，只是看着（超然状态）。

这两派印度教哲学家在一个共同的主题上达成了一致，即具身的自我与它所占据的身体结合后，在特定的条件下可超越成另一个身体。这种转世（reincarnation）的概念称为轮回（samsara），后面会详细阐述。然而，这两种学派在对个人意识的本质及其与终极实相的关系的构想上有所不同。不二论派（一元论）的追随者相信只有一个经验主体，即灵魂，当它超越了化身的循环进入了一个不同的意识状态，它就到达了梵天的状态（解放的自我），一个不受身体的限制，而以纯粹的意识为标志的状态。在梵天的自在状态中，个体自我认识到它的真实本质是纯粹的意识。因此，对于不二论派的追随者来说，只有一种实相存在——梵天的实相（自我的解放状态）。相比之下，特里瓦达派的追随者（达亚南达和其他人）相信存在两个经验主体：心灵（个体自我，它由于化身和其特质而存在知识和意识的局限性）和灵魂（至高自我，它拥有无限的知识和纯粹的意识，是所有经验的来源，因为它是无所不在和永恒不朽的）。在这种观点中，心灵（个体自我）是头脑和智力的基础，灵魂是原质（原始物质）和心灵（个体自我）的基础。根据特里瓦达派的观点，当心灵超越了化身的限制，它就达到了与灵魂的极乐关系。

印度教哲学家所描述的经验的超越性质包括两方面。超越性的第一个方面是指心灵超越了某一特定化身的限制。不二论派的追随者相信心灵超越到一个不同的状态，即梵天。特里瓦达派的追随者相信心灵超越到一种与梵天相关的状态。两个学派都把这种超越称为涅槃（nirvana）（从限制中解放）。超越性的第二个方面是指从一个化身到另一个化身，这个过程被称为转世，即出生和再生的循环。轮回（体验现象世界的化身状态）随着涅槃而结束。因此，对于印度教哲学家来说，存在两种意识：灵魂（至高自我）的意识和心灵（具身自我）的意识。

弗洛伊德

弗洛伊德彻底改变了我们对心灵的理解。人们心中没有什么事情是偶然发生的，这已成为一个普遍接受的事实。正如布伦纳（Brenner，1973：4）所指出的：

当一个想法、一个感觉、一个偶然的遗忘、一个梦，或一个病理症状似乎与之前在头脑中发生的事情无关时，这是因为它的因果联系是与一些潜意识的心理过程而不是有意识的心理过程有关。如果潜意识中的一个原因或多个原因能够被发现，那么所有明显的断裂就会消失，因果链或因果顺序就会变得清晰。

为了辩护潜意识的概念，弗洛伊德（Freud，1915e：166）写道：

> 我们最个人化的日常经验会让我们熟悉一些进入脑海的观念和理智的结论。但我们并不知道这些观念和结论从何而来，以及是如何形成的。如果我们坚持认为所有的心理活动都必须通过意识才能经验到的话，那这些有意识的活动会缺乏连贯性和难以理解；另外，如果我们在它们之间插入推测存在的潜意识活动，这些活动之间就具有了一个明显的联系。突破直接经验的限制来获取意义，这是一个完全正当的理由。除此之外，假设存在潜意识使我们能构建一个成功的方法，它能帮助我们对意识过程施加有效的影响。这又会对我们关于潜意识存在的假设提供无可争议的证据支持。

这里提到的"成功的方法"当然是精神分析。弗洛伊德反对意识内容是心灵的整体这一观点。他认为将心灵等同于意识的传统做法是完全不恰当的。

弗洛伊德（Freud，1900a，1915e）在他的心理地形学模型中，区分了三种心理系统，他称之为意识、前意识和潜意识。他把那些可以通过努力集中注意力而变得有意识的心理内容和过程称为前意识，而那些被积极地排除在意识之外的心理内容和过程称为潜意识。他把意识称为某一特定时刻的了知状态。在使用意识、前意识和潜意识这些术语时，有时是表达描述性的含义，有时是动力性的含义，有时是系统性的含义。为了避免产生混淆，弗洛伊德使用了缩写 Ucs.、Pcs.、Cs. 从系统性的意义上分别表示潜意识、前意识和意识。

根据弗洛伊德（Freud，1915e）的观点，一个心理活动会经历两个阶段，这涉及它不同的状态和不同阶段之间存在的审查机制，审查在这两个阶段之间进行。意识与前意识之间的审查机制比前意识与潜意识之间的审查机制更容易突破。最开始，心理活动是潜意识的，属于 Ucs. 系统。如果它被审查机制阻止进入第二阶段，那么它就被压抑了并保持潜意识状态。如果它逃脱了审查进入了第二阶段，获得允许进入了 Pcs. 系统，在此系统的心理活动就可能被 Cs. 系统的意识觉察到，但必须是在刻意地去注意它的条件下。为了使 Ucs. 中的一个潜意识的心理内容在 Cs. 中变得有意识，必须要克服压抑过程，并且必须把注意力集中在它上面。只有当潜意识转化为有意识的内容时，我们才能了解它。要做到这一点，必须克服某些阻抗。弗洛伊德（Freud，1915e：190）写道：

> Ucs.系统活力十足且能不断发展，并与 Pcs. 系统保持着千丝万缕的联系，包括相互合作的关系。总而言之，我必须声明从 Ucs.系统会不断延伸出我们熟悉的衍生物，它可以受到生活的影响，也能持续不断影响 Pcs.系统，甚至它也会受到来自 Pcs.系统的影响。

弗洛伊德令人信服地说明 Ucs. 中的潜意识内容在精密度和复杂性上都与 Cs. 中的内容相似，并对心理功能有显著影响。Cs. 只是心灵的一小部分，就像谚语所说的冰山一角。

弗洛伊德（Freud，1923b）后来提出了一个新的心理三结构模型，包括本我、自我和超我。本我指的是驱力的心理代表，自我由那些处理与环境的关系的功能组成，超我包括我们内心的道德方面以及我们的愿望。驱力被认为从出生起就存在，但自我和超我都是后来发展的。本我在出生时包含了整个心理器官，而自我和超我最初是本我的一部分，并在成长过程中充分分化，以确保它们被视为独立的功能实体。本我指的是欲望、被压抑的记忆和幻想，力比多和攻击性驱力通过幻想来寻求表达和满足。它受快乐原则的支配，只对释放紧张感兴趣。它：

> 包含了所有遗传的东西，从出生就存在并贮藏在体质中。因此，最重要的是本能，它起源于身体组织，并在这里（在本我中）以我们所不知道的形式找到了第一次的心理表达。（Freud，1940a [1938]：145）

本我构成了 Ucs. 的很大一部分，并或多或少由自我和超我的意识部分所控制。

弗洛伊德将自我描述为"心理过程的连贯组织"（Freud，1923b：17），它"努力在外界和本我之间进行调解，使本我对外界具有柔韧性"（Freud，1923b：56），并受现实原则支配。自我的意识部分负责整合感知的信息和做决策。自我的潜意识部分包括防御机制，比如压抑，它对抗本我的强大驱力。弗洛伊德认为，"自我首先是一个身体自我"（Freud，1923b：26），产生于身体的刺激和感觉中。他把自我的性格看作是"一个被放弃的客体贯注的沉淀物"，包含了"这些客体选择的历史"（Freud，1923b：29）。弗洛伊德认为，凭借其理性、适应性、现实感、焦虑和防御机制等性质，自我能够有限地掌控对它付诸影响的潜意识本能力量（Freud，1923b：26）。

弗洛伊德（Freud，1923b）使用"超我"一词来指代道德良知和理想自我，它们分别规定了一个人不应该做什么、应该做什么和应该追求什么。超我对本我的追求之物更敏感，所以它更直接地与 Ucs. 相连，而不是与自我。超我是俄狄浦斯情结（Oedipus complex）❶的继任者。通过俄狄浦斯阶段的顺利协商，孩子会通过增加对异性父母的认同和增强对父母双方的喜爱，从而放弃对异性父母占有的性渴望和对同性父母的敌意。

正如我（Vallabhaneni，2005）之前所观察到的，史崔齐（Strachey，1961：7-8）已经指出，在弗洛伊德的一些作品中，术语"自我"（ego）似乎与"自体"（self）的概念相一致。其他精神分析师（Bettleheim，1982；Ornston，1982）也指出，在史崔齐将德文词语"das Ich"翻译成英文"ego"时，似乎已经丢失了原词暗示的"自我经验"的含义。我（Vallabhaneni，2005：363）相信：

弗洛伊德的"自体"是一个心理学概念，它指的是本我、自我和超我的整体。这一整体等同于心理学的人格，从而抓住了史崔齐翻译弗洛伊德的

---

❶ 60年后，博洛斯（Blos，1985）澄清到，超我是正面（positive）俄狄浦斯情结的继位者，而理想化自我则是负面（negative）俄狄浦斯情结的继位者。

"das Ich"一词时丢失的含义。因此，在他的思想中也有一个关于自体的更全面的概念，即个体心灵和躯体的统一。从根本上来讲，精神生活的存在有赖于人活着的身体。弗洛伊德"自体"的概念避开了任何形式的超自然或灵性决定论。弗洛伊德认为，唯一的精神现实是由人类的心理活动构成的。

我知道弗洛伊德思想中的结构理论和自体概念都是追随他的《论潜意识》（Freud，1915e）一文而来。我希望刚才兜的圈子可以为我们对弗洛伊德和印度教哲学家关于潜意识现象的观点进行比较做好准备，这些观点都有助于理解人类（人类经验），也是精神分析和哲学的最终目标。

《薄伽梵歌》（约公元前 500 年）

根据印度教哲学家的说法，人类的每个经验都涉及在"我"（I）内的体验，这个众所周知的"我"是场域的主体和认识者，被称为"*kshethragna*"。当一个人涉及不同的人格面具时，他会假设一个合适的相关人格和角色，比如父亲、儿子、丈夫、朋友，等等。对于物体、情境和事件也是如此。在这些无限体验的过程中，好奇的求知者会产生一些问题：这个"我"是谁？谁是体验者？"我"的根本性质是什么？是主体感知到了客体？还是另一个具有感知能力的客体感知到了客体？从逻辑上看，客体的认识者必须与客体本身不同。关于这个根本的我、主体、体验者的真相是所有印度教经文探寻的主题。这是伟大的先知和哲学家奎师那（Krishana），在摩诃婆罗多（*Mahabharata*）战役中，教授给他的朋友兼门徒阿诸那（Arjuna）的。当时阿诸那在战场上变得沮丧而无力，无法履行他的职责（*dharma*，达摩，即"法则"之意——译者按）去战斗，他们之间的对话构成了《薄伽梵歌》一书的文学框架，这本书包含在伟大的印度史诗《摩诃婆罗多》中。

当时最伟大的英雄阿诸那，在战场上面对敌军时受到了被抑制和压抑的情绪的影响。敌军中包括他视如父亲的长辈、他的老师、他的朋友和其他的远亲等。阿诸那是般度家族（Pandava）五兄弟的中间那位，他被罚在森林里生活了十二年，又在他的俱卢族（Kaurava）堂兄的不公正暴政下隐姓埋名地生活了一年。其长兄坚战（Yudhisthira）信奉"不惜一切代价追求和平"的正义政策，在这个政策的约束下，阿诸那无法发泄他的愤怒和沮丧。经过漫长而艰苦的斗争，当般度族兄弟们回到他们原来的祖国时，他们的暴君堂兄难敌（Duryodhana），也就是俱卢族兄弟中的老大，拒绝了他们要回半个国家的权利，也拒绝了所有的和解条件。因此，史诗般的摩诃婆罗多战役（公元前5000年）随之而来。在战斗的第一天，阿诸那请既是他的朋友、先知、哲学家也是他的车夫的奎师那，在两支军队之间驾驶战车，检阅敌人的防线。面对规模更大、装备更精良的敌军，以及之前所说的视如父亲的长辈、老师、朋友和远亲——他们也都是指挥军队并声名赫赫的战士，阿诸那无法让自己杀死他们来赢得胜利。他的主观思维无法控制他的客观思维，因为被压抑和抑制的力量在危机中被释放出来。那个时代最伟大的英雄阿诸那，突然变成了一个沮丧的、困惑的神经症患者，他拒绝战斗。奎师那和阿诸那之间的讨论也随之展开。奎师那提及了阿诸那的神经官能症，并启迪他关于人类的至高真相，从而消除了他的神经官能症（*agnana*）。这个交流被记录成《薄伽梵歌》；雷迪（Reddy，2001，2005）已经注意到它与心理治疗谈话的相似之处。关于心灵及其问题的特殊观点已经在此清楚地表达出来。

伟大的导师和哲学家斯瓦米·钦马亚南达（Swami Chinmayananda，2002：2）在对《神圣的薄伽梵歌》评论的导言中提到，心灵：

> 可以被认为由不同的两面组成，一面面对外界的刺激，从外界的客体到达它；另一面面对"内部"，后者对接受的刺激作出反应。面对客体的向外的心灵被称为"客观心灵"（objective mind），在梵语中我们称之为心意（*manas*）；向内的心灵被称为"主观心灵"（subjective mind），在梵语中称为智性（*buddhi*）。如果一个人主观和客观的心灵能协调一致地工作，在犹豫不决的时刻，客观心灵乐于接受主观心灵的训导，那么这个人就是完整和健康的。但不幸的是，除了极少数人之外，我们大多数人的心灵都是分裂的。我们心灵的主观面和客观面的分裂主要是由个人的各种自我欲望所造成的。心灵的这两个面向之间的距离越大，个人内部的混乱就越大……

斯瓦米·钦马亚南达继续说，一个人在清醒状态下通过五个感知器官来体验世界，这五个器官包括耳朵、皮肤、眼睛、舌头和鼻子。这些感知器官接收到的刺激从对过去的欲望和行为的印象层面中穿过，传递到主观心灵，在梵语中被称为业力印记（vasanas，又译"习气"——译者按）。这些业力印记通过五个器官的行为（效应器）在外部世界中得到表达，在梵语中被称为"行动器官"（karmendrias），这五个行动器官包括声带、腿、手、生殖器和肛门。通过感知器官（gnanendrias）接收到的刺激在心灵的"内部器官"中处理，这个内部器官称为意识（antahkarana）；根据其不同的功能有不同的名字，如心意、智性、假我（ahankara）或记忆模式（chitta）。当考虑一个事物的利弊时，它被称为心意；当它决定客体的真相时，它被称为智性；当自我认同自己就是身体时，它被称为假我；当考虑它记住感兴趣的事情的功能时，它被称为记忆模式［见斯瓦米·马达瓦南达（Swami Madhavananda）对《分辨宝鬘》（Vivekachudamani）的论述，2000：134］。必须注意的是，这些只是对意识的功能性描述，而其本质没有什么区别。

在主观心灵中，新的印象不断建立，并加入已有的印象中，这些印象会影响和歪曲来自客体的新鲜刺激所产生的冲动。同样，对外界客体的行为也会在主观心灵中产生新的印象。由于建立了这个业力印记，个体自我和至高自我之间形成了一道坚固的墙。这堵墙使主观心灵变得迟钝而浑浊。结果就是，个体自我（jeevatma，心灵）对其与至高自我（paramatma，灵魂）的关系的觉知变得模糊不清甚至处于潜意识。总而言之，在印度教哲学的心灵结构中，业力印记被比喻为潜意识状态的主要蓄水池。

业力印记在心灵中创造欲望，欲望在智力中产生思想，思想以行动的形式表现出来。因此，人是由业力印记决定的。业力印记是由个体自我（即ahankara或ego）与过去和现在的外界客体的接触中产生的。业力印记越强，个体（jeevatma，即具身自我——译者注）就越受制于潜意识的欲望；一个人被自己的欲望控制得越多，他心中的"薄伽梵歌"就越沉沦。业力印记激发更多的欲望，更多的欲望激发更多的业力印记。为了自我恢复（认识到）它的真实本性和它与绝对实相的关系，身体、精神和智力的状态必须被超越。换句话说，业力印记的蓄水池要被清除（耗尽），为了达到此目标，一个人的欲望、思想和行为需要被纠正。这种纠正只有通过对精神和灵性上的瑜伽（Yoga）练习，并辅助哲学学习才能实现。只有通过实践没有自我欲望的行为（*nishkama karma*，意为"无欲的业力"——译者按），一个人才能清洗掉已经存在的业力印记，这样的行为也会阻止业力印记的进一步积累，这是瑜伽修行的先决条件。只有通过瑜伽，个体自我才会认识到它的真实本性，并与终极实相"真正建立"关系。"秉持着对神圣的理想（至高自我）的无私崇拜和尊敬采取的这些行为（*nishkama karma*）将最终导致内在的净化"（Swami Chinmayananda，2002：6）。

斯瓦米·钦马亚南达指出，一个经验离不开三个基本因素：①经验者；②经验的客体；③前两者之间的关系，即经验的过程。当主体认同了智力，他就成为了思想者，体验着这个充满思想和观念的世界；当他与心灵相认同时，他就成为了感受者，体验着这个充满情感和感受的世界；当他与身体相认同时，他就成为了感知者，体验着这个客体的世界。因此，他扮演着思想者、感受者和感知者的不同角色。

身体包括五个感知器官、五个行动器官及其它们的功能，这是所有人类共有的。同时，作为组成人格核心的意识（*Om*，梵文"唵"，指"万物生成之初的基本频率"——译者按）在所有人身上都是一体而相同的。人们之间的差异之处在于思维和智力的配置，它们是业力印记的蓄水池。动物也有思维，但只有人有能力辨别和分析他们出现的感受和想法。人也可以允许自己的行为被其辨别之力（*viveka*，梵文"分辨"之意——译者按）所指导和引领，而不是被一时的冲动和感情所驱使和控制。这种辨别能力是智力的功能。整个人类的这种模式如图 2-1 所示：

图 2-1　印度教的心灵模型

在图 2-1 中，*Om* 是代表至高意识的符号，它透过业力印记的面纱，通过身体（B）、心灵（M）和智力（I）这些工具表达自身，也就是通过具身自我（*jeevatma*），或者说以感知者（P）、感受者（F）和思想者（T）的身份表达自身。所有这些都是具身自我的功能表现，其目的是体验客体（O）、情绪（E）和想法（T）。在上面展现的印度教的心灵模型中，对现在和过去的潜在记忆印象（业力印记）是极其重要的。

最高实相（*Om*）的特殊性质、人类经验的认识者（the knower），以及对经验领域（身体、心灵、智力和客体世界）的认识过程（知识），这些内容都通过《薄伽梵歌》中奎师那和阿诸那以下的交流对话被描述出来❶。

阿诸那问奎师那：

"*Prakritim purusham chaiva kshetram khetragnameva cha*

etad veditum icchaami gnanam gneyam cha kesava"

（《薄伽梵歌》第八章第一节）

翻译为：奎师那啊！我渴望了解原初的性质、个体意识和至高意识，经验和活动领域，领域的认识者，对知识和客体的认识。

奎师那答道：

"*Maha Bhutan ahankaro buddhir avyaktam eva cha*

Indriyani dasaikam cha pancha chendriya gocharaha"

（《薄伽梵歌》第八章第六节）

---

❶ 当涉及梵文诗句的翻译时，必须加入一句警告的话。这些诗句是我翻译的，虽然我能流利地说梵语，但它不是我的母语。这使得翻译的过程变得复杂，而且就诗歌而言，翻译本来就充满了困难。诗歌在很大程度上依赖于语言的韵律成分，因而很难在不同文化之间传播。艾克塔（Akhtar，1999）指出，虽然后人可以采用其他语言写出伟大的散文，比如欧仁·尤内斯库（Eugene Ionesco）、塞缪尔·贝克特（Samuel Beckett）、弗拉基米尔·纳博科夫（Vladimir Nabokov）和萨尔曼·鲁西迪（Salman Rushdie），但没有伟大的诗歌用非母语写成的记录。考虑到翻译《薄伽梵歌》诗歌段落的困难，我选择了"比较安全"的翻译方式，即翻译成散文的形式。

翻译为：阿诸那啊！经验和活动领域包括土、水、气、火、以太五大元素。它还包括自我、智力和对过去行为挥之不去的印象。心灵的"十感"与感觉的五个对象——"听""视""嗅""触""味"共同构成了活动和经验领域。

"Iccha dveshaha sukham dukham sanghatas chetana dhrutihi

etah kshetram samasena savikaram udahatam"

（《薄伽梵歌》第八章第七节）

翻译为：经验和活动领域还包括身体和感知能力、欲望和蔑视、快乐和痛苦、智慧和忍耐，以及所有这些变化和衍生物。

奎师那继续说道：

"Gneyam Yat tat pravakshami yaj gnatva mrutam asnute

Anadi mat-param Brahma na sat tan nasad uchyate"

（《薄伽梵歌》第八章第十三节）

翻译为：阿诸那啊！现在我向你解释必须要知道的至高实相，知道了它的人就能获得永生。作为一种纯粹的意识状态，它既没有开始也没有结束，它既不是原因也不是结果，它被描述为梵天或终极真理。

"Sarvendriya gunabhasam Sarvendriya vivarjitam

Asaktam sarva-bhruc chaiva nirgunam guna-bhoktrucha"

（《薄伽梵歌》第八章第十五节）

翻译为：这个意识，也就是灵魂（atman），通过身体所有感官功能来显现，却缺乏物质性。它是独立的，却形成了基质、心灵和智力。它脱离了物质的性质，却是物质的经验者。

"Bahir antaras cha Bhutanam acharam charam eva cha

Sukshmatvat tad avigneyam durastham chanthike cha tat"

（《薄伽梵歌》第八章第十六节）

翻译为：无处不在的至高意识，存在于所有有生命和无生命之物的内部和外在。它既是静止的又是移动的，既是非常近的又是非常遥远的。由于异常微妙，它几乎是难以理解的。

"*Avibhktam cha bhuteshu vibhaktamiva cha sthitam*

Bhuta-bhartru cha taggneyam grasishnu prabhavishnu cha"

（《薄伽梵歌》第八章第十七节）

翻译为：至高实相是不可分割的，但似乎在不同之物之间是割裂开的。它被视作生命的基础，客体世界的创造者和毁灭者。

"*Jyotishm api taj jyotis tamasaha param uchyate*

Gnanam gneyam gnana-gamyam hrudi sarvasya vishtitam"

（《薄伽梵歌》第八章第十八节）

翻译为：梵天被描述为照亮万有、打破无知黑暗的照明器。它是对知识和客体的认识，存在于所有人的心中。这种至高意识的状态只有通过对自我的直接认识才能达到。

弗洛伊德和印度教的并列对照

为了解释弗洛伊德和印度教对潜意识观点的异同，我将把我的论点分为以下六个类别：①欲望；②无时间性；③动机；④性欲和攻击性；⑤词语和事物表征；⑥身心平行论（psychophysical parallelism）。

欲望

根据弗洛伊德（Freud，1915e）的理论，潜意识的核心由充满渴望的冲动构成。他写道："Ucs. 系统中的活动很少顾及现实。它们遵循快乐原则；它们的命运只取决于其本身力量的强弱，以及它们是否能满足快乐-不快乐原则的要求。"（Freud，1915e：187）弗洛伊德（Freud，1915e：187）这样描述 Ucs. 系统的内容：

总而言之，相互没有矛盾、初级过程（精神贯注的移动性）、无时间性，以及以心理现实代替外界现实——这些都是我们从 Ucs. 系统的活动中可期望发现的几个特征……我们只有通过梦和神经症才能认识潜意识过程，也就是说，在更高级的 Pcs. 系统退回到更初级阶段时（通过退行）。

Ucs. 也包括妥协形成、没有否定、没有确定性。弗洛伊德认为潜在记忆"毫无疑问"是心理过程的残留物。他驳斥了意识是心灵的整体这一观点。在谈到精神生活的潜在状态时，弗洛伊德（Freud，1915e：168）指出：

如果从它们的物理特性来看，我们是完全无法理解它们的：没有任何生理学概念或者化学过程可以定义它们的性质。而另一面，我们确定它们和意识化心理活动有着千丝万缕的联系……这些潜在的状态与意识化心理活动的唯一区别只是在于缺乏意识化。

对失误、神经症症状和梦的研究，无可争辩地证明了潜在精神活动的心理特征。弗洛伊德（Freud，1915e）反对我们持有的存在第二意识的观点，而是支持存在缺乏意识的心理活动的观点。弗洛伊德（Freud，1915e：171）声明：

在精神分析中，我们毫不犹豫地断定：心理过程都是潜意识的，并将通过意识觉知它们的过程和通过感觉器官感知外部世界的过程做类比。

对 Ucs. 系统和外部世界的感知永远是不完整的。

在印度教心灵模型的潜意识中，业力印记（对过去行为的潜在印象）为轮回（印度教思想中出生和再生的循环）的概念提供了基础。但对弗洛伊德来说，并没有任何生理或化学过程可以解释业力印记本质的含义。业力印记只能通过其衍生物来识别。和弗洛伊德的 Ucs. 相似，业力印记中也存在无时间性和欲望支配的概念，这些在轮回的概念中也很明显。斯瓦米·钦马亚南达（Swami Chinmayananda，2002：66）写道：

正确的哲学思维引导人用智力去理解一种从过去到现在到无尽的未来的连续性。灵魂看似受到不同的身体配置的制约，并通过自己设定的环境来生活，但灵魂始终保持不变。

在《薄伽梵歌》中，奎师那对阿诸那说：

"*Na jayate mriyate va kadachin nayam bhutva bhavitha va na bhuyaha*
Ajo nityaha saswatoyam purano na hanyate hanyamane sareere"

（《薄伽梵歌》第二章第二十节）

翻译为灵魂（Atman）是不生不灭的。它从来没有产生过，也从来没有停止存在过。它是永恒的、不变的、无时间性的。肉体死亡时，它也不会死亡。

斯瓦米·钦马亚南达（Swami Chinmayananda，2002：80）评论道："这一诗节致力于否定身体所认识和经历的所有易变的症状。"身体的这些变化，包括出生、存在、生长、衰败、疾病和死亡，对所有个体都是相同的。

奎师那继续说道：

"*Vasamsi jeernani yadha vihaya navani gruhnathi naroparani*
Tadha sareerani vihaya jeernany anyani samyathi navani dehi"

（《薄伽梵歌》第二章第二十二节）

翻译为就像一个人放弃了他破旧的衣服而选择了新的一样，具象化的灵魂放弃了破旧的身体而进入了一个新的身体。

在死亡时，业力印记被转移到精妙的身体（sookshma sareera，梵语"肉身"之意——译者按）中，这些业力印记包括三个行动器官（手、腿和声音器官）、五个感知器官（眼睛、耳朵、皮肤、鼻子和舌头）、五种生命力［心意（manas）、智性（buddhi）、假我（ahankara）、自大感和记忆（chitta）——它能回忆过去的经验］。

无时间性

业力印记创造新的业力印记，导致出生和重生的不断循环。这种模式暗示了轮回观念中的某种精神决定论。斯瓦米·钦马亚南达（Swami Chinmayananda，2002：221）指出：

> 众所周知，决定一个人的性格与他人不同的是他所持有的思想的本质。他的思想本质又继而由思维的模式（即业力印记）所决定，这种思维模式是心灵从它过往经历中获得的。

这些预先设定的"思维通道"由一个人自身更早期的思维方式（业力印记）所创造，它决定了未来以肉身的形式出现以及在客体世界里的出生环境。

与弗洛伊德不同，这种决定论是灵性的，超越了生、死和时间。在轮回的概念中隐含着连续性、永恒性和实现愿望的观点。灵魂显化出身体（出生），只是为了在业力印记蓄水池中的愿望得以满足。灵魂（atman）、至高自我（paramatma）和原始物质（prakriti）的永恒属性也指向无时间性。弗洛伊德认为，无时间性是 Ucs. 的特征之一。在他的模型中，没有轮回的概念，但在 Ucs. 中也没有生或死的意识。弗洛伊德（Freud，1915e：187）认为，"只有 Cs. 系统中的活动才与时间建立起联系"。

值得强调的是，在印度教思想中，有两种类型的决定论：①精神决定论（与弗洛伊德的观点相似），即业力印记决定行为和思想的选择；②灵魂决定论（不存在于弗洛伊德的模型中），即灵魂（*atman*）努力实现其本质，也就是，在不二论派中，实现梵天的状态，或在特里瓦达派中，具象化自身努力获得与至高自我（*paramatma*）的交流。

印度教和弗洛伊德模型都否认潜意识中存在否定性。然而，弗洛伊德假设在 Ucs. 中可以容忍矛盾性。而在印度教思想中，矛盾性只在业力印记层面得到承认，而不在灵魂或至高自我层面，因为业力印记与现象世界有关，而灵魂和至高自我是超然的。弗洛伊德（Freud，1915e：186）指出：

> Ucs. 系统的核心包括了各种本能表征（驱力），它们一直在寻求释放自身的精神贯注；也就是说，它包含了渴望的冲动。这些本能冲动彼此合作，而且相互之间没有矛盾、冲突。

本我是本能（驱力）的蓄水池，形成了大部分的潜意识。

弗洛伊德坚持认为，本能力量能激励和推动心灵（mind）。弗洛伊德使用"驱力"（drive）一词来表示对刺激作出反应的中枢兴奋或紧张状态，但不包括运动反应，后者见于低等动物的"本能"。被驱力推动的活动会导致兴奋、紧张或满足的停止。哈特曼（Hartmann，1948）指出，在人类中，冲动或本能的紧张会被经验和反思所修正，而不是像低等动物的本能那样被预先决定。

动机

弗洛伊德还假设一部分的驱力是一种精神能量。这只是一个心理学的假设，他用它来促进对精神生活的理解，并避免与物理能量的概念相混淆。此外，弗洛伊德还假设对一个人或事物心理表征时所投入的精神能量的量值进行测量，并将其称为精神贯注（cathexis）。布伦纳（Brenner，1973：18）

指出:

> 精神贯注纯粹是一种心理现象。这是一个心理学概念,而不是物理学概念……当然,被贯注的内容包括对客体的各种各样的记忆、想法和幻想,这些组成了我们所说的精神或心理表征。从心理学的角度来说,精神贯注越高,客体就越重要,反之亦然。

弗洛伊德(Freud,1915e)最初提出了两种本能:性本能和自我保存本能。后来,他(Freud,1920g)抛弃了这种二元性,提出了两种不同的本能:生本能与死本能。前者产生了心理器官的性欲成分,后者产生了心理器官的破坏性成分。弗洛伊德认为,性和攻击性的驱力参与了所有的本能表征,并"被规律性地融合",尽管这两种驱力不一定是等量的。就像精神能量和精神贯注的概念一样,这些驱力也只是假设和可操作性的概念。弗洛伊德使用"力比多"(libido)一词来表示与性驱力相关的精神能量。攻击性驱力没有这样的名字,它被简单地称为"攻击性驱力"或"攻击性"。布伦纳(Brenner,1973:21)指出:

> 在最初的构想中,弗洛伊德试图将驱力的心理学理论与更基本的生物学概念联系起来,并提出驱力可分别称为生存驱力和死亡驱力。这些驱力大致对应于合成代谢和分解代谢的过程,并远远超出了心理学的意义。它们是所有生物的本能特征,可以说是原生质(protoplasm)本身的本能。

死亡驱力的概念只被部分分析师所接受。虽然弗洛伊德(Freud,1905d)首先将驱力定义为来自身体的精神刺激,"但就攻击性驱力来说,基于身体的证据还非常不清楚"(Brenner,1973:22)。

根据印度教哲学家的说法,业力印记驱使着人类的心灵,古那

（gunas）则驱使着业力印记。心灵和智力在思维运作时受到的影响被称为古那。因此，古那是潜意识的驱动力。古那分为三类：激情（*rajas*）、惰性（*tamas*）和平和（*satva*）。古那在梵语中的意思是一根绳子。古那是比喻灵魂与场域（身体、心灵、智力和客体世界）系在一起时对其施予的影响力。古那是原初物质的产物。作为场域的产物，它们产生了一种依恋的感觉，且两者与业力印记互为因果，后者促使灵魂经历出生和再生的循环。

古那在本质上是心理的，而驱力在起源上是生物性的。古那作为一种物质的固有属性没有单独存在。古那并不以单独的状态存在于个体中。它们总是处于一种融合的状态，只是每种古那所占的比例各不相同。在任何特定的观察时刻，一个人心灵的体验和行为都与主导的古那所产生的情绪相一致。虽然灵魂坚不可摧和恒定不变，但因为它对场域（身体、心灵、智力和客体世界）的认同和依恋，它能感受到场域的变化如同自身拥有一样。这种幻觉因为古那的作用而被维持在个体内。古那不能被直接定义，但可以通过个体所激发的情绪类型和所表现出的不同行为来识别。

性欲和攻击性

在梵语中，感官和审美欲望的满足被称为卡马（kama）。它既包括性欲，也包括非性的欲望。如果某物或某个人阻碍了欲望的实现，就会产生嗔恨（krodha，梵文，意为"愤怒的情绪"）。因此，卡马（欲望）在某些情况下，以嗔恨的方式得以表达。这些情绪是激情（*rajas*）的表达。

奎师那在《薄伽梵歌》中告诫阿诸那不要向激情屈服：

"*Kama esha, krodha esha, rajo-guna-samudbhavah,*

Mahashano maha-papma viddhy enam iha vairinam"

（《薄伽梵歌》第三章第三十七节）

翻译为阿诸那啊！所有强烈和罪恶的激情所产生的欲望会变成愤怒。要知道这是世界上最大的敌人，要知道一个人必须控制这些激情和欲望。

在这里，我们看到了弗洛伊德的思想和这位印度教哲学家的思想之间的一些相似之处和真正的不同之处。弗洛伊德对驱力的概念化是锚定在身体上的。印度教哲学家对古那和卡马的思考是锚定在心理层面的情绪上的。弗洛伊德的驱力和印度教哲学的古那都包含着融合的概念。而"卡马"的概念与弗洛伊德的"力比多"概念相似。攻击性与印度教思想中"卡马"的概念密切相关。嗔恨是卡马的衍生品，卡马是"无差别的欲望"。古那与弗洛伊德的驱力相似，但不同之处在于古那的性质，它的本质是心理的。弗洛伊德的目标是成熟的本能满足，而印度教哲学家的目标是控制、掌握和超越古那和卡马。

在弗洛伊德的理论中，Ucs.系统是由快乐原则支配的，外在现实被心理现实所取代，这是一种错觉。潜意识过程的命运取决于它们的力量有多强，取决于它们是否满足快乐-不快乐原则的要求。与弗洛伊德相似，在印度教思想中，现实的经验是由假我（心理现实）引起的错觉，这是灵魂（*atman*）对心灵、身体和智力认同的结果。这导致了无明（*avidya*）——微观上对具身自我的无知。为了实现自我认识，无明需要得到纠正。

在弗洛伊德的构想中，驱力推动着心理器官。在印度教哲学家的心灵模式中，普拉那（*Prana*）——有生命力的呼吸，在维持着肉体的生命。普拉那是原始的能量或力量，其他的身体力量都是其表现形式。在瑜伽书中，根据它五种不同的功能，普拉那被描述为具有五种变型。它们是：①普拉那（控制呼吸的生命能量）；②下行气（*apana*）（带着未被吸收的饮食下行的生命能量）；③平行气（*samana*）（将营养输送到整个身体的生命能量）；④遍行气（*vyana*）（遍及整个身体的生命能量）；⑤上行气（*udana*）（把胃的内容物从嘴里喷射出来的生命能量）（Swami Nikhilananda，2002：139）。

弗洛伊德的本能概念包括动力学的、地形学的和经济学的观点，并试图"努力执行大量的兴奋变化，并至少对它们的兴奋量级进行一些相对的评估"（Freud，1915e：181）。我认为，这是受他那个时代的生物和物理的线性科学影响的结果。我们在印度教哲学中没有发现类似于经济学观点的概念。结构假说是后来的构想，它纳入但没有取代地形学观点，后者继续对理解临床情境作出相当大的贡献。根据印度教哲学家的观点，假我（与身体的认同）是一个人最深层的业力印记。这个比喻的位置类似于弗洛伊德地形学观点中 Ucs. 的概念。此外，在出生和再生的循环中表达业力印记也暗含了一种动力学的观点。

焦虑的概念对印度教哲学家和弗洛伊德来说都是很常见的。印度教哲学家的目标是通过练习瑜伽掌控焦躁不安——它由潜意识的业力印记中的情绪所引发。而弗洛伊德的目标是将那些与本能有关的冲突意识化并处理它们。根据他的观点，被成功压抑的情感作为潜意识中的实际结构而存在。弗洛伊德（Freud，1915e：179）指出：

> 对情感发展来说，它有可能直接从 Ucs. 系统开始；在这种情况下，这些情感总是带有焦虑的性质，毕竟所有"被压抑"的情感都是可以和焦虑互换的。然而，对本能冲动来说，更常见的情况是，它们需要耐心等待，直到在 Cs. 系统中找到一个替代性观念才行。如此一来，情感发展也可以在这个意识化的替代观念基础上开始。而这个替代物的性质决定了情感的性质。

这是弗洛伊德独特的思想，在印度教哲学思想中没有类似的概念。

词语和事物表征

压抑导致了对潜意识心理内容的重复强行压制，这些心理内容通过在 Cs. 中寻找替代物表现出来。弗洛伊德（Freud，1915e：201）描述了意识表征和潜意识表征之间的区别：

> 这两者既非我们设想的，是同一内容在不同心理位置的不同登记，也不是精神贯注在同一位置上的不同功能状态。而是意识表征包含了事物表征和与之相关的词语表征，而潜意识表征则只有事物表征一种。Ucs. 系统包含着对客体的事物贯注，这是一种最初和真实的客体贯注；而在 Pcs. 系统中，事物表征通过与对应的词语表征的联系被高度贯注了。我们可以设想，正是

这种高度贯注才产生了更高级的心理结构，次级心理过程才能继位于初级心理过程，并主导 Pcs. 系统。

一种不依附于词语表征的心理活动仍处于压抑的状态而保留在潜意识中。

我们在印度教哲学思想中发现了一个相似但不完全相同的观点。符号"*Om*"（念"唵"，梵声的音译——译者按）代表了梵天，也就是终极实相。这个符号由梵文的三个字母"AOM"组成。*Om* 在四部吠陀经中都是对灵魂的一种神圣说法，"这个名字包含了许多对灵魂的其他命名，比如宇宙大我（*Virat*）、阿耆尼（*Agni*）、维娑瓦（*Viswa*）……"（Swami Dayananda，1975：ii）。"*Om*"是印度教的一个神圣音节，它代表着梵天：非人格的、绝对的、全能的、无所不在的、不可言说的、不可理解的终极实相。*Om* 也被称为源咒语（*Pranava*）。它被认为是单词的基本音，包含了所有其他的音。印度教徒相信，如果用正确的语调重复发音，它可以通过身体产生共鸣，并激活维持身体和客体世界的（至高）意识体验。一方面，*Om* 将心灵投射到直接和不可言说的事物之外。另一方面，它使不可言说变得更加形象具体。印度人的日常生活与"唵"的声音共鸣，因为每项活动和祈祷都是从吟唱"唵"开始的。*Om* 为不可言说提供了词语表征。

在弗洛伊德看来，词语表征是潜意识的事物表征变为意识化的必要条件，但对印度教哲学家来说，冥想"*Om*"对体验不可言说的绝对真理和梵天非常有帮助。在弗洛伊德看来，事物属于潜意识，它需要找到词语表征加以依附，才能经验到世界现象，但在印度教哲学家看来，体验"*Om*"，体验事物的超越性和灵性，这是生命的终极目标。

对于印度教哲学家和弗洛伊德来说，心灵和智力（心身复合体）是感知和行动（反应）的所在地。欲望的刺激（本能）源于客体通过五个感知器官的输入，然后形成驱力，即一种心理表征（潜在记忆的印象，即业力印记），这个驱力又通过从客体那里寻求满足得以表达。对弗洛伊德和印度教哲学家来说，没有来自客体世界的刺激，就没有当前的经验或对既往记忆印象的激活。

身心平行论

直到生命的最后,弗洛伊德仍希望神经科学能够发展出一种方法来解释人类心灵的复杂本质。在他所处的时代,神经科学还没有发展到能够提供这样的解释。弗洛伊德成功地克服了"身心平行论中无法解决的难题"(Freud,1915e),并继续发展精神分析的概念和理论,等待着可以对心理状态和过程建立生理学解释的新发现的到来。他写道:"在我们完成精神分析的工作之后,我们必须找到一个与生物学联系的点。"(Freud,1915e:175)随着神经生理学的出现(Alexander Romanovich Luria,1902—1977),识别神经组织的心理功能的大门已经打开,"它与精神分析的基本假设并不矛盾"。这些进步已经使精神分析学家(Kaplan-Solms et al.,2000)能确定心理学概念的解剖学和生理学基础。索姆斯(Solms,1998)推荐:

我们利用精神分析式的症状分析的方法,可以绘制出心灵最深层的神经组织。它研究精神变化的深层结构,这种精神变化可以在有精神分析治疗关系的神经病患者中被识别出来。弗洛伊德的努力和梦想仍在继续,希望我们很快能找到更多的答案。

印度教哲学思想的起源可以追溯到古代,还没有足够的框架去整合现代科学进步与印度教哲学。印度教哲学家的形而上思想与现代西方世界的科学思想并不一致。值得注意的是,一些关于潜意识现象的科学的、后弗洛伊德式的模型与科学思维更加相容,但这些并不包含在本章的重点之内。

总结和结论

在我试图比较和对照弗洛伊德关于潜意识的观点和印度教哲学家的观点时,我注意到了一些惊人的相似之处和差异性,我在上面做了详细介绍。我认为这两门学科之所以有相似之处，是因为它们有着共同的目标，那就是理解人和人的行为。我认为，这种差异是源于使用不同的方法论来追求对人类的理解。为了探究，有必要回顾一下我们开始时提出的一些观点。

• 弗洛伊德的观点是临床的和精神分析的，并以唯物主义哲学为基础。身体是心灵的基础，对现象世界的体验在个体死亡后就停止了。死亡的必然性是不得不接受的。对弗洛伊德来说，唯一的现实是潜意识的现实，也就是心理现实。印度教哲学家的观点是建立在形而上和灵性的基础上的，与弗洛伊德理论中的唯物主义相对立。灵魂和至高自我是灵性概念。灵魂是身体、心灵、智力和客体世界的基础。至高自我是灵魂和现象世界的基础，具身自我在现象世界中运作。具身自我只有超越到梵天境界时才能体验到实相，梵天是印度教哲学家所认为的终极实相。这个实相对于假我来说是不可理解的，因为假我是身体、心灵、智力和客体世界的集合。"超越的实相"（transcendental reality）这个概念在弗洛伊德的观点中并不存在，根据他的观点，现象世界的经验随着死亡而终止。

• 弗洛伊德在其临床工作中为潜意识的存在建立了无可争议的证据，并通过他的理论构想成功地传达了他的理解。印度教哲学家的方法论是高度主观的，因此，不能像弗洛伊德那样用于客观验证。此外，印度教哲学家用来表达其概念的理论构想和语言回避了对不可言说的具体化过程，而让人难以理解。

• 弗洛伊德所描述的 Ucs. 的性质仅适用于对现象世界的经验，它与印度教哲学家所描述的内容非常相似。在印度教的思想中，心灵只是比喻人类获取经验的系统的一部分。灵魂维持着身体、心灵、智力和客体世界，而至高自我支撑着灵魂与身体、心灵、智力和客体世界的复合物。灵魂和梵天是灵性概念。因此，存在着一种灵性决定论的机制，它决定了人类经验的性质。如果没有具体的证据，这种"超越性"的概念是难以理解和接受的。

• 满足成熟本能需求是弗洛伊德的目标，而控制本能需求和超越业力印记是印度教哲学家的目标。对弗洛伊德来说，在身体心灵复合体中只有一种意识。对印度教哲学家来说，灵魂有两种意识形式：一种是具体化的状态，另一种是解放的状态。在弗洛伊德的理论中，Ucs. 是由驱力、精神能量和精神贯注推动的，而在印度教哲学家的概念化中，潜意识是业力印记和假我（自我）的集合，它们被古那和普拉那推动。普拉那是超然的精神能量。灵魂或至高自我都没有潜意识。具体自身的意识由于化身而受到限制，而至高自我的意识是无限的，因为它从未被具体化。

• 在弗洛伊德的潜意识里，没有死亡概念。在印度教哲学家的概念中，死亡是出生、死亡和重生循环中的短暂体验；尽管如此，身体会死亡的前景还是会引起所有人的焦虑。弗洛伊德提出了"死亡驱力"的概念，它锚定在身体的生物性中。在印度教思想中，死亡受制于灵性决定论，它是灵魂传递到另一个身体的结果。灵魂经历出生、死亡、重生的循环，以净化业力印记，达到自我觉悟的目标。在印度教的轮回观念中暗示着对死亡的否认。灵魂或至高自我都不会死，它们是永恒不变的。否定、矛盾、快乐原则、驱力、精神贯注、能量和初级过程的概念在印度教思想和弗洛伊德的构想中是相似的，但它们只适用于现象世界的经验。这些特征不存在于梵天的境界中，因为后者是纯意识的。

• 印度教哲学家在思想上是非常有抱负的，它们不受现象世界中经验观察的限制。他们专注于追求对他们来说是超越性的终极实相。他们的目标是实现自我觉悟。弗洛伊德的思想是解释性的、描述性的，并且以科学为基础。对弗洛伊德来说，除了心理现实之外，没有其他的现实。他的目标是认识和理解潜意识，以获得对本能的控制、自我整合、自我满足、自主性以及接受丧失、痛苦和死亡的必然性。

格罗斯泰因（Grotstein，2001：325）的说法是正确的，他认为：

宗教和精神分析是平行的学科，它们从不同的顶点检验相同的神话和现实。它们"相聚"于哲学。宗教，特别是从它的灵性维度来说，比它曾受到的质疑更精神分析，相反，精神分析比……它已有的认识更加灵性。

精神分析在理解潜意识方面很有帮助，但在对人类经验的灵性层面提供令人满意的理解却有所欠缺。到目前为止，精神分析学家提供的普遍解释

是，灵性论是防御性的，灵性的实践和经验是退行的，因为是"潜意识在起作用"。就像潜意识并不仅仅因为一个人不承认它而停止存在一样，对众所周知的印度教哲学家问题"我是谁"的答案的渴望也不会停止出现。近来精神分析学家对灵性兴趣的激增（Coltart，1992；Grotstein，2001；Rubin，1996）和西方世界中教授和研究冥想的大学项目数量增加，都反映了一种从另一个角度理解心灵和获得心灵掌控感的迫切渴望。

弗洛伊德对潜意识的发现打开了理解心灵的闸门。他（Freud，1927c）承认，把冥想和宗教体验解释为退行并不能否定它们的有效性。我相信，我们扩展精神分析边界的时机已经成熟，用精神分析去理解其他可选择的对心灵和人类的构想，比如那些印度教哲学家的思想，这样的努力只会丰富我们对心灵的认识。

弗洛伊德的心理地形学中被压抑的母性

肯尼斯·莱特（Kenneth Wright）❶

简介

虽然关于存在潜意识精神生活的观念不是始于弗洛伊德，但这个观念是他那个时代的知识背景的一部分（Ellenberger，1970）。弗洛伊德继承的概念是纯粹描述性的，并参照了这样的事实：在任何特定的时刻，意识所包含的仅仅是知识和记忆的很小一部分，除了意识之外的一切都是潜意识的。直到弗洛伊德对癔症患者进行临床治疗，首先与夏考特（Charcot），后来与布洛伊尔（Freud&Breuer，1985d）一起合作之后，动力性潜意识的概念才开始形成。随着更多逐渐积累的证据显示出癔症的症状是由创伤事件的潜意识记忆构成的，心理材料可以被压抑并主动地维持（积极地保持）在潜意识状态的观点也变得越来越有说服力。弗洛伊德很快意识到他偶然间发现了一个强有力的解释工具，并开始将其应用于其他心理现象。这个启发式的探照灯依次照明了笑话、失误、口误和神经症的症状，以及不久之后被用于揭开梦的神秘面纱。在他完成了《梦的解析》（Freud，1900a）之时——他将其视为自己的代表作，他打造出了一个或多或少连贯的动力性潜意识理论，并

---

❶ 肯尼斯·莱特：一位英国精神分析学家，以研究温尼科特而闻名。他接受了英国精神分析学会中间学派组的训练，并在塔维斯托克诊所担任婚姻和个人心理治疗师。他在英国本土和国外做过很多演讲，也写过很多关于创造力和艺术的文章。他广受好评的著作《视线与分离：母亲与婴儿之间》（*Vision and Separation: Between Mother and Baby*）获得了 1992 年马勒文学奖（Mahler Literature Prize）。他的最新著作是《镜映与同调：精神分析与艺术中的自我认识》（*Mirroring and Attunement: Self-realisation in Psychoanalysis and Art*）（Routledge，2009 年）。他是 Squiggle 基金会的赞助人，在萨福克临床执业。

描绘了他认为的其主要系统特征（Ucs. 系统）。

弗洛伊德在他 15 年后写的元心理学论文《论潜意识》（Freud，1915e）中，总结了他的理论成就❶。我之所以强调"理论"这个词，是因为这是一篇非常抽象的作品，而弗洛伊德本人对此也很看重。在《癔症研究》中，他担心"这个（他的）病例……读起来像短篇故事以及……缺乏科学的严肃性"（Freud&Breuer，1985d：160）。而在《论潜意识》中，他的担心是相反的——他担心观点可能过于抽象。他认为这会"给人一种模糊和混乱的印象"（Freud，1915e：196），会导致以下危险："当我们在抽象思考时……可能会有忽视词语与潜意识事物表征之间关系的风险，以及……我们的理性思考开始获得一种令人讨厌的类似于精神分裂症患者的思维模式。"（Freud，1915e：204）

尽管他是在开玩笑，但他对过度抽象的担忧可能还是有道理的。这篇文章难以让人唤起可想象到的现实。尽管他断言他的理论"符合观察结果"（Freud，1915e：190），但是要把握住"事物表征"这个概念，使其与弗洛伊德使用的词语相一致，并不是一件容易的事情。而"词语表征"和"事物表征"至少还有经验的影子，但是其他的术语，比如"精神贯注"和"反精神贯注"，则看起来怪怪的，没有实质的概念。它们最多是唤起了一种作用力和反作用力的机械式结构，但这并不适合用来表征生命过程。

弗洛伊德将这些困难归咎于心理结构的复杂性，但其风格可能也受到了更个人化的焦虑的影响。精神分析总是容易受到科学界的批评，如果弗洛伊德觉得他的科学声誉受到威胁，使用"科学的"语言表达他的观点就有很强的必要性。科学所要求的"客观性"与"故事式的"起源是不一致的。也许正因为如此，弗洛伊德才以这样一种远离经验的形式重塑了他的临床思想❷。

---

❶"如果……可以把有关'元心理学'的系列论文……看作是弗洛伊德所有理论作品中最重要的篇章，那么毫无疑问，这篇《论潜意识》一文是整个系列的巅峰之作。"（Strachey，1957：161）

❷我并不是说在写这篇论文时，弗洛伊德特别注重避免《癔症研究》的短篇小说形式。我指的是一种更为普遍的冲突，可以说，这种冲突贯穿了他所有的工作，反映了他对科学地位的渴望。然而，这种理解可能是不全面的；这可以被认为是更深层次冲突的一个方面；他的主导的"父性"人格（三人的、"俄狄浦斯"式的）使其压抑了他性格中更多的"母性"特质（两人的、"前俄狄浦斯式的"）。我会在下面更详细地谈到这一点。

从这个角度来看，地形学模型是作为一种折中形式出现的。从表面上看，它似乎是没有实质的和非个人化的，但在其"科学的"语言形式背后，却难以隐藏其更生动的、不容压抑的思想。❶

机械性 vs. 自主性（Mechanism vs. agency）

如果你从弗洛伊德论文的枯燥无味的术语中回过头来，去聆听你对这篇著作的感受，你会发现在接近最后一节的结尾处：他与这些非实质概念的冗长费解的纠缠让位于一种更轻快、更明晰的节奏。这种变化的情绪可能并不意味着他有了顿悟（eureka）的体验——事实上他只是在重新发现他已知的东西。然而，这篇著作传达了一种新的生活意义，一种重回正轨的感觉：

> 我们现在似乎突然间知道了意识表征和潜意识表征之间的区别。这两者既非我们设想的，是同一内容在不同心理位置的不同登记，也不是精神贯注在同一位置上的不同功能状态。而是意识表征包含了事物表征和与之相关的词语表征，而潜意识表征则只有事物表征一种。Ucs.系统包含着对客体的事物贯注，这是一种最初和真实的客体贯注；而在 Pcs.系统中，事物表征通过与对应的词语表征的联系被高度贯注了。(Freud, 1915e: 201-202)（着重号非原文所有，为作者引用时标注——译者按）

文中机械论的术语仍然存在，尽管如此，一些东西似乎已经聚合到了一起。弗洛伊德重新发现了将词语与经验"形态"——"一种最初和真实的客体贯注"——联系起来的重要性。Pcs.系统与他后来说的"自我"重叠，它的出现来自"事物表征通过与对应的词语表征的联系被高度贯注了"。在与

---

❶ 人们经常认为，由于史崔齐（Strachey）的翻译风格带有去个性化的偏好，弗洛伊德作品的丰富性（他曾获歌德文学奖）在一定程度上被掩盖了。虽然这种情况几乎是肯定的［例如，文章中使用"自我（ego）"而不是"我（I）"］，但很难相信这是唯一的原因。弗洛伊德在主流的学术环境中开始了他的职业生涯，他所内化的其导师的态度，以及对来自科学界的批评的真实恐惧，这些至少是一些要考虑在内的合理因素，在此基础上以尝试理解其理论的最终形状。

其思想的立论基础重新建立联系的过程中，弗洛伊德重新整合了他内心的某些东西。弗洛伊德先前为了"科学"的利益表现，放弃了他一些观念的"形态"，现在他可以短暂地重新正视和理解它。

弗洛伊德对其主题的重新把握包括对压抑更清晰的认识，而压抑是其动力性潜意识理论的核心概念，动力性潜意识被看作被放逐的事物表征领域：

> 现在我们有可能清晰地指出，在移情性神经症中，压抑到底拒绝了表征的哪一部分：那就是，它拒绝把表征转换成词语，而这些词语本该附着于客体。一个没有被转换成词语的表征，或者一个没有被高度贯注的心理活动，都以一种压抑的状态保留在 Ucs. 系统中。（Freud，1915e：202）（着重号非原文所有，为作者引用时标注——译者按）

我稍后会讨论弗洛伊德可能正在压抑他自身观念的事物表征，而把"机制"运作的方式说得很清楚。如果说识别潜意识"观念"的过程是用词语表达出来，那压抑则是"否认"了"将其翻译成词语"，而这些词语本来是应该有一席之地的。

在解释压抑的机制时，弗洛伊德继续使用他的科学术语：精神贯注和反精神贯注、撤销贯注、兴奋和压力后（after-pressure），但他也一直在表达一个更个人化的、以自主体（agent）为中心的解释：通过审查活动，潜意识的内容（事物表征）被阻止变成有意识的内容。用这样的话来说，一个更加主观的主题被推到了科学的解释面前：事物表征变成词语表征的路径被否认了，它被拒绝转化成词语表征，从而无法被意识到（被认识）。弗洛伊德在他的论文《论压抑》（Freud，1915d：147）中告诉我们："压抑的本质仅仅在于拒绝某些东西，让它与意识保持一定的距离"，这个洞察非常重要，值得我们重点标注，但这意味着，在压抑中必须有一个审查代理来行使"拒绝某些东西"的功能。而在畅通无阻的意识中，存在一个"翻译者"提供词汇，使其能被潜意识的事物表征所利用。在这种更加主观的语言中，体现了弗洛伊德对关系的理解；通过拒绝被其"科学的"（"精神分裂症式的"）

语言束缚，他最终在他的自我、超我和本我的结构理论中找到一个更完整的、尽管总是受到束缚的表达（Freud，1923b）。

从关系角度来看

带着一些诗意的说法，我们可以说，词语表征、事物表征、审查制度（或审查员）以及不太明确的翻译者（将意象转化为词语），成了弗洛伊德潜在的心灵地形图中的关键角色。在这个意义上，意识和潜意识不是心灵的自主体，而心理内容的性质才是；意识，也许还有 Pcs. 系统，有一定程度上的领导力（Freud，1915e：165，见编者导言），因此有资格成为心灵内部演职人员的一部分。这些考虑很有趣，因为它们不仅阐明了弗洛伊德理性和情感的斗争（我将在后面讨论），而且它们也提供了一个关系视角来看待潜意识-意识的转化（unconscious-conscious transformations）。关系视角比弗洛伊德的机械论的解释更符合当代精神分析，在接下来的内容中，我试图从这个参考框架中构建一个潜意识-意识交界处的图像❶。

我将从弗洛伊德重新被认可的洞察❷开始，他认为"变得有意识"（becoming conscious），就需要把词语表征和事物表征联系起来。这个粗糙的公式最好用原子来描述：原子 A（事物表征）与原子 B（对应的词语表征）结合，形成一个新的实体 A-B（一个单位，或一个意识"分子"）❸。因为这个公式很简洁，它没能同等有效地去解释临床情境中所经历的内心事件的丰富性；或许它可以更充分地被描述为：给一个非言语的理解赋予言语形式。术语"言语形式"将"形状"（shape）的概念引入到这个方程公式中，而"非言语的理解"的观点则重新恢复了"自主体"的概念，这个自主

---

❶在把我的方法视为"关系式"的时候，我故意含糊其词，以保留我的选择余地。创造性思维包含了一种不受约束的自由，而把自己绑在一套特定的关系的结构上，恰恰会导致我想要避免的那种偏见。

❷我用"重新被认可"这个短语是为了强调这个洞察力时隐时现的事实，弗洛伊德在这个领域尤其挣扎，他纠结于一些东西（比如压抑）与词语的"形态"——"事物表征"之感官的、"母性"的方面——的关系。

❸在我后面的讨论中，外部"原子式"连接指的是"父性"的，与"形状"的亲密连接是"母性"的。

体能 "感知"到"事物表征"。这个扩展的观点将美学的维度引入到过程当中——现在有一个活生生的"主体"正在积极地寻找语言"形式"，以匹配它对事物表征的直觉"形状"。

形状的概念对我的论点很重要。词语具有形状的可能性最初是由韦尔纳和卡普兰（Werner & Kaplan，1963）在他们关于语言发展的讨论中提出的。在一个不同的参考框架中，经验的"形状"是艺术理论的中心，我将在下面详细讨论（Langer，1942，1953）。我利用了这两套观点来发展意识的关系策略，但首先我要考虑韦尔纳和卡普兰的工作❶。

这两位学者展现了从儿童绘画中发现的证据，表明儿童经常以一种观相学（physiognomic）的方式体验词语。他们发现，每个单词都有自己独特的"形状"，就好像孩子对一个客体的经验以某种方式嵌入了相应单词的结构中。这种观察与语言习得理论是一致的，语言习得理论强调词汇和早期发展经验的相互渗透（例如：Bruner，1983；Loewald，1978）❷；因为这样的理论认为，如果这个词是首先被体验为客体或者是其被听到的情境中不可分割的一部分，那么不难发现，这些体验的"形状"或印象可以留在这个词里，由此它获得了象征的功能❸。此外，很容易想象，短语甚至句子，也可以以类似的方式"被塑形"。我们从斯特恩（Stern，1985）的关于母性同调（maternal attunement）的工作中知道，母亲实际上塑造了她的回应（包括她的言语），以适应婴儿感知到的经验的"形状"❹。

---

❶弗洛伊德的术语词语表征和事物表征是"客观的"，也是远离经验的，但一个重要的区别，即完全象征性的心理内容（词语）和更不清晰的象征性的、非语言的、靠近身体体验的、没有（与客体的感官意象）明显分化开的心理内容。当代的讨论使用各种术语来表示类似的区别，但它们之间有很多重叠之处。兰格（Langer，1942，1953）的散漫的符号和表征性符号（下文将讨论）就是一个例子，而哲学家拉考夫和约翰逊（Lakoff & Johnson，1999）则从认知心理学的角度，提到了语言符号（词语）和潜在的意象图式（对身体经验的抽象化）。

❷2012年，维沃纳（Vivona）、布奇（Bucci W.）、福纳吉（Fonagy P.）、里托威兹（Litowitz B.）和唐纳·斯特恩（Donnel Stern）对语言发展进行了精彩的讨论。

❸我在这里假设，符号的参照功能取决于婴儿忍受与客体分离的能力的增长。作为一种心理结构，符号的本质是表征对一个客体的观念，这取决于婴儿在客体缺席之前已具备对其进行构想的能力。

❹在《母性同调》（Stern，1985）中，母亲说话的韵律特征（"妈妈语"的音调和节奏）是同调"表现"中不可分割的一部分。因此，一个同调的言语元素重合了经验本身的韵律模式（见下面我对母性同调的讨论）。

从这个角度来看，语言不仅仅是来自外部父性（paternal）世界的客观符号系统，也是一种更具可塑性的媒介，扎根于婴儿的母性世界，并逐渐被塑造为活生生的、记忆中的经验的轮廓。以这种方式来思考扩大了"词语表征"的概念，并提出了词语和经验相互作用的另一种模式。在弗洛伊德的、更为客观的"父性"模式中，词语表征（作为常规符号）紧靠的是对外部世界的经验，它与图式（事物表征）形成一个简单的关联，从而在意识中赋予它一个名称和位置。在更主观的"母性"阅读中，主体搜索具有正确"形状"的单词（如韦尔纳和卡普兰所言），并将其与事物表征的"形状"（经验上的"形状"）相匹配。第一种解释是机械的和传统语义上的，第二种解释是"美学的"、基于一种结构上和感官上的亲密性。

这个"变得有意识"的美学维度的阐述可以参考兰格的艺术理论（Langer，1942，1953）。该理论描述了经验的"形状"是如何在艺术品中表征出来的❶。兰格认为，虽然词语在其客观用法［散漫的符号（discursive symbols）］中有惯常的参照，但一个词与它所表征的事物之间没有严格的相似性；而审美符号是表征的，通过它们的形式来显示它们的"意义"或重要含义。换句话说，一个美学（表征的）符号通过它的实际结构类比复制了一种经验形式，从而揭示出其意义❷；这使经验形式能够在美学符号中被识别，从而促进对经验是什么样子的更大的觉察或意识❸。

接下来，我将使用兰格对散漫的符号和表征符号的区别来探讨在意识和潜意识交界处的活动。我认为，虽然传统的精神分析描述强调的是对语言"父性的"、散漫性的使用（它具有描述和解释现象的能力），但实际的精

---

❶兰格首先提出了她关于音乐形式的观点（Langer，1942），但后来发展了包括语言形式在内的一般艺术理论。可以说，音乐形式比其他艺术形式更清楚地揭示了情感生活的基本形状和质感；但是，根据她的理论，每一种艺术形式都以类似的方式揭示情感形式的"形状"（Langer，1942，1953）。

❷它"容纳着自身的意义，如同一个存在容纳着自身的生命一样"（Langer，1988：38）。

❸梦中的意象也是如此，但它们是心灵自发的创造，对清醒的主体来说似乎毫无意义。而审美符号是有意创造的，往往是经过艰苦努力的，其意义更透明和被承认。就像梦中的意象一样，它们（艺术）比散漫的语言更接近具体的经验；但由于完全是象征性的，它们成了形式或类型的范例。它们（艺术）不是愿望的满足或简单的回忆，而是向我们展示了爱、嫉妒、遭受损失等是什么样子。在这个意义上，审美符号是具体的也是抽象的：具体是因为它们是感官的和具体的，抽象是因为它们揭示了经验的形式。

神分析实践往往更接近"母性的"、表征性的模式。在这方面,我将展示如何将兰格的审美过程的意象映射到分析过程中,从而促进对分析界面——意识和潜意识交界处——的活动的讨论。

审美界面

在兰格对艺术创作的描述中,把自身进行美学转化是通过艺术家制造出对某种感觉的表象所带来的。这是艺术家的事物表征的潜意识世界里的、他觉得有必要表达的东西。他能"感觉到""这种东西",但往往不能先于他的作品说出它到底是什么。从这个意义上说,艺术过程是一种给予这种直觉的"东西"以形状的方式,并在他的作品中表现出来。在他"存在于"内心的"感觉"指导下,他一直在试错——这种感觉是对的,那种不对。在每一个决定中,他都受到这种在他所创造的形式和他试图表达的东西之间的"契合感"和"共鸣"程度的指引。它很少是线性过程,有许多错误的开始和失败的片段,但逐渐形成一种形状,并且有一天他知道他"做对了"。他对自己说:"就是它!这就是我一直在寻找的!"

在这些术语中,艺术项目是一种认识(赋予形状)内部结构的手段。它通常涉及一个延伸的直觉匹配过程:从艺术家正在创造的形式,到他试图表达的他自己模糊感觉到的部分。为了从事这样的活动,他需要一个与日常活动分离的空间,在那里他可以将自己的情感生活元素带入。必须有足够的安全感才能让这样的暴露成为可能,也必须有足够的自由才能让自己的这些未知部分与他正在创造的形式进行对话。在温尼科特(Winnicott,1953)的术语中,这是一个过渡性空间(transitional space),内部和外部可以自由融合,精神和外部具象之间没有明确的区分。

如果我们将这种对美学界面的描述映射到咨询室的分析界面上,我们可以看到,艺术家的作品在许多方面与分析相似,至少在其更美学的形式上。这里也有未知的、模糊的感觉(潜意识的、没有表征的),还有工作(分析的作品)在一个隔离的空间中展开。在这里,也有一种对形式的探索,以及一种持续的、很大程度上是直观的感知,来判断它们是否符合潜意识的情感结构（事物表征），而这正是注意力的目标。在这里，也有错误的开始和失败的片段，当然有时也有自我认识（self-realisation）的经验的浮现，以某种方式走上正轨："是的，就是这样！这样感觉是对的！"最后分析的"产物"出现了，即分析师和患者二者的心理结构的转化。这是艺术工作的副本，是语言和经验复杂交织的结果，从而构成了分析性的对话。

分析界面

然而，分析是不同于艺术的。分析不仅是两个人参与其中的，而且分析的媒介是语言。正如我们所见，语言可以以两种完全不同的方式使用，由此产生了两种不同的分析方法：一种，我称之为直觉的和"母性的"，另一种是认知的和"父性的"。在我本文的描述中，我强调第一个，淡化了第二个，但其实精神分析作为一门学科是在这两极之间不断发展演化的，每一个个体的分析都在这两极的影响中完结❶。例如处于其中一极的"分离的"分析师，通过解释来给出语言上的洞见；而处于另一极的"共生的"（Searles，1973）或"母性占主导的"分析师（Winnicott，1956）则抱持、容纳、镜映并提供有利于成长的氛围（Wright，1991）。弗洛伊德的论文《论潜意识》（Freud，1915e）反映了认知的一极，而当代精神分析则反映了直觉的一极。然而这两者都不是纯粹的形式，临床实践活动是在两者之间进行的，而精神分析的关键人物则经常被认为是处于一极而排斥另一极。从历史的角度来看，认知一极已经被广泛地讨论过；而直觉的一极则很难定义，有证据显示可以用来描述它的语言是令人费解的。

兰格关于艺术过程的理论在某种程度上弥补了这一缺陷，因为在阐述表

---

❶可以毫不夸张地说，这种极性从一开始就塑造了精神分析理论和实践（Wright，1991）。它反映在许多成对的词语中，这些词语试图抓住实践、情感发展和（或）心理结构的不同方面。例如：前俄狄浦斯-俄狄浦斯、二元-三元、两人-三人、自恋的-客体相关的、精神病-非精神病、前语言-语言、母性-父性、抱持-解释、想象的-象征的，这只是其中一些。在某种程度上，所有这些都与这样一个事实有关：婴儿出生时，无论在生理上还是心理上都是不成熟的，并且在生命的头两年里，都沉浸在一个巨大的形式化的（formative）母性环境中，而这种环境绝大部分是非言语的。

达象征（presentational symbolism）的概念时，她标示出了一个新的象征领域，在这个领域中，形式和图像取代了词语作为知识的中介。解释（interpretation）的技巧是在对意识的基本认知观点中发展起来的，也就是父性的领域，用兰格的话来说，它依赖于用散漫的语言描述经验的结构（命名）并为其提供解释（"你这样感觉是因为……"）。相比之下，在更母性的表征模式中，词语被用来召唤经验，目的是捕捉它活生生的性质，而不是命名它并谈论到它。

奥格登（Ogden，1997）很好地记录了这种对语言"母性的"使用；他观察到，许多精神分析可以被认为是一种对话，在这种对话中，患者和分析师试图描述患者的生活和体验是什么样子的。类似艺术的方式，它必须创造出生活的外表，为认识感觉和经验找到形式。这个"外表"不仅仅是词语的形式，而且是由词语形成的意象。随着时间的推移，对话通过连续的意象，走向一种想象的结构，它唤起并令人信服地描绘了患者对自己体验的感受❶。用奥格登的话来说，这种工作方式包括创造

一种足以创造声音和意义的隐喻性语言，反映出在某一特定时刻，思考、感受和身体体验的感觉（简言之，在一个人能力的范围内作为一个人活着）是什么样子。(Ogden，1997：3)（着重号并非原文所有，为作者引用时标注——译者按）

因此，奥格登强调了这个过程的关键元素：创造一个隐喻性的（例如，基于意象的）语言，一种适用于创建多模式意象结构的语言。语言的适当性取决于其隐喻的适切性和它捕捉经验的细微差别的程度；它还取决于词语的发音——韵律、声调、单词在口腔里的感觉，以及它们与它们想

---

❶ 我在这一章中使用了一个有点模糊的术语"结构"，因为它可以让这个词的意思保持开放（读者可以按自己的意愿填充）。我本可以用"幻想"这个词，但在精神分析理论中，这个词有太多精确的含义，而我希望我所描绘的思想可以从许多不同的精神分析角度来填充。事实上，我提到的许多"结构"都是关系结构，带有与他人互动和发生情感的印记。正如精神分析所正确理解的那样，这些是人类生活的核心"内容"，因此是自体结构的基础，也可以说是心灵的基础。

要掌握的"感受"相连的方式。这种复杂性已经远远超过了弗洛伊德的原始概念:"告知"患者他的症状是什么意思(一个"父性的"分析观点)。尽管在弗洛伊德写《论潜意识》的时候,他已经知道只有"告知"是不够的(Freud,1915e:175),但他几乎没有解释为什么会这样。除了处理患者的"阻抗"之外,他几乎没有提出任何让"告知"更有效的建议。

表征符号、镜映和同调

弗洛伊德关于"变得有意识"的"父性"描述中涉及将事物表征"转译成词语"(Freud,1915e:202),这要求词语与事物表征"相关联",并"持续相关联"(Freud,1915e:202)。这个模型中的"关联"是外在的,是两个相互之间没有结构(相似)关联性的元素的直接连接。虽然事物表征具有一定的形象性特点(其是来源于感官知觉的),但词语表征是客观语言的"纯粹"语义符号。在这种对意识的解释中,意象没有任何作用,因为它们构成了初级过程的语言,并属于 Ucs. 系统。正如里克罗夫特(Rycroft,1968)所观察到的,弗洛伊德在他的理论体系中没有为一个可以介导或创造自我认识的意象留下"位置";梦虽然被认为是"通往潜意识的坦途",但梦是潜意识领域的使者,只有通过分析师的解释才能揭示梦的意义。

在一个更加"母性的"关于"变得有意识"的描述中,意象被赋予更突出的地位。跟随兰格的思路,我认为意象本身是觉知的中介,能够表征一个完整的经验的结构,而无需诉诸详尽的语言描述。这是每一个分析师都知道的事情,与意象打交道也是日常临床实践中不可分割的一部分。但在精神分析理论中,意象的位置并没有那么确定,为了区分"与意象工作"与认知意义上的"解释"的不同,我建议将前者视为一种镜映的形式。解释可以被视为属于"父性的领域"(Wright,1991),而镜映则根植于二人关系的母性世界,因此也是"促进性环境"(facilitating environment)的一部分(Winnicott,1953)。

"促进性环境"这一术语指的是母亲的适应功能，通常表现为提供符合婴儿期望的"形式"。母亲不是"告知"（例如，指出）婴儿应该怎么做，而是对婴儿的"姿态"（或存在的方式）作出其直觉上"正确的"回应。一开始，适应性回应具有具体的形式——一种由她对情境的解读所"塑造"的喂养方式。

在这一阶段，形式嵌入具体情境中：在婴儿的姿态和母亲的回应中，在母婴互动的时机、停顿和整体速度中，尤其是在母亲回应的精妙调整中❶。而与此同时还发展出了更为特殊的镜映互动（Winnicott，1967）：母亲的面部表情反映了婴儿在任何特定时刻所表达的情感，这是母亲和婴儿之间的情感共鸣。温尼科特抓住了这一点的精髓，将母亲的脸比喻为婴儿的第一面镜子："当婴儿看到母亲的脸时，他看到了什么？我的意思是婴儿看到的是他自己……"（Winnicott，1967：112）

对温尼科特来说，镜映与抱持相关，有助于奠定自体的基础（"我被看见和认可，因此我成为我自己"）。然而，在现在的语境中，我想强调这个过程的意象方面：母亲的表达提供了婴儿是什么样子的外部意象。每个表情既是一种情感上的回应，也是一个意象——一个婴儿情感自体的（母性的）表征或象征——等待着被婴儿识别出来❷。

在最初的意义上，由生物学因素决定的面部表情数量并不多，因此镜映受到限制。但是母性同调（Stern，1985）将镜映的范围扩展到了后期的前语言阶段，并且大大增加了母性表征形式的范围（Wright，2009）。同调也是一种镜映回应，基于母性认同并由意象介导，但母性意象库的范围有所扩展。同调反应是自发、直觉的细微表现（一系列有节奏的动作和声音），在某种程度上复制了"形状"，或婴儿行为的"情感轮廓"；是母亲与婴儿正在进行的"交流"的一部分（Trevarthen，1979），在其中母亲以外部的

---

❶从某种有些类似的方式来说，分析师在一次会面期间会进行一系列活动，这些很大程度上发生在他的觉知之外，揭示了他非语言的与患者同调和回应患者的程度，比如他的呼吸、坐在椅子上的方式、头的倾斜度、他烦躁不安的程度，更不用说他打呵欠、挖鼻孔和其他诸如此类他希望不让患者知道的活动。前几天，一个患者对我说："我在最后一次治疗中感觉很糟糕。你一直在动你的腿，我觉得你厌烦我了。"（非同调的例子）

❷按照兰格的说法，它是一种表征符号。

形式给予婴儿"体验"的碎片❶。婴儿对母亲回应的体验可能各不相同，但是，关于狭义的镜映，我强调的是：每一个母亲形象都是一个意象，或者说外部形式——婴儿生命力的"影片"❷，也是婴儿自体的潜在的前词语表征。

对我来说，镜映和同调的重要性是双重的：首先，它描绘了一个真实的前语言体验的领域（母性的），并向我们展示了它是什么样子；其次，它强调了一种回应，在这种回应中，"意义"是通过意象传达的。这些意象可以是视觉的、听觉的或多模态的，但它们的重要性总是通过意象的形式来传达，而意象的形式是一种感受形式的类似复制。在下一节中，我将论证这种形式在组织经验、使经验成为意识的觉知并最终创造心理结构方面的重要性。它们是"变得有意识"的母性模式的重要组成部分，而弗洛伊德对这一过程的描述缺少这个部分。

从镜映形式到心理结构

"心理结构"是一个隐喻的术语，我们试图通过它来想象心灵的本质。我们想象一个物理结构及其各部分之间的关系，然后假设心灵的各部分以一种类比的方式互相联系。因此，我们认为心灵是一个容纳"客体"的"内部空间"。在精神分析理论中，这些"客体"被视为有类似人类的特征，在一定程度上源自个体早年与重要他人的经验形式；因为在这个意义上来说，这些"客体"是"人类"，所以我们认为它们互相作用于对方并相互交流。从本质上讲，这是一种理解心灵的"内容"的方法——"内部客体"的特征与我们描述外部客体的方式是相同的。因此，我们可能会说一个内在的母亲或父亲、一个贪婪的婴儿或一个惩罚性的超我。这种方法是古典精神分析的遗

---

❶ 斯特恩使用术语"有生命力的情感"（vitality affect）（Stern，1985）和"生命力的形式"（forms of vitality）（Stern，2011）试图说明母亲是如何跟随并响应其婴儿的；但更重要的是，她从始至终以一种持续的方式与婴儿保持接触，感觉婴儿的"感觉"，把它以一种类似"音乐"的（例如：本质上是非言语的）方式回应给婴儿（Malloch et al.，2009）。

❷ 同调的回应是多模态的，可以包括词语。然而，重要的不是所说的词语的意思，而是这些词语的音调和韵律形状被交织在反思性的意象中。

产，它很少关注作为容器的心灵或精神本身的结构。当代精神分析已经扭转了这一趋势❶，但对该领域的理解还远未完成。在这一章的最后一部分，我想谈谈这个主题的某些方面。

我们假设，在某一时刻，婴儿对母亲的同调回应的知觉开始改变，婴儿在同调的母亲意象中认出了自己，突然有了一个巨大的突破，他用一个新的眼光看待母亲的表现。这不再仅仅是一个令人兴奋的场面，或是可以简单享受的母亲的一个方面；它获得了一种新的意义，并开始意味着："现在我可以看到两者之间的联系了，这个模式与我曾感受到的事物有着相同的节奏！"我认为，在此时外部意象（同调的"表现"）被"内化"并转化为"心理结构"——一种初级象征（primitive symbol）。表现（performance）不再仅仅是一种游戏，而是在传递意义；它"讲述"了刚刚经验的事情，成了一种表征和记忆它的方式。在这方面，新"客体"与温尼科特的过渡性客体惊人地相似。虽然后者是外在的，而新形成的"同调结构"是内在的，但两者都具有初级象征功能，都通过回响感觉模式（reverberating sensory patterns）来保持记忆鲜活❷。

我对镜映的讨论已经让我们远远地超出了弗洛伊德关于潜意识的论文范围，但由此产生的是一种对心理结构的看法，在这种看法中，结构基本单元是关系性的，并至少部分来源于母亲和婴儿之间的早期交流形式。因此，在某种程度上，它提供了一种心灵矩阵（matrix of the mind）的视角（Ogden，1986），至少有一部分是由前语言的符号结构构成的。它们能够把经验的要素保留在心里，并通过它们的模式把经验的成分与其他类似的结构联系起来——换句话说，它们使思维的初级形式（primitive form of thinking）成为可能。相比之下，在弗洛伊德看来，这个"矩阵"（他术语中的"潜意识"）是基于本能的，并由"本能的观念表征"（Freud，1915e：177）所填充，后来被克莱茵学派的学者称为"潜意识幻想"（unconscious fantasy）

---

❶拜昂是这方面的先驱，见他的论文《思考》（Thinking）（1962a）和《容纳》（Containment）（1962b，1965）。

❷从同调中衍生出来的心理结构也可以比作拜昂的"容器-容纳"结构，尽管背景理论不同（Bion，1962a&b，1965）。

(Isaacs, 1952)。因此,精神活动局限于对带有性或攻击性特质的幻想的满足。在这种观点下,"用意象思考"(thinking with images)没有立足之地。

我所描绘的模型与这一经典观点不一致。它提示了一种相对早期的以意象为基础的象征结构的发展,在这种发展中,内化的母性形式行使着作为被记住的经验的容器的功能。就其延续了各部分之间的同调"沟通"(共鸣或回响的模式)而言,这个结构可以说是"活的",或使体验活起来,就像它起源的母婴"交流"状态一样。

意识的不同模式

那么,这个更从关系的角度看待心灵的观点如何与弗洛伊德对意识的解释相联系呢?在地形学模型中,"变得有意识"是与词语紧密相连的——其出现的必要但可能不充分的条件是将事物表征"转译成词语"。相比之下,我主张的是一种不依赖于词语,而是以表征的意象作为中介的意识觉知形式;通过其感受到的逼真性,它能使经验作为一个整体被把握❶。这样的意象马上显示了它们的意义,但是为了在认知上变得有意识(例如:概念化和情景化),他们需要被"转译成词语",并通过这些词语阐明自身。在这种观点中,有两种成为意识的方式和两种意识觉知的模式,两者没有孰优孰劣,但在不同的方面显示出其各自的价值。"父性模式"是外在的,包括从远处看体验,并将其置于背景中;"母性模式"则更狭义地聚焦于认同过程,它创造了一种在体验中存在的感觉(尽管不是真的存在于其中),这使得它可能是第一次被深思和知晓(Wright,1991)。

弗洛伊德在其意识心理(couscious mind)的理论中没有给意象留出位置,低估了它们的价值。他是一个理性主义者,立足于一个由分离的客体组

---

❶ 诗人阿齐博尔德·麦克利什(Archibald MacLeish,1960:16)优美地表达了意象作为体验的中介的力量:"诗人的任务是笼住、捕获整个体验,作为一个整体的体验……以有意义的形式……或形状……这是情感的答案。"移情也是一种"捕获体验的整体"的手段,但有一个重要的区别:当移情在体验中被激活时,是"记忆的一种形式"(Freud),但还不是一种符号;它正在等待分析性的转变,以到达这个心理层面。相比之下,表征意象是一种刻意创造的符号。

成的三人世界里,在这个世界里,父性的规则和组织是最主要的衡量标准,而"真理"在于"科学的"描述。唤起的意象是潜意识的"语言"——模糊的、虚幻的和满足愿望的语言,除非或直到其被逻辑阐明为止❶。

我们可以推测,从弗洛伊德"父性"的角度来看,意象是"母性"王国的一个方面,在这个领域他感到不舒服,为他所不及;她们是肉体的、感官的、流动的、无界的,创造了一个瞬息万变的存在——"心灵的土著居民"——的世界,一个使他焦虑不安的世界。他对艺术——另一个意象世界——的态度是矛盾的,虽然他有时会把艺术家总体理想化,但他也经常贬低他们的成就❷,只欣赏他能理解的艺术(例如:"可转译成词语的")。音乐与这种转译格格不入,超出了他的审美能力(除了他熟记的某些歌剧咏叹调)。最后,意象在本质上是"不科学的"——这也是我这一章的出发点——虽然现在看来,他对意象的厌恶和他对高度抽象的偏好可能有其更深的根源。

从这个角度来看,压抑是一种把"母性"和它的使者意象囚禁起来的手段。它是一种控制机制,根植于父性的世界(意识),并且由一组边防警卫(反贯注)守卫以对抗被禁止的东西的入侵。那些与母亲的身体有关的感官记忆的意象被抛弃了,而本应让这些意象在有意识的事物体系中占有一席之地的父性话语,却被保留了。正如我在开头暗示的,弗洛伊德的潜意识理论本身可能就是由这种过程形成的。

结束语

弗洛伊德的地形学理论(Freud,1915e)很快就要有一百年的历史了。

---

❶人们经常注意到,弗洛伊德在理解母性领域的经验方面有困难。对此观点最早也是最激进的批评来自萨蒂(Suttie,1935),他认为弗洛伊德在他的人格中压抑了"母性",这种"对温柔的禁忌"导致了他理论工作的系统性倾斜。对我来说,这个论点很有说服力;很可能,每一个分析师和理论家都有一个由他的构成所决定的有限的敏感性范围,而且,尽管这个范围可能因他对自己的分析而扩大,但它永远不会停止影响他所创造的东西。在这个意义上,分析理论是自传,是自我认识的一种形式(Wright,1991),也是对"现实"的某些方面或多或少的有效描述。

❷例如,在《创造性作家与白日梦》(*Creative Writers and Day-Dreaming*)(Freud,1908e)中,弗洛伊德认为艺术家只是用一种迂回的方式来表达被禁止的幻想,别人为此喝彩是因为这给他们带来了替代性的快乐。

尽管受制于作者的感性和当时的世界观的局限，但它仍然是任何讨论心灵作为经验的动力性组织的基本出发点。然而，弗洛伊德用一种机械式的和力学的"科学性"语言呈现他的理论。既然我们现在用一种更注重关系的方式思考，我们就必须重新思考他的见解，以便将其更好地融入当代的思想中。

尽管对弗洛伊德来说，他的理论披上"父性"的科学外衣可能很重要，但我认为，更深层次的原因是其对"母性"的恐惧，导致他压抑了自己理解中的非语言的（基于意象的）元素。用拉康的语言（Lacan，1977）来说，如果他的脚牢牢地站在象征的立场上，那么想象——这个母亲意象的领域——就被严格地禁止了。从这个意义上讲，只有词语是"纯净的"；词语的感官形态——意象——属于被压抑的领域。从这个"父性"的角度来说，只可以去看——作为一个观察者-理论家（希腊语的"*therios*"，旁观者）——但不能去触摸、去参与那些在意识中重新激发体验本身感觉的形式（Wright，1991）。

在本文中，我试图完善弗洛伊德的"变得有意识"的理论，并探索被压抑的"母性"复活会如何影响我们对心理结构的看法。这打开了想象世界——母性形式的世界——并唤起了意象在不借助词语中介的情况下组织和传达情感的力量。它表明了意象在分析过程（"变得有意识"的过程）中作用的提升，并创造了一种新的对形式的觉知。对形式的考量会带来美学，因此，分析师构建他交流的方式——他们采取的形式——变得和其内容一样重要。

在弗洛伊德对艺术家更为理想化的时刻，他有时会觉得艺术家早在他之前就已经抵达了人性的"真相"之处，而他作为第一个精神分析学家才刚开始理解。他跟跟跄跄地走在后面，以惯常的"科学"方式，无法弄清怎么达到这个目标。我们现在可以看到，他寻找的方向是错误的——母性形式的奥秘是不会通过解剖式的分析而揭露的，因为它作为一种纯粹的表达直接对接在感官上。艺术是，而且一直是自我认识的另一种方式，是对自体和人性的一种揭示。它"表达意义的方式"（MacLeish，1960）、它的表征方法是直接的：艺术作品通过其复杂的形式和意象的结合，展示并证明了我们存在的方式——不管我们看到或看不到。

艺术理论对精神分析学家的价值在于它的语言；通过向正确的方向努力，它找到了一种用语言表达艺术"如何"工作的方式。这使我们能够看到情感的真理——经验的真理——是如何在复杂的形式连接中显露出来的；此外，每一件"触及深度"的艺术作品，都是如何通过这些连接，直接把它的含义传达给倾听的（也就是，接受的）"他人"的心灵深处的。最后，它使我们看到，每一件有价值的艺术品都是对人类心灵结构的一个小小的启示，因为它的各种衔接就是那个心灵的形式，通过外部世界的媒介得以实现。

弗洛伊德《论潜意识》中互补的心理模型?

伯纳德·里斯（Bernard Reith）❶

弗洛伊德在他的咨询室里

在阅读弗洛伊德的作品时，我喜欢想象他在他的咨询室里进行分析会谈，同时思考着"这是怎么回事？如何理解它？我是如何参与其中的？"诸如此类的问题。

带着对他这样的想象来阅读《论潜意识》（Freud，1915e），我发现在这篇文章中除了被看作其最大贡献的地形学模型（topographic model）之外，还有更多的东西值得挖掘。在地形学模型的字里行间，弗洛伊德可能一直在试图找到一种关于分析双方（analytic couple）的转化模型（transformational model）。这种两人转化模型将是对一人地形学模型的补充，并为其增加了一个额外的维度。当然，我并不是说这是弗洛伊德刻意的意图，但我确实相信，我们在随后的工作中会看到这个隐含的主题。

接下来，我将一步步地展示这两种模型之间的相互作用。地形学模型在

---

❶伯纳德·里斯：瑞士精神分析学会的成员，是一名在瑞士日内瓦私人执业的精神分析师。自2004年起他一直担任欧洲精神分析联合会（EPF）精神分析启动工作小组（the Working Party on Initiating Psychoanalysis，WPIP）的主席。他自2012年以来也是《国际精神分析杂志》分析师工作组的理事会成员。2009年至2012年，他担任瑞士精神分析学会秘书，2012年起担任该学会精神分析研究委员会主席。他与人合编了《精神分析的开始：各种视角》（Initiating Psychoanalysis：Perspectives）一书。他目前主要关注的领域是精神分析的定性临床研究、不同精神分析模型之间的理性对话，以及从这些不同模型中对精神分析师立场的理解。

弗洛伊德论文的第二章至第六章中有详细描述，但在引言、第一章和探讨精神病的第七章中也包含了很多其他有趣的想法，就像丝绸镶边盒子里的一颗珠宝。这颗宝石已经名声显赫，而我现在要把注意力集中在盒子和镶边的丝绸上。

《论潜意识》的开章就将其与《论压抑》联系在一起（Freud，1915d），后者是弗洛伊德元心理学系列论文中较前的一篇：

> 我们已经学到……压抑过程的本质，不是……消除……某种体现本能的观念，而是防止它被意识化。当这个过程发生时，我们说……这个观念处在一种"潜意识"状态。而且我们可以充分地证明……它也能产生作用，最终甚至会影响意识内容。所有被压抑的内容必须保留在潜意识中，但……被压抑的内容不包含所有的潜意识内容。潜意识有更广阔的范围……（Freud，1915e：166）

很明显，这段可以被看作是他对第二章中描述内容的直接声明，即关于"系统性"潜意识和"描述性"潜意识之间的区别（Freud，1915e：172-173）。但是如果我们改变视角，将其看作是他分析性工作中思考的一个私人问题，我们就可以想象他在思考：压抑理论并不能代表所有分析性情境中的内容，还有很多其他东西需要被理解。比如潜意识如何产生"作用"以及这种作用如何"到达"意识中。他接下来的句子读起来就像是我们在精神分析情境中可以抓住的基本问题："我们如何获得对潜意识的认识呢？"（Freud，1915e：166）

弗洛伊德通常使用第一人称复数吸引他的听众和他自己。"我们"在这整篇文章中有几个功能：从对话中修辞上的"我们"，通过内省进入我们个人心灵的"我们"，到精神分析师群体的"我们"，这些功能结合起来传达了一种对我们的分析性功能的深刻反思。弗洛伊德对他的基本问题给出了一个非常临床化的答案："当然只能在它经过转化（transformation）或转译（translation）为意识内容之后，我们才能了解它。精神分析的工作每天都向我们揭示，这种转译是有可能的。"（Freud，1915e：166）

他接下来的句子可能让人觉得，他认为这种发生在患者身上的"转化或转译"，主要体现在个体心理围绕着压抑的动力学模型中："为了有助于转变的发生，接受分析的人必须克服某种阻抗，这些阻抗就如同之前将相关内容压抑的阻抗一样，会抗拒这些内容进入意识。"（Freud，1915e：166）

然而，如果我们继续想象弗洛伊德正在与一个患者会谈，那么我们可能会立即听到他在第一章"对潜意识概念的辩护"中提出的一个认识论的问题，由此对分析师如何帮助患者克服阻抗的临床问题给出了他缜密思考后的答案。他指出，"一些心理过程是潜意识存在的"，这是一种"必要"的"假设"（Freud，1915e：166）❶，因为：

……如果我们坚持认为所有的心理活动都必须通过意识才能经验到的话，那这些有意识的活动会缺乏连贯性和难以理解；另外，如果我们在它们之间插入推测存在的潜意识活动，这些活动之间就具有了一个明显的联系。突破直接经验的限制来获取意义，这是一个完全正当的理由。除此之外，假设存在潜意识使我们能构建一个成功的方法，它能帮助我们对意识过程施加有效的影响。这又会对我们关于潜意识存在的假设提供无可争议的证据支持。（Freud，1915e：167）

最后一句话强有力地声明了弗洛伊德作为一名临床精神分析师的身份。他在这里将他的认识论观点放置在分析性工作的背景中，同时意味着他的回答不仅对病人的心灵有吸引力，也对与病人心灵合作的分析师有吸引力。这都有助于"建立一个成功的方法"，这个方法能"突破直接经验的限制"，包括"转化""转译""插入"和"获得意义"等过程。在这里，弗洛伊德至少含蓄地用另一个以分析双方为中心的模型补充了他的地形学模型。我根据弗洛伊德在他的论文中粗略提到的"转化"❷的概念，将其称之为转化模

---

❶ 除非另有说明，引用材料中的重点标记是詹姆斯·史崔齐（James Strachey）所添加的，在德语版原文中并不存在。

❷ 弗洛伊德最初的德语单词是 *Umsetzung*，意思是"转化"（transformation）、"转换"（conversion），或者在音乐中指"移调"（transposition）。

型。拜昂（Bion，1965）和博拉斯（Bollas，1979）此后更进一步发展了此概念。正如弗洛伊德所强调的，这种工作模型又会被它所支持的精神分析方法的质量和效果来评判。

一个案例片段：寻找亲密感的事物表征

为了说明我所说的精神分析的转化工作，我将高度概括一名男性的一段分析历程：横跨六个月时间，频率为每周四次。我把这名男性称为约翰。约翰不能忍受建立任何一种亲密关系。每次当他尝试建立亲密关系时，就会不可避免地沉浸在这样的印象中：对方会拒绝他、冷落他，或者更糟糕地压制他，把他禁锢在一种令人窒息的关系中。他还是可以工作，但他的大部分时间都花在了缓解自己的焦虑上，这种焦虑极端时可达到接近人格解体（depersonalisation）的程度。他希望得到帮助和理解，结果却总是大失所望。性对他来说是一个禁忌的话题。通常情况下，他的愤怒和（或）被控制的恐惧会阻碍他，让他在大部分治疗时间里无话可说。而一旦他说话，则趋向于描述事实和重复而已。

我也许可以像这样解释："你需要我牢牢地把你记在心里（抱持），才能感到我们是在一起的；但之后你就会担心我会掌控和影响你。所以你既想告诉我你在想什么，同时又害怕这样做。"约翰能明白我的意思，也很感激我能这样看待他，但这样的工作并没有真正改变我们之间的动力。对于这样的解释，我还有其他的顾虑：因为通过这样的谈话，我确实掌控了他。我在告诉他关于他自己的事情，而不是让他发现他自己或者跟他一起工作来找到他自己。我现在变成了那个可以抱持别人并且有力量这么做的人，而他则相信自己是那个不能抱持任何人的人，因为他把自己所有的能力都投射到别人身上了。此外，像这样的干预会让人觉得我在侵犯（包括在性方面）一个界限感非常脆弱的人。同样地，当我解释他怨恨那些归结在我身上的力量时，约翰似乎在理智上能理解，但却无法体验他的怨恨，好像他不知道在哪里可以找到这种怨恨。

另一个问题是，我在会谈期间昏昏欲睡。这种感觉有时就像是我想把自己从我们紧张的关系中抽离出来，另一些时候又像是我认同了约翰的需求：他需要找一个安全的地方让他放松下来。有一天，当他抱怨他为什么不能够依靠别人的时候，我就陷入了这样的梦一样状态。由于某种我不知道的原因，我产生了一个意象：正在把一只袜子从里面翻到外面。我不明白为什么，但这就是我仅有的意象，而且我在这种半梦半醒之间居然脱口而出："这就像把一只袜子从里面翻到外面，不是吗？所有里面的东西都跑到外面去了，然后你感觉东西撒得到处都是。"

我既惊讶又担心，因为他可能会觉得我把他叫做一只脏袜子，或者觉得我在谈论他的直肠，并且抗议他把这些投射到我身上（这可能确实是我做出这种评论的潜意识决定因素之一）。但约翰大笑起来，不是他平时那种紧张而又防御的笑，而是一种更放松的笑，有点像咯咯地笑，好像我挠到了他的痒处。他说："这个想法很搞笑，但我能理解它有什么含义。"然后，在短暂的沉默之后，他接着说："我在想关于袜子的一件事，如果你把一只袜子翻过来，它看起来几乎是完全一样的，而如果你走近看的话却可以分辨出不同。"我对自己说，他这个主意很好，我没有想到的是，他给这个意象增添了很多意义。后来，我们可以用它来谈论他不太清楚自己是谁的感觉。

在接下来的几个月里，约翰偶尔会说他有时会想到袜子的意象。然后，有一天当我再次解释他对亲密既渴望又害怕时，他说："你知道有一天我又一次想起了袜子，我想把袜子里面翻到外面可能是挺好的一件事。如果你想要把一双袜子叠起来放进抽屉里的话，你可以把一只袜子的里面翻出来一半盖住这两只袜子，从而让他们'抱'在一起。"没有比这更好的方式来描述"被抱住"以及能够抱住一个人的感觉了：有良好而安全的皮肤接触，紧密地联结在一起但两者之间又能良好地区分开。

这段插曲之后，他变得更加善于自我反思，能够更好地在自己心中抱持并思考自己、思考自己在人际关系中的位置。他也开始使用更多引发回忆的意象。不久之后，他这么长时间以来第一次冒险约了个会。

也许当时发生的事情是，我已经潜意识地捕捉到他对于安全的、具有分化差异的皮肤之间接触的需要，而这个接触是他感觉与自己接触的起点。但直到我发现了一个意象（一个"事物表征"❶）并将其诉诸言语，我才明白这一点。如果不是这样，我就只能沦为根据我们的关系和我的精神分析理论给出有些理性的解释；但这些解释与他的经验太过脱节，并不能帮他建立内在的联系。

在我的梦样状态下，我似乎在我的理论和他的经验之间建立了一个更好的前意识联系，并通过袜子的意象表达出来。他也能够以一种非常有趣和富有创造性的方式运用这个意象去捕捉他其他方面的潜意识体验。一些潜意识的东西被转化了，首先是转化成了一个至今缺乏的"事物表征"，然后转化成了一个"事物表征"的网络，最后通过与"词语表征"相关联，变成了一个有意义的结构。我并不是说这取代了解释性工作，但我确实相信它让解释性工作更丰满和有意义。

精神分析理解的可能性和陷阱

现在让我们重返弗洛伊德的论文。虽然第一章中的其他地方让我读起来像在对潜意识心理活动的科学和哲学概念做一个抽象的讨论，但如果我们继续想象弗洛伊德在工作中的场景，努力搞明白他在理解患者方面如何成功或失败，那这些讨论就会变得更鲜活起来。我们可以把他与假想的批评者辩论的典型修辞风格看作是他与自己内心辩论的表达，体现了分析性理解的可能性和陷阱之争。跟随他小心和详尽的论证是值得的，它引导我们走向精神分析立场的本质。

第一个陷阱是精神分析之外的知识。他认为通过"躯体过程"（somatic process）去解释"潜隐记忆"（latent memory）的问题是一种离题做法，而"心理过程"必须用它自己的术语去理解（Freud，1915e：167）。试图把"精神"等同于"意识"、"潜隐"等同于"躯体"的做法，只能看作是一

---

❶随后我会更加清晰地使用弗洛伊德的术语"事物表征"和"词语表征"。

种人为的"惯例"(Freud,1915e:167)并导致了一种僵局:

> 它破坏了心理的连续性,使我们陷入了关于心身平行论无法解决的难题中。它还很容易遭到非议,因为它在没有任何可靠依据的情况下,过高地估计了意识所起的作用。并且它还迫使我们过早地从心理学研究领域中退出来,却没有一个可以作为这种损失之补偿的其他去处。(Freud,1915e:168)

换句话说,通过分析之外的知识去寻求理解,会导致分析师高估意识的理解而"放弃了分析性关系的领域",从而失去其他的"心理连续性"。它将患者和分析师发配到无法相遇的平行世界中。关于"精神生活的潜在状态",弗洛伊德继续说道:

> 对于这些有争议的状态,我们最好先将注意力放在这些我们已明确的性质上来。如果从它们的物理特性来看,我们是完全无法理解它们的……而另一面,我们确定它们和意识化心理活动有着千丝万缕的联系;通过一些工作的帮助,它们可以被转化或者替代成意识化心理活动……(Freud,1915e:168)

在潜意识和意识之间有一些"接触点",因此,我读到这里的时候认为在患者和分析师之间也存在一些"接触点"。请注意,弗洛伊德在此重复了转化和"工作"的主题。这是因为在意识中无法直接找到这些"接触点":想象能在意识中找到它们,这是第二个陷阱。他从"认同"(identification)开始谈起,指出认同具有推论出其他人和我们一样的意义:

> 对潜意识存在的假设是……完全合理的,因为推论它的存在,一点也没有脱离我们常规和普遍接受的思维模式……没有经过任何特殊的反思,我们就会将自身的组成部分推而广之到他人身上,当然也包括我们的意识,而

且……这种认同是我们理解事物的一个必要条件。(Freud, 1915e: 169)

他对万物有灵论的讨论警告我们对患者这种不加反思的"认同"的局限性——它可能是投射性的,而且不能提供可靠的基础:

……甚至最初的认同倾向也遭受了批判——也就是,当这些"身外之物"是指我们的同类时——假定他人具备意识也只是依靠一个推论获得,并不能如我们对自身意识一样快速地确定。(Freud, 1915e: 169)

此外,弗洛伊德说,对我们自己意识的确定性是一种幻觉:

精神分析要求……我们将这个推论过程也运用于自身——事实上,我们本来并没有天然想做这个事情的倾向。如果我们这样做了,我们必须说:如果我注意到一些自身行为和表现无法与我其他的心理活动相联系,我必定会将它们视作好像属于他人的东西,即它们被解释为由他人的心理活动所引起。(Freud, 1915e: 169)

如果这是在精神分析工作的背景下,这个"他人"当然不是患者,而是我们对患者的内在反应,是那些我们"不知道如何与我们其他的心理活动相联系"的部分,也是我们不愿去深究的部分:

更进一步来说,经验告诉我们,我们可以非常懂得如何去解释他人的一些行为(也就是,如何将它们纳入他人的心理活动链之中),但对于同样的行为,我们却不承认其在自己心理中发生了。这里存在一些特别的阻碍,明显使我们偏离了对自身的探索,阻止我们获得关于它的真相。(Freud, 1915e: 169-170)

之后弗洛伊德优雅地表明：任何试图绕过这个"障碍"，试图用意识去理解我们内部的"他人"的行为，都会导致一个僵局，要么体现在"一个潜意识的意识"的悖论中（Freud，1915e：170），要么表现为一个无限退行的"无穷无尽的意识状态，所有这些意识并不为我们所知，也彼此互不了解"（Freud，1915e：170）。我们需要做的是承认我们的反应确实是"陌生的"，不仅仅是因为它是对患者的反应，而是因为它具有：

> ……我们感到陌生甚至难以置信的特点和奇特之处，甚至直接与我们熟知的关于意识的性质截然相反。因此我们有理由修正我们关于自身的推论，甚至可以说，被证明出来的不是我们具有第二意识，而是具有一些没有被意识化的心理活动。（Freud，1915e：170）

正是在这些"没有被意识化的心理活动"中，我们找到了"接触点"。这些活动在分析师和患者身上都存在，但可以"转化"为有意识的心理活动。真正的精神分析的"认同"开始于这个层面。弗洛伊德在提到康德时，向我们保证在这个区域（"超越……直接经验"）工作是可能的，但警告我们需要适应我们针对现实的概念：

> ……精神分析同样也警告我们，不要将意识到的感知与潜意识心理过程等同起来，尽管后者是前者的目标。如同物理世界一样，心理内容也不一定像它看起来那样的真实无误。（Freud，1915e：171）

我相信，当我在听着约翰说话并梦到袜子时，我就是被置身于这样一个奇怪而又令人惊讶的现实中了。

进入一种不同的现实

在第二章，弗洛伊德转向他的瑰宝："地形学观点"。他用三步快速概括了这个观点。首先，他澄清了"意识"与"潜意识"的术语在"描述性"和"系统性"意义上的区别，潜意识过程在系统性的意义上与意识过程形成了"最天然的对比"（Freud，1915e：172-173）。接下来，他通过对三种"系统"——Ucs.（潜意识）、Pcs.（前意识）和Cs.（意识）系统，系统之间由一个"审查机制"分隔开——的说明正式地阐述了这一点（Freud，1915e：172-173）。第三步是将这三个"系统"插入一个比喻化的"心理地形学"中（Freud，1915e：173），这对我们来说是如此熟悉而自然，尽管对三个"系统"的区分并不能从逻辑上推导出这种地形划分。事实上，对弗洛伊德来说，这一步并非不言自明，他立即提出了一种反对意见，表达了对系统之间"转移"（transposition）的"质疑"：

> 如果一个心理活动（我们在这里将其限定为一个观念）从Ucs.系统转移到Cs.（或Pcs.）系统，我们是否可以毫不犹豫地假设，这个转移包含了对该观念的一个新的记录——就好像是第二次登记，因此也包含了将其放在一个新的心理位置，那么原来的潜意识登记是否还继续存在呢？又或者，我们宁愿相信这个转移只指这个观念本身状态的改变，而它的内容和位置并没有变化？这个问题看起来很深奥，但如果我们希望对心理地形学说和心灵的深度有更明确的定义，那就必须面对它。（Freud，1915e：174）

弗洛伊德在这个反对意见中认识到，一个心理活动可以属于两个不同的心理系统，而不一定需要在两个不同的地方；一个"系统"可以通过各组成部分之间的"功能"关系（Freud，1915e：175）来充分定义。例如，一种语言可以用来讲述一个民间故事，但人们不会认为这两种结构具有空间关系。弗洛伊德支持地形学假说最有说服力的论点是：

> ……一个观点可能在心理器官空间中的两个不同位置上同时存在。事实上，如果它没有被审查机制压抑住，它通常会从一个位置前进到另外一个位置，其间可能并不会失去它之前的位置或登记。（Freud，1915e：175）

然而，这也可以从功能的角度来理解：一个潜意识的"观念"可以保持不变，但在梦境、白日梦和客体关系中却可以不断变化地来表达（"第二次登记"），就像民间故事可以在故事、图片或舞蹈❶中得到表达一样。弗洛伊德的另一个关键论点值得仔细研究，因为它既支持地形学假说，也支持转化假说：

> 如果我们在治疗中发现了患者的一个观念，它之前被患者压抑了，现在我们向患者传达出这个观念，一开始我们的告知不会给他的心理状态带来任何改变。尤其是它既不会移除压抑，也不会消除压抑的效应……相反，我们一开始面临的将会是患者再次拒绝这个被压抑的观念。现在的真实情况是，患者的同一个观念以不同形式出现在了他心理器官中的不同位置：首先，我们告诉他的观点会形成听觉痕迹，存在于他意识的记忆中；其次，我们确定他潜意识中也保留着该经验的更早期形式。实际上，只有克服了阻抗之后，意识里的观念才能进入并连接上潜意识的记忆痕迹，压抑的内容才会浮现出来。只有把后者本身意识化，我们才算取得了成功。从表面上看，这好像显示出意识和潜意识观点是在不同地形带有不同登记的相同内容。但仔细思考后会发现，对那些带有压抑记忆的患者来说，只有那些被告知的信息才是显而易见的。听到的事情和经验到的事情在心理学性质上是大相径庭的，尽管这些事情的内容是一样的。（Freud，1915e：175-176）

弗洛伊德的意思是，虽然这两种观点的内容看起来是一样的，但事实上，"对那些带有压抑记忆的患者来说，只有那些被告知的信息才是显而易见的"（着重号为作者标记，非弗洛伊德原文所有——译者按）；换句话说，"意识到的观念"仍然是分析师的想法，除非它"能进入并连接上潜意识的记忆痕迹"。分析师必须找到一种工作方式，使他的想法以患者的潜意识中"该经验的更早期形式"为基础，并予以表达。如果他提出的理性"想法"与患者的经验相去甚远，他甚至可能激起患者的"再次拒绝"。弗洛伊

---

❶ 事实上，这就是弗洛伊德在《论潜意识》原文第190-191页对潜意识幻想的描述。

德指出"听到的事情和经验到的事情在心理学性质上是大相径庭的",这对分析师和患者都适用!因此,分析师面临的挑战是如何进入患者的经验领域,以便找到图像和文字来表达它。正如我们已经指出的,这需要分析师的潜意识参与。

除了希望通过"图形式说明"(graphic illustration)帮助我们理解之外(Freud,1915e:175),我们或许还可以找到弗洛伊德使用空间比喻的另一个原因。尽管他的神经学背景可能起了作用,但弗洛伊德坚称他的"心理地形学说(就目前来说)与解剖学毫无关系"(Freud,1915e:175)。空间和(或)时间的比喻在他的作品中比比皆是:一个光学仪器的构成、不同的房间、考古发现、史前时代、圣经神话。我的印象是,这些都是他传达一种探索不同现实的感觉的方式。他那引起共鸣的短语"心灵的深度"(the dimension of depth in the mind)(Freud,1915e:174)❶就是这样做的,它暗含一个意象,即我们进入了一个未经探测的维度。的确,它可以被认为是一个地形分层式的心理表征,从最表层的 Cs. 到最深层的 Ucs.。但它也可以被视为潜意识心理生活的表征,不仅仅只是一系列的"位置",而是一个想象的空间。这并不与地形学模型相抵触。弗洛伊德对于一个额外"维度"的比喻激发了"陌生的……甚至是难以置信"的现实,患者和分析师都必须深入其中,以达到他们的"接触点",就像去神秘的地底世界或深海探险:一个广阔、模糊的空间,居住着陌生的生物,也许奇特恐怖,也许惊人的美丽。它与咨询室里的常规空间形成了明显的"最天然的对比",而这就是精神分析的空间。

描述精神分析空间

如此一来,在《论潜意识》的第三至第六章,我们可以将弗洛伊德对地形学模型的细致描述等同为对精神分析空间的描述,分析双方必须在这个空间中工作。尽管他1915年的元心理学中包含了令人生畏的抽象化术语(我

---

❶德语是"*der psychischen Tiefendimension*"。

通常不会使用），但这个空间的描述在今天仍然有效。

在第三章"潜意识情绪"中，为了处理情感的状态，弗洛伊德不再将一个"心理活动"临时限定为一个"观念"❶。为了做到这一点，他首先在本能和它的心理表征之间建立了众所周知的区别：

一个本能永远无法成为意识的对象——只有代表此本能的观念才可以。即使在潜意识中，一个本能也只能以一个观念的形式被表征。如果本能不附着于一个观念或者以一种情感状态表现出来，那么我们将会对它一无所知。然而，我们平时常说一个潜意识的本能冲动或一个被压抑的本能冲动……这个本能冲动指的其实是一个潜意识的观念表征……（Freud，1915e：177）

当然，关键就在这个"或者以一种情感状态表现出来"的短语中（着重号为本文作者标注，非弗洛伊德原文所有——译者按）：情感状态也是可感知的"心理活动"，它具有表征本能的功能。弗洛伊德接下来继续描述如何将这些情感看作是在多多少少的有利"发展"（Freud，1915e：178，着重号非弗洛伊德原文所有——译者按）后出现的一个结果，在最有利的发展情况下，本能冲动中的量化因素（quantitative factor）（Freud，1915e：178）通过与表征相关联进入意识。但这种"发展"可能是错误的或不完整的，还有其他一些"变化"（Freud，1915e：178）：

- "情感或情绪冲动"可以"被我们觉知到，但却被错误理解了"，将它"与另外一个观念相连"（Freud，1915e：177-178）；
- 另一种极端情况下，如果"本能冲动中的量化因素"失去了与表征的所有联系，它就会被完全"抑制"或"转化成……焦虑"（Freud，1915e：178）；
- 在这两个极端之间，"当抑制（部分）成功地抑制了情感的发展"，

---

❶ 德语为 *Vorstellung*，或者"表征"（representation）。

它们就被限定为一个潜意识的"潜在起点"(potential beginning)(Freud, 1915e：178, 此处为作者插入)。

Ucs. 系统中这些发育不良的"情感结构"或"潜在起点"通过"释能的过程"向着意识步步逼近(Freud, 1915e：178):

> 整个区别建立在一个事实基础上——观念基本上是针对记忆痕迹的一种精神贯注，而情感和情绪对应的是释能的过程，它们最终的表现就是我们觉知到的感受。(Freud, 1915e：178)

今天，我们要补充的是，"记忆痕迹"可能同样无法找到表征，因此，它仍然无法帮助情感结构的发展；我们还将进一步提出：除了压抑之外的防御机制，如分裂和否认，以及创伤等发展环境，都可能阻碍表征。尽管如此，弗洛伊德的描述对精神分析工作的启示是清晰的：分析师必须帮助患者找到或发展对本能（以及记忆痕迹）的恰当表征（"观念"）。只有这样才能减轻"在 Cs. 系统和 Ucs. 系统之间……为了争夺对情感作用的优势而发生的持久争斗"(Freud, 1915e：179)。

为什么做到这点非常困难？在第四章"压抑的地形学说和动力学"中更清晰地展示出其原因之一。在此章中，弗洛伊德介绍了他元心理学的经济学观点(Freud, 1915e：181)。被压抑的观念（以及由此产生的发展不良的"情感结构"）一直"保持着精神贯注或者接受来自 Ucs. 的贯注"，它们持续不断地"试图进入 Pcs. 系统"(Freud, 1915e：180)。它们被"反精神贯注"过程所抵制，"通过此过程, Pcs. 保护自身免受来自潜意识观念的压力"(Freud, 1915e：181)。这意味着, Pcs. 所表现的反应好像是它受到来自 Ucs. 之干扰的威胁。而事实上，心灵需要用"Pcs. 系统的（前）意识贯注"来保存某"观念"（或"情感结构"），并对其进行工作。

Ucs. 和 Pcs. 之间的力量平衡和相互作用，促使弗洛伊德形成了经济学的观点，它会"努力执行大量的兴奋变化，并至少对它们的兴奋量级进行一些相对的评估"（Freud，1915e：181）。简单地说，这对分析工作的意义在于：分析师可能会感到不安、受到威胁，或被他对患者的潜意识认同所产生的表征和（或）情感状态所淹没，因此通过压抑（或其他防御机制），在潜意识或前意识中抵御它们。

弗洛伊德在他论文的最后三章将更多阐述这三个"系统"的详细特征，但针对分析师在分析性空间中的位置，我们现在已经可以将其转译成元心理学的三个观点。我通过想象弗洛伊德在本文开头问自己的三个问题来重新表述它们：

- 动力学观点：在治疗中的某个时刻，出现了什么样的心理运动（本能和它们的变化形式）？（这里发生了什么？）

- 地形学观点：这些运动是如何被体验和（或）被［我的患者和（或）我］表达的？也就是说，通过什么样（或缺乏什么样）的情感性"心理活动"或表征？（如何理解它？）

- 经济学观点：我如何被这些"心理活动"所影响或扰乱，这又如何影响我参与到对它们多多少少有利的发展中来?（我是如何参与的？）

例如，我感到自己被约翰的亲密需求所威胁，这可能使我在解释工作中变得有些疏远和理智。这种威胁的出现部分是因为我无法表征他的需要，这让我觉得他在激怒我，因为我不能充分地思考他。把袜子翻过来的画面可能是我试图把他扔出去的一种方式，也是对这个问题的第一个表征，我们逐渐能够使用它去促进约翰潜意识的"潜在起点"走向更有利的"发展"方向。

精神分析空间中的精神分析资源

幸运的是，精神分析空间中有特定的资源来帮助我们完成任务。弗洛伊德在第五章和第六章谈到了此点。

首先，他在第五章"Ucs.系统的特点"中描述了"初级心理过程"（Freud，1915e：186），并提醒我们，因为潜意识的"贯注强度……的流动性是非常大的"，允许"移置"和"凝缩"（Freud，1915e：186），所以它们幽默而富有创造性（Freud，1915e：186）。"心理现实代替外界现实"（Freud，1915e：187）可以给它们提供一个宝贵的游戏空间，"通过梦……也就是说，在更高级的 Pcs. 系统通过退行回到更初级阶段时"，"我们才能认识潜意识过程"（Freud，1915e：187）。因此，通过患者在分析设置中出现的正式退行，分析师可以前意识地捕捉到一些创造性的资源。

根据布洛伊尔对"自由流动"（freely mobile）和"紧张约束"这两种"贯注能量状态"的区分（Freud，1915e：188），弗洛伊德描述了"Pcs. 系统"如何通过"抑制它们释能的倾向"，短暂地保留住本能的表征，从而"使各种不同的观念性内容之间相互交流、相互影响"（Freud，1915e：188）。因此，"Ucs. 系统的运行……是更高层系统的初级阶段（Freud，1915e：189）。

在第六章"两个系统间的交流"中，弗洛伊德更进一步强调了 Ucs. 和 Pcs. 系统之间富有创造力且精细的相互作用：

……Ucs.系统活力十足且能不断发展，并与 Pcs. 系统保持着千丝万缕的联系，包括相互合作的关系。总而言之，我必须声明从 Ucs.系统会不断延伸出我们熟悉的衍生物，它可以受到生活经历的影响，也能持续不断地影响 Pcs. 系统，甚至它也会受到来自 Pcs. 系统的影响。（Freud，1915e：190）

弗洛伊德仔细地表达了这种合作的限制，他指出"从一个系统到上面一级系统（也就是，每向更高一级的心理结构迈进一步）的每一个过渡都对应着一个新的审查机制"（Freud，1915e：192），而且潜意识的自我防御"对那些被压抑的内容形成了功能最强的对立面"（Freud，1915e：192-193）。督导、内观和自我分析都揭露了我们的自我分析功能存在这些令人痛苦的局限性。

然而，弗洛伊德讨论的精髓是：通过利用心理力量之间的相互作用，精神分析至少在某种程度上可以克服这些障碍，并允许 Pcs. 将源自 Ucs. 的衍生物绑定到"更高"的"心理结构"状态。他重复提到这个重要的观点，即心理工作具有整合功能，也将其嵌入到了地形学模型中。他写道："变得意识不仅仅是一种知觉的活动，很有可能也是一种高度精神贯注，它代表着心理结构的进一步发展。"（Freud，1915e：194）

在帮助患者克服审查制度和其他障碍以促进心理结构发展的过程中，为了避免我们对分析师的作用还有任何疑问，弗洛伊德说道："Ucs. 也会受到源于外部感知经验的影响"（Freud，1915e：194），并在这点上就潜意识交流进行了著名的观察：

一件非常值得注意的事情是，一个人的 Ucs. 可以对另一个人的 Ucs. 产生影响，而不需要经过 Cs.。这值得更进一步研究，特别是要搞清楚前意识有没有参与这个过程；但是，从描述性角度来说，这个事实是无可争辩的。（Freud，1915e：194）

虽然弗洛伊德在此处没有走得太远，但我们仍有理由讲出这个论断包含的明显启示，即分析师的 Ucs. 会对患者的 Ucs. 作出反应，而不必"经过"分析师的 Cs.。当然，反过来说对患者也是如此。我相信，这是最终的"接触点"。这意味着精神分析阐述的路径之一就是通过分析师对潜意识交流的接纳，或分析师认同患者 Ucs. "衍生物"，并在随后的分析性合作中，加入双方前意识的"高度精神贯注"，并且加以整合。

在第六章最后几段中，这一假设充分证明了弗洛伊德关于病理心理功能如何在分析中被改变的描述。关于 Pcs.（或 Cs.）系统和 Ucs. 系统，他写道：

两个系统影响趋势的完全背离，两个系统之间的完全隔离，才是疾病最

重要的特征。然而，精神分析治疗建立在从 Cs. 方向对 Ucs. 施加影响的基础之上。尽管这是一个费力的任务，但它表明这种影响还是有可能的。像我们说过的那样，Ucs. 衍生物扮演着两个系统之间的媒介物，它打开了完成这个任务的道路。（Freud，1915e：194）

回顾他在第二章中（Freud，1915e：175-176）对解释失败的讨论，我们现在可以看到，当患者的"更早期的经验形式"和"意识的观念"仍以"两种不同形式处在不同的地方"时（Freud，1915e：175），这是因为"Ucs. 衍生物"还不能充分起到"媒介物的作用"，并"打开道路"（Freud，1915e：194）。转化假说指的是这条"道路"必须通过分析师的心灵与患者的心灵合作，并且需要分析师对 Ucs. 衍生物进入其 Pcs. 的阻抗（审查机制）要比患者的阻抗弱。然后分析师才可能找到患者 Ucs. 衍生物的表征，在某一时刻供患者的 Pcs. 使用。这可能就是弗洛伊德在文章下一段中提到的"情形"：

如果能出现这样一种情形，即潜意识冲动可以像占据主导趋势的冲动一样起作用，那么前意识冲动和潜意识冲动才可能出现合作，即便后者是被强烈压抑的。在这样的情况下，压抑被移走，被压抑的活动被用来强化自我想实现的目标。在这个单独的结合点上，潜意识和自我是和谐相处的，除此之外，其所受的压抑没有产生变化。在这一合作中，Ucs. 的影响是毋庸置疑的：这种被强化的趋势表明它们与常态不同，它们可以行使特别完美的功能。它们对相反倾向产生抵抗，这类似于强迫症状所表现的那样。（Freud，1915e：194-195）

我认为在最后一句话中弗洛伊德可能指的是心理功能中的一些优雅时刻，如在幽默或艺术创作中，如在分析性合作中，如在洞察了一些重要的 Ucs. 真相时发出的"啊哈！"时刻。许多这样小的时刻才能累积获得真正的整合和改变。我们希望他对"强迫症状所表现的……对相反倾向产生抵抗"的比较,是为了将这些新的发展与既往病理的刻板性进行对照。但是考虑他表达中惯有的微妙之处,他可能也指向了精神生活和分析工作中深刻的模糊性。在某一时刻看起来像是洞察力的东西,在下一时刻可能变成防御性的;看似对心理真相的感知,可能带着接近妄想的危险。无论我们多么谨慎,就像我和约翰的案例一样,在解释性工作中,总会有这样的时刻,一个人不得不说一些让人感觉有点疯狂的东西,但结果却证明是有用的;在另一些时刻,我们认识到,我们终究没有与患者的潜意识接触到,反而迷失在自己的防御中。我们永远无法确定:只有患者随着时间流逝而表现出进步才能说明问题。

词语、事物、客体和象征:缺失的连接

在我们最后一段旅程中,短暂介入精神失常的话题也许是恰当之举。通过第七章"潜意识的评估"❶,弗洛伊德描绘了一幅时而荒凉时而美丽的风景。在这里,他将地形学模型中 Pcs. 和 Ucs. 之间缺失的连接变得完整,也提供了在转化模型中如何填补患者和分析师之间缺失的相应连接的线索。

尽管今天许多分析师不同意弗洛伊德对精神病和自恋的某些方面的描述,但也有许多人在他敏锐的观察中找到了持久的价值,即在神经症中"客体贯注持续保留在 Ucs. 系统中"(Freud,1915e:196),而对其他患者(精神病患者、自恋患者或其他患者)来说,他们可能会因"原始的无客体状态"而痛苦不堪(Freud,1915e:197)。我们今天会说,后者并不是因为缺乏客体贯注,而是因为它还没有与整合的自体表征和客体表征绑定在一起。

事实上,弗洛伊德进一步深入观察发现,在这些疾病状态中"这些关系的大部分内容都在意识中表现出来",但是"在刚开始时,我们还不能在自

---

❶ 史崔齐将德语 *Agnoszierung* 翻译为"评估",但翻译成"识别"(recognition)或者在法语版翻译成"认同"(identification)可能更合适。

我-客体关系和意识内容的关系之间建立可以理解的连接"（Freud，1915e：197），这个发现仍然非常有意义。我们需要一些东西在患者的意识经验和动力性"自体-客体关系"之间"建立可以理解的连接"。没有这个连接，意识的经验和潜意识衍生物无法在常见的"更高级结构"（也就是，自体表征和客体表征）中找到它们的位置，使得患者和分析师双方心中都无法给它们赋予意义。换句话说，如果把弗洛伊德的 *Agnoszieren* ❶ 一词翻译过来，就是指它们是无法"被识别"的。在这种情况下，比以往任何时候都更需要分析师的工作来提供那缺失的连接。

弗洛伊德叙述了维克多·塔斯克（Victor Tausk）的一个案例，这个年轻的女患者"在同其恋人争吵后被带到诊所"（Freud，1915e：197-198）。如果我们从移情的角度去倾听她的谈话，这个案例其实说明了她难以在客体关系中寻找到一个（与客体）分化的位置：

> 她抱怨自己的眼睛不对劲，它们被扭曲了。为了解释这句话，她继而用一系列连贯的语言谴责她的恋人："我根本不了解他，他每次看上去都不一样；他是个伪君子，是个眼睛扭曲者，他扭曲了我的眼睛；现在我的眼睛已经被扭曲了，不再是我的眼睛，现在我只能用其他眼睛来看世界。"（Freud，1915e：198）

她是在说，她思维失灵了，她不能把塔斯克识别成一个人（她的眼睛不对劲，每次看上去他都不一样）；她在将她的困扰投射性认同到塔斯克身上后，他变成了一个眼睛扭曲者，并扭曲了她的眼睛，所以她看不见了。基于这种混淆，她感到塔斯克控制了她的冲动和态度："我站在一个教堂里，突然我感到一阵肌肉痉挛，我不得不换个位置，好像有人把我推到了这个位置，好像我是被某人逼迫站在这个位置上的……"（Freud，1915e：198）

因此，分析性工作（如同任何客体关系）被体验为对身份的威胁：

---

❶ 参见前面的一条注释。

> 他是个俗人，尽管我生性文雅，现在也让他带俗气了。他使我相信他更优越，从而让我向他看齐；现在我变得像他了，因为我认为，如果我像他，我就会变得更好。他赋予他的位置一种虚假的印象，现在我变得完全像他了（通过认同），"他把我置于一个虚假的位置上"。（Freud，1915e：198）

在主体和客体（即：自体-客体）的分化与完整的自体表征和客体表征还没有建立起来的情况下，词语只能表征部分客体，飘荡在一个没有分化的心理空间里。弗洛伊德所说的"器官语言"（Freud，1915e：198-199）就是我们今天所说的"象征等同"（symbolic equations）（Segal，1957）。就像对我的患者约翰一样，建立自体-客体的分化需要长时间细致的工作，这是产生一个象征空间的先决条件，在这个空间中主体和客体可以并肩工作找到感受，图像和词语用来表达在分析性关系中出现的体验。这样的工作发生在一个还无法利用表征和"情感结构"的水平上。分析师的任务是深入他的前意识经验，从与患者的"接触点"产生的潜意识衍生物中获取信息，以便找到患者可能使用的"本能"和"记忆痕迹"的表征。反之亦然，这种寻找有意义表征的过程也是主体-客体分化逐步建立的一部分。

弗洛伊德通过对"词语表征"和"事物表征"❶的根本区分讨论了这样的困扰：

> 如果我们问自己，究竟什么原因使得精神分裂症……具有怪异的特征，我们……明白语言的重要性要超过事物本身……如果我们现在把上述发现与这个假设——在精神分裂症中，整个客体贯注是被放弃的——放在一起分析，就必须对此假设进行补充修正。应加上一点：对客体的词语表征的贯注

---

❶ 从这里开始，史崔齐不再将 *Vorstellung* 翻译为"观念"而是翻译为"表征"，也许是为了传达"事物表征"和"词语表征"尚未象征化的本质，但在法语版本中，例如，*Sachvorstellung* 和 *Wortvorstellung* 被分别翻译为"代表的物"（*représentation de chose*）和"代表的字"（*représentation de mot*）。

还是被保留着的。我们之前被允许称谓的客体的意识表征，现在可以区分为词语表征和事物表征两部分。而对后者来说，如果没有对其直接的记忆图像，也至少有对其较遥远记忆痕迹的精神贯注。（Freud，1915e：200-201）

今天我们与他（弗洛伊德）的分析的不同之处在于，我们认为"客体贯注"并没有"被放弃"，而是主体-客体的分化还没有成功，所以事物表征（或客体表征）还没有在一个安全的基础上发展起来。正是这一点，导致了明显的"优势语言"，而不是因为从客体或"事物"上撤回贯注。如之前讨论的那样，转化性分析工作在这个层次上的困难在于帮助患者找到对客体关系"遥远记忆痕迹"的"事物表征"。在我看来，这些考量并没有贬损弗洛伊德对"事物表征"和"词语表征"的区分；相反，他们证实了它对于理解精神病和严重紊乱的自恋状态具有持久的价值。

这些概念为弗洛伊德提供了最终的钥匙以解答他的"质疑"——从Ucs.系统进入Pcs.系统的通道是否解释为"第二次登记"还是"一种观念状态的改变"（Freud，1915e：174）。其实它指的是两者的结合：

我们现在……知道……意识表征和潜意识表征之间的区别。这两者既非……同一内容在不同心理位置的不同登记，也不是精神贯注在同一位置上的不同功能状态。而是意识表征包含了事物表征和与之相关的词语表征，而潜意识表征则只有事物表征一种。Ucs. 系统包含着对客体的事物贯注，这是一种最初和真实的客体贯注；而在 Pcs. 系统中，事物表征通过与对应的词语表征的联系被高度贯注了。我们可以设想，正是这种高度贯注才产生了更高级的心理结构，次级心理过程才能继位于初级心理过程，并主导 Pcs. 系统。现在我们有可能清晰地指出，在移情性神经症中，压抑到底拒绝了表征的哪一部分：那就是，它拒绝把表征转译成词语，而这些词语本该附着于客体。一个没有被转换成词语的表征，或者一个没有被高度贯注的心理活动，都以一种压抑的状态保留在 Ucs. 系统中。（Freud，1915e，201-202）

时至今日，我们只需要为这一极其精确的描述加上两项限定条件。首先，正如我之前所说的，"客体的事物贯注，这是一种最初和真实的客体贯注"，它们可能无法简单地用来链接词语，因为它们还没有被发展出来。其次，第一个限定条件对应的结果是："事物贯注"没有"转译"成"附着于客体的词语"，这个结果不仅可以由移情性神经症中的压抑导致，也可见于其他形式的心理结构中的其他防御机制和（或）阻碍"事物表征"发展的环境。这就是最需要分析师进行转化性工作的地方，它始于与患者的潜意识"接触点"，借助了分析师潜意识和前意识中的客体关联和象征能力。依靠这些资源和与患者的合作，分析师可帮助患者找到他可能会使用的"事物表征"和"词语表征"。当这一过程成功时，"情感的发展"再次成为可能，从"潜在起点"出发（Freud，1915e：178），通过阐述恰当的象征性表征，将情感和记忆痕迹结合在丰富的前意识经验中。这种发现"事物表征"的过程，也称为"初级象征化"（primary symbolization）（Roussillon，1999），它是"次级象征化"（secondary symbolization）的必要前提，后者指的是与"词语表征"建立有意义的连接。我相信约翰努力追求的过程就是以各种富有意义的方式使用我的袜子意象。而当我第一次出现袜子意象时，我是无法想象到这些意义的。

因此，尽管我们可能不同意弗洛伊德在第七章前几段对精神病的描述，但这篇卓越论文的其他部分却具有明显的连续性，并且对精神分析理解和治疗象征化困难的精神状态仍然具有重大意义。

弗洛伊德的遗产

阅读弗洛伊德的著作时总会有一种风险，那就是我们会添加一些我们对精神分析理论的理解。这些理解虽然是在弗洛伊德工作的基础上发展而来，但他并不一定会承认或接受。我所做的工作可能就是这方面的一个例子。对此我自然会担忧，即便能获得后来者的理解，这种担忧也无法完全缓解。这就是为什么我在本文标题上加了一个问号。弗洛伊德的论文与临床持续的相关性是鼓励我这样阅读的原因。我希望的是，我已经设法为弗洛伊德某个隐秘的遗产❶提供了一些"事物"和"言语"表征，甚至"获得了某种意义"。在一代又一代分析师的努力下这些精神遗产变得硕果累累，使得我们今天能够认识到它。

如果是这样的话，我们可能会看到弗洛伊德在《论潜意识》研究中播下的这些种子，然后在其后继者的工作中生根发芽。从梅兰妮·克莱茵（Melanie Klein，1926，1930）开始，她的精神分析游戏技术可以被视为一种帮助患者找到其潜意识经验的"事物表征"的方法。在她的工作之后，拜昂（Bion，1962b，1965）和温尼科特（Winnicott，1971）在其工作中发展出该遗产的两个主要分支。拜昂（Bion，1962b）提出了 α 功能的概念，它可以将 β 元素转化为 α 元素，这个概念相当于为"记忆痕迹"和"本能冲动的量化因素"❷找到"事物表征"。而他（Bion，1965）提出的 O 转化概念可以比作患者和分析师在"接触点"上的潜意识认同和合作。我认为这一点至少隐含在弗洛伊德的论文中。温尼科特（Winnicott，1971）关于过渡性空间的概念也可以用类似的方式来看待。这两个分支造就了当代精神分析工作的转化模式，在这一发展过程中，其工作包括（在此仅提两个）：从拜昂和巴朗热（Barangers，2008）到费罗（Ferro，1999，2009）的工作；从温尼科特到鲁西荣（Roussillon，1999，2008）的工作。

在弗洛伊德的论文中，我没有发现它涉及广义上的主体间性（intersubjective）工作，也没有指出分析师和被分析者总体上共同创造了主体间的现象；在我看来，弗洛伊德的思想完全集中在如何为被分析者的潜意识体验找到表达方式和意义，其只从狭义的角度上证明了一个共同创造的概念，正如汉利（Hanly，2007）所讨论的那样。话虽如此，我确实在其中看到了更具体的主体间性工作的基础，如布朗（Brown，2011）所描述的那样。然而，考虑到主体间性的多重含义，我自己对于这种转化性工作的首选术语是"心理间性"（interpsychic），就像博洛尼尼（Bolognini，2011）所使用的那样，这似乎更接近弗洛伊德最初的用法。

---

❶布朗（Brown，2011）将其称为我们的基因遗传！
❷这是我不同意布朗（Brown，2011）的一点，他将"事物表征"比作 β 元素。

潜意识在心身疾病患者中的作用[1]

玛丽莉亚·艾森斯坦（Marilia Aisenstein）[2]

谈到动力学潜意识在心身患者中的临床表现，我们需要先做一些初步的评论。自20世纪50年代以来，不同的心身医学学派，为不同的理论模型辩护，就躯体症状的潜意识意义问题争论不休。格罗代克（Groddeck）是第一个给每一种器质性临床表现赋予潜意识意义的人。弗洛伊德在1917年6月5日的信中指责他没有真正地区分躯体和精神（Freud, E. L., 1960: 316-318）。1963年在巴黎举行的一次法语精神分析师的大会上[3]，安杰尔·加马（Angel Garma）和米歇尔·德·尤赞（Michel de M'Uzan）处在明显不同的立场上，前者的论点是躯体疾病的治疗必须挖掘他们潜在的潜意识幻想并解释它，就像在经典精神分析中所做的那样；而后者认为"躯体症状是愚蠢的"，恰恰是因为它本身没有意义，但它是过度创伤的证据，这些创伤超出了心理器官可以加工的能力，从而迫使主体寻找其他释放兴奋的释能（discharge）途径：无论是行为上的还是躯体上的。

芝加哥学派强调情感因素的重要性，但主要是试图发现每个躯体病理学

---

[1] 安德鲁·韦勒（Andrew Weller）翻译。

[2] 玛丽莉亚·艾森斯坦（Marilia Aisenstein）：希腊精神分析学会和巴黎精神分析学会的培训分析师。她曾担任巴黎学会和巴黎身心研究所的主席，《法国精神分析杂志》的编辑委员会成员，《法国心身杂志》的联合创始人和编辑。她是IPA国际新团体的主席，也是IPA执行委员会的欧洲代表。她目前在私人诊所执业，并在希腊和巴黎学会中举办研讨会，也是巴黎学会精神分析诊所执行理事会的主席。她撰写了有关心身医学和疑病症的内容，并在法国和一些国际期刊上发表了大量论文（130篇）。1992年，她获得了莫里斯·布维奖（the Maurice Bouvet prize）。

[3] 1963年7月20～23日的第23届巴黎法语精神分析师大会。发表于《法国精神分析》特刊，1964年第28期。

中所涉及的具体冲突，明确规定存在一种把情感和器官联系起来的神经生理学机制；而对于克莱茵学派来说，躯体疾病是由包括从生命起初就开始的幻想活动的心理过程决定的。斯马亚在《心身心理学的精神分析模型》（*Les modèles psychanalytiques de la psychosomatique*）（Smadja，2008）中描述并研究了心身医学的各种理论模型；而埃尔莎·拉波波特·德·艾森伯格（Elsa Rappoport de Aisemberg）和我自己则通过临床例证在《今日心身医学：精神分析视角》（*Psychosomatics Today: A Psychoanalytic Perspective*）中呈现了这些学派的思想（Aisenstein & Rappoport，2010）。

开篇介绍的目的是要说明：我们是否认为疾病具有潜意识的意义将从根本上改变我们对症状的理解以及我们的解释技巧。

与其说驱力是心身理论的基础，不如说是身心理论的基础

我选择身心而不是心身这个词，是基于这样一种观念：从身体到心灵是符合复杂性逐渐增加的趋势的。

在驱力的定义出现之前，精神分析就已经存在了。然而兴奋和驱力的概念并没有处于一种连续性的关系中。我们可以看到，在驱力概念化过程的前后，弗洛伊德的思想出现了一个"根本的停顿"。

在这里，我要为我所追随的巴黎心身学派的整个方法辩护，它在弗洛伊德构建驱力概念时就已经处于萌芽状态。

让我回顾一下这一概念的著名定义：

如果现在我们从生物学的角度考虑精神生活，那"本能"看起来就是位于精神和躯体之间的一个概念，也是对从生物体内部到达心灵的刺激的心理表征，还是一种对心灵需求的程度——因本能与身体相连，心灵被要求对其需要进行工作。（Freud，1915e：121）（着重号非原文所有，为作者引用时标注——译者按）

因此，这种需求来自身体，而身体给心灵施加了一种可衡量的，而且我认为是不可缺少的工作量，以保护自己，从而得以生存。我想起了安德烈·格林优美的表述：可以说，心灵是由身体运作的，也是在身体内工作的（Green，1973：170）。身体需要心灵的劳动（对需求的细化加工过程来自心灵的劳动）。格林继续说：

> 但是，这种需求在其原始状态下是不能被接受的，这种状态必须被破译，心灵才会对身体需求有反应，而如果没有任何反应的话，身体需求将增加其力量和数量。(Green，1973：170)

弗洛伊德在1897年（1897年5月25日和1897年5月31日；Masson，1985）写给弗利斯的信中第一次提到了驱力（drive）这个词［在英文版中我们翻译为"冲动"（impulse）］。但德文"驱力"（*Trieb*）这个术语只在1905年作为一个元心理学的分类出现在他的著作《性学三论》中［Freud，1905d，"神经症患者的性本能"（the sexual instinct in neurotics），以及"本能的组成及性快感区"（Component instincts and erotogenic zones）］。弗洛伊德写道：

> 本能[1]被暂时理解为一种体内的、持续流动的刺激源的心理表征，而不是一种来自外界的单一刺激所建立的刺激物。因此，本能的概念是位于精神和躯体之间的众多概念之一。关于本能的性质最简单和最可能的假设似乎是：本能本身是没有特性的，而且就精神生活而言，只需把它看作是对需求的一种衡量标准——心灵要对这种需求进行加工。(Freud，1905d：168)

在《性学三论》中，弗洛伊德对人类的性行为进行了反思，驱力的概念

---

[1] 史崔齐选择把*Trieb*翻译为"本能"而不是"驱力"，但在德语版中这个术语的意思是"驱力"而不是"本能"。

就是在这样的背景下产生的。因此，精神神经症必然与驱力的推动有关。性驱力的能量构成了维持临床病理表现的一部分力量，但也是其中最重要且唯一不变的能量来源。

我想强调两点：首先，在我看来，弗洛伊德似乎看到了一种驱力（或者倒不如说是两种驱力的合力），如果它过量的话就会导致精神病态。他没有提及这种过量的原因，因此暗示这是天生的。

我强调的第二点是关于连续性的概念：驱力的推力是连续的，或者更确切地说，应该是连续的。巴黎心身医学学派的主要贡献之一就是让精神分析学界注意到心理功能的不连续性。因此，我们可以假设，驱力"被表征的需求"没有实现，是与驱力过量有关❶。

如果说驱力的起源、客体和目标的概念是在1905年就被定义的，那么直到1915年，在《本能及其变迁》（Freud，1915c）一文中，弗洛伊德才将它们与"压力"（Drang，德语"压力，冲动"之意——译者按）这一经济学定量因素放在一起，给出了驱力的一般定义。

所有的驱力都会施加一种压力，这是驱力的普遍特征，甚至是它们的本质（Freud，1915c：122）。然而，弗洛伊德认为表征的需要也会带来持续的压力。从身体中产生了被表征的需要。

从地形学的角度来说，这种"需要"应该定位在哪里呢？它应该被视为超越自身的原则吗？这个问题将引导我比较这两篇基本的文章：《论潜意识》（Freud，1915e）和《自我与本我》（Freud，1923b）。

细心阅读帮我揭示了从一个地形学说（指《论潜意识》——译者按）到另一个地形学说（指《自我与本我》——译者按）的重要变化。在第一地形学说中，重点放在了总是伴随"压力"的潜意识观念上。而在第二地形学说中，本我作为本能冲动的蓄水池，其由两个方面构成：第一个方面是包括了第一地形学说中受压抑的潜意识；第二个方面是包括了一个向身体开放的空

---

❶ 2010年，我为法语精神分析师大会撰写了一篇题为《表征的重要性》（Les exigences de la représentation）的报告，发表在《法国精神分析杂志》（Aisenstein，2010b）上。在今天这篇文章中，我将继续发展那篇报告中已经阐述过的一些段落。

间，这个空间只由驱力构成，这些驱力有时是自相矛盾的、没有表征的。在这里，我们可以看到驱力比表征的地位更重要。这会带来重要的治疗技术影响。如果神经症治疗的目标是将潜意识材料转化为前意识材料，那么我们对躯体问题和边缘性结构问题的治疗目标就是将本我转化为潜意识，这难道不是合理的吗？

潜意识和本我

我现在要再仔细地读一遍弗洛伊德在第一个地形学说中对潜意识的描述。我们之所以特别关注这篇文章，是有若干原因的。它包含着基本原理，但是最重要的是，大量"难治"的患者——非神经症、边缘性结构和躯体问题的患者——这些被描述为不存在自由联想的患者，接近他们的潜意识材料是有困难的。人们常说"他们的前意识功能存在缺陷"，我想试着根据弗洛伊德1915年的文本以更好地理解这一说法。

被压抑的内容不是整个潜意识，而是潜意识的一部分。压抑的本质是防止驱力的观念表征变得有意识，但它的具体目标是压制（suppress）情感的发展。弗洛伊德写道："如果这个目的没有达到，那它的工作就没有完成。"（Freud，1915e：178，情感是不能被压抑的，但压抑可以达到压制它的目的。

潜意识系统和前意识系统分离的假设意味着一个想法或表征可能同时存在于两个地方——潜意识的事物表征中与前意识的事物表征和词语表征中——弗洛伊德写道它们可以"从一个位置前进到另一个位置"（Freud，1915e：175）。驱力只能由附属于它的表征物来表现，否则就会以情感的形式出现。一开始，我们必须想象一个不可分割的配对，包括来自身体的本能的心理表征和来自知觉的客体表征。由此产生了两种变迁：一种趋向于情感表征和情感的分化，另一种趋向于对事物和词语的概念表征。情感是一个复杂的问题，事实上，在这里我感兴趣的是它在潜意识和前意识之间的化身。

弗洛伊德写道：如果被压抑的观念作为一种真正的形成物（formation）保留在潜意识中，那么潜意识的情感只是"一个被阻止发展的潜在启点"（Freud，1915e：178）。严格地说，没有潜意识的情感，有的只是充满能量的形成物寻求突破前意识的屏障。此外，弗洛伊德将情感与运动性进行了比较，两者都是由意识思维支配的，都具有释能的价值。弗洛伊德写道：

> 情感反应基本上表现在促分泌和血管舒缩运动的释能上，从而导致个体身体的一个（内部）变化，它与外部世界无关；而肌肉运动却是在影响外部世界的行为中体现出来的。（Freud，1915e：179，下角标1）

我认为，这表明了治疗中双方当事人的身体实际在场的重要性。

因此，精神分析师的前意识情感可以被患者感知到，并在他或她身上找到一个寻求突破的潜意识的"潜在起点"。它只有在移情-反移情过程中才能获得突破的资格，在这个过程中，它由于被分析师的前意识加工而获得了它的情感状态。

此外，在《论潜意识》的第六章，弗洛伊德研究了"这两个系统之间的交流"。从一个系统到另一个系统的每一段通道都意味着贯注（或投注）的改变。然而，这还不足以解释原初压抑的稳定性。他不得不提出一个支撑后者的过程。事实上，通过把从词语表征撤回的能量用来增强反精神贯注的方式，前意识保护了自身，抵抗住了事物表征的压力。

谈及"前意识的缺陷"，还是停留在现象学的水平上。我认为更有趣的是想象患者的前意识被一种强烈的反贯注清空了驱力，它使这个系统瘫痪，使另一个系统孤立。我猜想这种反贯注会以一种巨大的压抑机制的形式出现。不要忘记，潜意识当然是活着的，它与其他系统交流，并仍然受前意识和外部知觉的影响。

现在，弗洛伊德并没有说知觉是潜意识的（事实上，他从未发展过一个关于潜意识知觉的理论），但它仍然支撑着整个梦的理论（没有它，论文第七章就变得不可理解）。他进一步写道："一件非常值得注意的事情是，一个人的 Ucs. 可以对另一个人的 Ucs. 产生影响，而不需要经过 Cs.。"（Freud，1915e：194）之后弗洛伊德好奇前意识活动是如何被排除在"这个无可争辩的临床现象"之外的。

8年后，在《自我与本我》（Freud，1923b）一书中，我们得到了一些极其复杂而有趣的答案，在此简要总结一下。

对广阔无边的自我，第二地形学说给了我们一个拟人化和心理剧式的视角。这个"自我"已经成为一种心理特性，也是一个实施压抑的自主体，它的防御行动在很大程度上是潜意识的。它面临着弗洛伊德所说的"本我"，"本我"被弗洛伊德描述为"一片混沌，一个充满了沸腾的兴奋物的蒸汽锅"。我们把它想象成"它的终端对躯体的影响是开放的"（Freud，1933a：73）（着重号非原文所有，为作者引用时标注——译者按）。主体是一个未知的、潜意识的精神本我，在其表面上形成了自我，自我是本我受外部世界影响而被修饰的那一部分，换句话来说，这个外界影响就是来自外界的感官知觉。在《自我与本我》中，可以看到：

> 我们在自我本身中发现了一些东西，它也是潜意识的，其行为和被压抑的事物完全一样，它在没有意识的情况下产生了强大的效果，需要进行特殊的工作才能让它被意识到。从分析实践的角度来看，这一发现的结果是：如果我们坚持我们的习惯性表达方式，并试图从意识和潜意识之间的冲突中找到神经症的起源，我们就会陷入无尽的模糊和困难中。（Freud，1923b：17）

与第一地形学说大不相同的是，第二地形学说从定性说过渡到结构说，重视对那些观念内容不利的本能冲动的力量。这似乎表明了这种变化与第二驱力理论的引入有关，该理论被设想用来解释迄今为止被忽略了的破坏性维度。这就是潜意识和本我之间的本质区别：第一地形学说的潜意识仍停留在对快乐进行登记的理解上，本我已经被充满矛盾的本能冲动［包括那些破坏性冲动（等同于混乱）］占据着。

通过比较这两篇文章，我们可以看到，从表征概念的衰落转向对本能冲动概念的支持。现在，这种向经济学的转向意味着对情感的关注度提升，这在弗洛伊德的思想中是新出现的。

弗洛伊德已经预感到，这种从强调表征到强调情感的转变将会产生巨大的临床影响。对于某些患者，其中包括躯体问题患者——我相信整个分析工作将聚焦于触及情感及其代谢过程，虽然这不是全部的工作内容。

在精神神经症（psychoneurosis）的分析中，引导我们接触到潜意识材料的指导线索是自由联想。在与非神经症患者、现实神经症（actual neurosis）患者、边缘性结构问题患者和躯体问题患者的分析工作中，一个经常面临的问题是患者"没有联想"。话语已不是或者不再是"鲜活的"；心理功能可以被证明是操作性的或"机械式的"，而情感显然是不存在的。心理能量未被详尽阐述，而是更多地通过行为或如我所认为的通过躯体来显现的。无论是阻抗，还是被压抑的衍生物，或者妥协的形式，都不会被发现；对立的精神力量之间似乎没有冲突。通常，唯一的指导线索是焦虑，即弗洛伊德所谓的"焦虑的情感"。作为一种令人不愉快的情感，焦虑是对力比多的一种逃避，而力比多同时是一种结果也是一种改变。新生的潜意识情感在寻求突破，它可能通过转化为焦虑而显现出来。

情感：进入自我潜意识的唯一途径❶

现在我想用一些简短的临床片段对此进行说明。

我在巴黎心身医学研究所工作时，一位50岁左右的女性因为湿疹的严重困扰前来就诊。我称她为X夫人。X夫人给我的印象是一位可敬的、有礼貌的但有些严肃的女性，她的穿衣风格让她看上去就像穿便装的修女。她从事行政管理工作。我花了几个月的时间才知道，湿疹出现在"她后背底部"和大腿内侧。湿疹是在她的独生女儿结婚后开始的。我拼命试图探究她和女儿及丈夫的关系。X夫人礼貌地回答说，她没有想过这些，也没有梦到过这些，并补充说："我并不多愁善感。问题是无用的，在生活中行动胜于思考。"她详细地向我讲述了她在办公室的日子，并评论天气情况。她的话语没有联想，我怀疑她身上存在着一种严厉并且长期的对情感和表征的压

---

❶ "这个属于自我的 Ucs. 部分并不像 Pcs. 那样潜藏着。否则，它就必须要变成 Cs. 才能被激活，而且变成意识的过程也不会遇到如此大的困难。"（Freud，1923b：18）

制。我既被这个患者感动，又对她的治疗感到绝望。有一次，我得了流感，发热并感到疲倦。她注意到了并显得很焦虑。事实上，她非常不安，以至于我问她出了什么事。她说她感觉不舒服，她感到恶心，想结束这次治疗。我拒绝了并说："想象我生病了似乎会让你觉得恶心，好像这种恶心来自某种厌恶感。"她否认了这一点，然后她突然弯下腰阻止自己干呕。我坚持说谈论这件事对我们很重要，她第一次提到了一个童年记忆。她告诉我当她看到她母亲展现出生病的身体时，她感到很恶心。她的母亲在她十二岁的时候就去世了，留下她独自一人，跟一个缺席的却时常处于兴奋状态的父亲在一起。她的父亲会打她屁股让她"平静下来"并以此惩罚她。如果我们假定这具有创伤意义的话，之后就能把打屁股和她"后背底部"的湿疹联系起来，也就能理解后来她女儿结婚让她多么心烦意乱。患者理想化并自恋式地投注于她的女儿，把她的女儿培养成一个模范小女孩。患者也总是把性关系当作一种痛苦的义务。在女儿婚礼那天，患者有个想法：她牵着女儿的手把女儿交给了一个强奸犯。婚礼不久之后，她的湿疹就很快出现了。

另一名较年轻的单身女性[1]，40岁，因患有严重哮喘而无法工作。她的心理组织是典型的边缘组织结构，但在很长一段时间内她可以在一个非常机械的（操作的）模式下运行其功能。

几个月来，她一直盯着我的眼睛，要么对她的生活进行事实描述，要么对天气、政府、社会保障、医生等进行猛烈抨击。

有一天，在抱怨了她的过敏症专科医生、她的秘书和我的沉默之后，她开始详细地描述她最近一直经历的一种新的剧烈的肋间疼痛：她在周末被诊断为肋骨骨裂，原因是她的阵发性咳嗽和所服用的大剂量皮质激素。

这让我想起一个死于栓塞的好朋友。这位朋友她自己是一名医生，但没有因为疼痛去看病，只以为是肋间神经痛。我被强烈的悲伤情绪淹没了。几秒钟后，患者开始焦躁不安，呼吸很嘈杂，她的哮喘发作了。她站起来，好像要离开，并对我大喊："你看，这是你的错……你抛弃了我。"

我请她再坐下来并与她做了详细的讨论。我告诉她她是对的，我确实在

---

[1] 这个案例发表在一篇关于表征的论文中（Aisenstein，2010b）。

回忆她令我想到的另外一个人，但我们也需要一起去理解为什么她无法容忍不能完全控制别人想法的情况。

在那一刻，患者呼吸变得更容易了，据此我向她做出了解释：她很可能是在让我经历她在遥远的过去所遭受的痛苦（被入侵的感觉和她的思想被控制的感觉）。她第一次哭了。

一旦"第三方"和历史的维度被引入，分析性工作就可以开始了。

在这两个案例中，这些患者的谈话都是真实的和事实层面的。对他们每个人来说，问题在于出现焦虑情感的时刻非常少。在这两个病例的治疗中，这些时刻都被转变为富有成效的时刻，而且我认为反思它们在移情中出现的方式是很有用的。

移情性强迫和强迫性重复

在这两个例子中，焦虑情感可以被赋权，并因此成为一个可以被构建或解释的客体，这要归功于移情-反移情的工作。我指的是广义上的反移情，指的是在会谈期间分析师的整体心理功能，正如安德烈·格林在他的许多工作坊中所采用的那样。但是还有一种移情，不是像在移情神经症中一样经典的、可解释的移情。现在，有些躯体疾病患者到心身医学研究所就诊时都是"带着药物处方的"。他们说他们对"心理"或内省不感兴趣；然而，通常来说，他们会持续前来，而且常常坚持数年之久。这看起来似乎很令人费解。

他们为什么继续接受治疗的经典答案是：对他们来说，这应该是"不存在冲突的"——但我从来没有被这个理由说服。我认为他们前来并持续前来是因为在人类心理中存在着一种"移情性强迫"（transference compulsion）。小孩子会爱上一个洋娃娃或一辆玩具卡车，等等，这些就是移情。经典移情是进化的最高形式，但它也包括了对语言的移情和对语言内容的移情，也包括了第一种移情形式：从躯体到心灵的移情。从躯体到心灵的移情过程中，满足驱力对表征的需要是它的一种职责。

弗洛伊德依次采用了两种移情理论：第一种理论出现在 1895 年的《癔症研究》（Freud，1895d）到 1920 年的《超越快乐原则》（Freud，1920g）期间；第二种理论出现在从 1920 年到他工作结束这段时间。第一种通常被称为"移情的力比多理论"，这是一个过时的术语，但他在《移情动力学》（*The Dynamics of Transference*）（Freud，1912b）中解释得很清楚。在快乐与不快乐原则的框架内，对本能满足的永恒更新的需要，是移情的动力。

第二种理论形成于 1920 年之后，它把移情看作一种基本的重复倾向，这种情况是"超越快乐原则"的。鲍威特在他的著作《精神分析的经典疗法》（*La Cure Psychanalytique Classique*）中关于移情的章节中写道：

> 由于创伤经历，或与情结有关的体验，导致了难以忍受的紧张，我们不能说主体的移情是为了寻找快乐；相反，这一定是由于一种天生的重复倾向导致的。（Bouvet，2007：227）

这两种移情概念并不矛盾，可以共存；然而，它们利用了不同的临床材料，因为正是临床的失败让弗洛伊德重新思考驱力、地形学问题、焦虑和受虐狂之间的对立性。但有一个信念弗洛伊德直到最后都没有放弃，那就是移情是治疗中最强大的动力。

但我认为，我们可以区分弗洛伊德工作的两个阶段。第一个阶段，弗洛伊德所有临床材料和他从中得出的理论阐述都以"防御型精神神经症"作为参考或起源，他也称其为"移情性神经症"，其基本模型是癔症。分析工作的主要目的是通过解构移置和凝缩等机制获得潜在材料。在这里，我们处于表征领域，依托于快乐原则。

移情表现是欲望和潜意识幻想的象征性的等价物。

在第二个阶段，弗洛伊德面临的临床材料中，消极自恋、破坏性、行动化和释能发挥了主导作用；这里的移情不再是"性欲的"，它不依托在快乐-不快乐原则之下，而是在纯粹的强迫性重复之下。它的本质是什么？在这儿有一种对客体的强迫和嗜好，它凝缩了惯性倾向以及旨在逐步减少或平息本能紧张的各种调节机制。

根据这种强迫性重复的模式，客体/分析师被投入其中，但反移情的工作是将焦虑转化为情感，从而显示出历史总是在重演。在这种最初的移情之后，可以跟着出现一种经典的移情，它从一个客体移置到另一个客体，最终活化了患者的历史，从而使退行成为可能。

总结和结论

对我来说，躯体症状没有什么象征意义，但可以在分析后获得一种次要的意义。因此，它本身并不能被解释为潜意识的直接表现，但它是过度刺激的证据，这些刺激超出了单靠心理可以加工的程度。

我的心身研究方法是基于弗洛伊德式的驱力范式的，因此，在我看来，（针对躯体症状）表征的问题，或者说表征系统的失败，是至关重要的议题。

神经症的模型不能解释躯体症状。

在我看来，1923年的地形学的变化似乎根源于弗洛伊德对其非神经症病例的经验研究。在那些病例中，自由联想不再提供通往潜意识的路径。仔细阅读这些文本，就会发现本我与1915年的潜意识有多么不同，二者不能互相重叠。我认为人们可以从两文的对照中看到表征重要性的下降和驱力、本能能量问题的重要性提升。因此，情感成为关键概念，因为它本身就能够把一个或一串表征连接到能量中。

在我的两个临床案例中，有一个与分析师有关的因素——虽然患者将其感知为"来自外部的"而不是反贯注的——被感到是痛苦不堪的来源之一。幸亏在移情的作用下，它变得可以被耐受，并且通过分析师把能量和表征连接起来的工作，它可以被转化为情感。在这两个案例中，这一时刻开创了真正的精神分析工作，因为它确立了相异性，也就是（患者）被迫承认客体有他自己的精神生活。

对自体的潜意识和知觉

艾勒·布伦纳（Ira Brenner）❶

弗洛伊德关于潜意识的开创性论著（Freud，1915e）一直是很多思想的源泉。在将近一个世纪后，这些思想仍持续激励着我们去详细阐述他的见解。在这篇文章中，我将把他关于潜意识作用的观点延伸到知觉的一个特定方面。他关于知觉——精神功能的核心组成部分——的思考，在他写作的半个世纪中不断发展演化，一些理论上的矛盾需要后来学者去调和（Beres et al.，1970；Schimek，1975；Slap，1987）。现在人们普遍认为潜意识过程会影响我们的知觉方式和知觉内容。

知觉被定义为："①一种通过任何感官觉察或意识到一件事物的状态或过程。"[《牛津英语大辞典简明本》(*The New Shorter Oxford English Dictionary*，1993：2156)]因此，知觉的重点是外部刺激，主要通过眼睛、耳朵、鼻子、口和皮肤把外部世界带入心理领域。因此我们既能知觉有

---

❶ 艾勒·布伦纳：费城杰斐逊医学院的临床精神病学教授、费城精神分析中心的培训和督导分析师，同时也是费城精神分析中心成人心理治疗培训项目的名誉主任。他对心理创伤领域有特殊兴趣，出版了八十多本著作，其中包括合编《国际应用精神分析研究杂志》(*The Irnternational Journal of Applied Psychoanalytic Studies*) 的两期特刊，并撰写了四本书；与朱迪思·凯森伯格（Judith Kestenberg）合著的《最后的目击者：大屠杀中的儿童幸存者》(*The Last witness：The Child Survivor of the Holocaust*，1996)、《创伤的解离：理论、现象学与技术》(*Dissociation of Trauma：Theory，Phenomenology，and Technique*，2001)、《精神创伤：动力学、症状与治疗》(*Psychic Trauma：Dymamics，Symploms，and Treatment*，2004)、《受伤的男人：创伤、疗愈与男性自我》(*Injured Men：Trauma，Healing，and the Masculine Self*，2009)。他因工作得到了很多嘉奖，包括因为对大屠杀的研究获得了杰斐逊的格拉茨研究奖（The Gratz Research Prize），因为2001年出版的书而获得了皮亚杰写作奖（the Piaget Wiriting Award），因为2009年出版的书而获得了格拉迪瓦奖（The Gradiva Award）、因为在灾难精神病学领域的工作而获得了布鲁诺·利马奖（The Bruno Lima Award）、费城精神分析学会年度最佳执业奖。

生命的世界，也能知觉无生命的世界。我们也提到对抽象现象的知觉："②对道德、审美或个人品质的直观或直接的认识，例如：某句话的真实性、某一事物的美感。"（《牛津英语大辞典简明本》，1993：2156）"美在观者的眼中"这句名言，充分说明了知觉的主观性质，这点也是无可争议的。

精神分析理论持续关注自我（ego）的知觉能力是如何被潜意识的作用所影响、连累和改变的。什么被知觉和什么不被知觉都在这种考量范围内。对于外在和内在现实的知觉，都被看作是由隐蔽的前因所影响的。对质地、细微差别、音质、色调、角度的评估，以及在较小的程度上对"更难的"（harder）品质，如身高、体重和年龄的评估，都被认为在某种程度上是由潜意识决定的。对内部评估过程也同样如此，包括对客体的情感价值、一个人心中自体表征的位置、道德价值的等级和时间的流逝。最后提到的这一点几乎每一次分析会谈中都有触及，它提供了大量潜意识心理功能的信息。知觉功能的重大失调，特别是"丧失时间感"，可能预示着心理的其他方面存在更难以捉摸的失调；但这些失调如果能够得到检视，也可能会对我们的整个精神分析事业产生更多的启示。

随着精神分析技术的进步，原来治疗起来更困难的患者现在也可以从精神分析中获益，那些通常认为无法治疗的患者给我们提供了机会去再次检视精神分析的一些基本概念。例如，自我观察的意识方面被高估了，而自我知觉的潜意识方面被最小化了。然而现在，这些潜意识力量对自我知觉的影响，可能会在这些患者身上被重新检验：这些患者采用防御性的意识改变状态，并让被解离的、潜意识的自体部分周期性优势爆发。当我还是一名心理学专业的学生之时，我曾目睹某人的"糟糕经历"。一个年轻女人一遍遍重复的话语给我留下了难以磨灭的印象，以至于四十多年后，她那简单却萦绕心头的话语依然让我烦乱但也着迷。那时是在电影院，她和她的朋友在排队，就站在我前面一点。这个女生突然脱口而出重复着："我在这里，我不在这里，我在这里，我不在这里……"

镇上的人都注意到了她的困惑，但都只是默默地表达了混杂着关心和鄙夷的情绪。她的朋友们试图让她安静下来，但无济于事。她只是在自己迷茫的惊叹中变得更加执拗。当她的朋友们尴尬地护送她离开时，她的声音变得更加空洞和怪异，听起来就好像她在重复她的咒语。她明显不在状态，不适合看电影了，因为她显然经历了心理状态的突然变化，而这改变了她对自己和周围环境的知觉。

这个年轻女人的心理失调令人久久难忘。我曾问过自己：为什么这个女人的感知障碍会在我的知觉中留下如此深刻的印象。这是一个真实的、活生生的精神失常的例子，它令我深思。我对这个年轻女人有一点了解，她的腼腆和近乎隐秘的性格给我留下了深刻的印象。她表面上友善，但流露出一种冷淡，这种冷淡很容易被误认为势利或自负。我还听说那个出现问题的晚上她第一次吸了大麻。但她那个时候的表现是由有毒致幻剂引发的可能性很低。我最早的精神动力学构想之一是：我推测她的精神中存在某种潜在的脆弱性，使她变得异常敏感，很容易与知道自己在哪里的能力失去联系。当她惊叫着说她"不在这里"的时候，我想知道她"去哪里了"，因为她给人的印象是她不知怎么地离开了自己的身体。她可能对身体有了一种完全不同于平时的对整个自身的感觉。

她知觉上的这种紊乱具有某种性质，事实上人们可能将其归因为人格解体（depersonalisation）或现实解体（derealisation）（Arlow，1966；Guralnik et al.，2010），可能将其诊断为一种"解离"体验。解离连续体的极端情况就是分离性身份识别障碍（dissociative identity disorder，DID）或多重人格。那些忍受着这样症状的患者，通常被认为具有低水平的解离性人格（Brenner，1994，2001，2004，2009），除了能感觉到"我在这里又不在这里"，还能感觉到"这是我又不是我"，以及"知道又不知道"一个痛苦的真相，这些真相通常带有创伤的特征。弗洛伊德把意识到自己的心理过程类比为"通过感觉器官感知外部世界"（Freud，1915e：170-171）。这样，他就提供了一个途径去理解这个暂时精神错乱的年轻女人身上发生了什么。她很可能对自己潜意识的心理活动有了交替意识（alternating awareness），从而失去了正常的感觉。弗洛伊德说：

康德曾警告我们，不要忽视我们的感知是受主观性限制的，必定不能将

其与被感知的外部事物等同起来，尽管这些事物是令人费解的。精神分析同样也警告我们，不要将意识到的知觉与潜意识心理过程等同起来，尽管后者是前者的目标。如同物理世界一样，心理内容也不一定像它看起来那样的真实无误。还好我们高兴地获知，修正内在知觉并不会像修正外在知觉那样困难，也就是说，内部客体比外部世界更容易被了解掌握。(Freud，1915e：171)

当弗洛伊德阐述了他对潜意识的理解，并提醒我们心理活动的本质遵循着不同原则，这些原则与初级思维过程有关时，他试图通过以下方式减轻那些棘手的多重人格案例的重要性：

精神分析表明，我们可以推论出各种各样的潜在的心理过程，它们彼此之间具有高度独立性，好像它们之间毫无联系、互不了解。如果是这样，我们必须有心理准备去假设，不仅存在第二意识，还会有第三、第四，甚至无穷无尽的意识状态，所有这些意识并不为我们所知，也彼此互不了解。再次——这也是最有争议之处——我们必须要考虑到这个事实，即分析性探索解释了一些潜在的心理过程，它们具有一些我们感到陌生甚至难以置信的特点和奇特之处，甚至直接与我们熟知的关于意识的性质截然相反。因此我们有理由修正我们关于自身的推论，甚至可以说，被证明出来的不是我们具有第二意识，而是具有一些没有被意识化的心理活动。我们也应该有理由拒绝"下意识"这个术语，因为它是不正确并具有误导性的。那些著名的有关"双重意识"（意识分裂）的案例并不与我们的观点相矛盾。我们对这些案例最恰当的描述是，案例中的心理活动被分裂为两组，而意识只是在这组或那组心理活动中交替出现。(Freud，1915e：169-170)

从那时起，"各种各样的潜在的心理过程，它们彼此之间具有高度独立性，好像它们之间毫无联系、互不了解"这个问题一直困扰着理论家和临床医生。当存在"两组以上"的心理过程时尤其如此，而在这个群体当中又经常出现这样的情况。为了在经典理论与自体心理学和关系理论的发现之间进行调和，史拉普和史拉普·谢尔顿（Slap & Slap Shelton，1991）将致病的隐蔽图式（sequestered schemas）描述为儿童早年创伤的残留物，这些创伤影响知觉，在动力性潜意识层面上起作用，然后再次出现。在史拉普等人看来，这种重现可以解释强迫性重复现象。他们认为夜晚的心理过程是"隐蔽图式与当天事件或情境相互作用的产物"。对他们来说：

> 隐蔽图式可以理解为一种心灵的组织，其核心是创伤印象及过去的情境——在此其与通常互相联通的众多观念分离开来，并且其功能在一个原始的认知水平上，在这个水平上同化作用超过了顺应作用。（Slap et al.，1991：79-80）

因此，他们用"过时的模板"（anachronistic templates）导致了知觉方面的障碍，这影响了（知觉）输入。

在下面的病例中，患者出现了这些"众所周知的情况"之一……她的精神活动中有几处分裂，她不能接受心理现实中的隐蔽图式和被解离自体。她的拒绝接受导致一次严重的手术事故。

病例报告 1

辛迪曾考虑做眼科激光手术以永久矫正她的近视。这一阵儿她正好很缺钱，所以做这个手术的急迫感就很显眼，引起了她的觉察。尽管她意识中的意图是想比以前看得更清楚，不再戴眼镜，但同时也有一股更深层的力量在起作用，想要掩盖自己与重要男性亲戚乱伦关系的深入探究。通过过去几年在这一点上进行的分析，并观察到她的行为举止、身份认同、记忆的深刻变化和发作性的自我毁灭行为，众多的临床证据证明她患有严重的分离性障碍（Brenner，2001）。

当我听到她对即将到来的手术的合理化解释时，她提醒了我一个事实：在她另外一种名叫"坎迪"（Candy，这个单词的本意是"糖果"——译者按）的心理状态下，她戴着另外一副度数不同的眼镜。在这种状态下，坎迪是一个相当乐天、任性、看似独立、性欲亢进的个体，散发出一种完全不同的气息，并斥责辛迪的老处女行为。坎迪有自己的关系网，还有一个单独的衣橱，而辛迪则并不记得自己曾经买过衣橱里面的东西。此外，坎迪可以知道辛迪的想法，但辛迪却不知道坎迪的，这就像单向镜一样。坎迪还知道关于内部居民们（各种自体——译者按）的事情。辛迪不愿意承认自己丧失了那段时期的记忆，那时另一个自体占据统治地位，但对那段被遗忘的秘密生活的线索成为了分析探究的来源。而在另一种心理状态下，她说自己视力良好，也不戴眼镜。在那种时候，她穿着异性服装，用一顶棒球帽遮住她的长发。这个自体是跨性别的并有偏执的暴力倾向。

让这个已经够复杂和可怕的情况雪上加霜的是，当辛迪打扮成一个男人时，她的移情也是很具有威胁性的。这个"男性"自体试图获得一个阴茎，并且非常讨厌被困在一个女性的身体里。这让我想到，她想永久改变眼睛结构的愿望，也可能是她改变生殖器愿望的向上移置。这种象征性的解决方案会对她整个人看清事物的能力产生不利影响。虽然我在其他患者身上也观察到了这种视力波动的现象，但我在文献中没有发现任何相关报道。我推测这种视力的变化本质上不是癔症性的，而更像是心理生理因素导致眼外肌肉调节能力的波动❶。在治疗的这个节点上，辛迪同时还要面对另一个层面的非常痛苦的事实，那就是她的创伤性背景和严重虐待，这些以她平时的心理状态是无法承受的。她再次出现自杀冲动。对此我的解析是：很明显，有些关于其过去的东西她既想看见又不想看见，而这些过去的事极大地影响了她如何看待自己。她超我的化身是邪恶的和惩罚性的。所以在绝望的时刻，她寻求一种外在的、具体的方法来解决她内在的问题。然而，这种解析对患者没有任何意义，她还是继续一头扎进她的医疗事故中。不出所料，在手术后的一年多时间里，她的视力都很模糊。她的眼科医生感到震惊和困惑。当她变得抑郁、绝望、退缩的时候，对这种视觉模糊的新关注攫取了她的注意力，她的自杀倾向似乎减轻了。

---

❶眼睛及其周围结构对情感状态非常敏感，而眼睛颜色也会发生变化。我在医院治疗过这样一个患者，她坚持要在一间黑暗的房间里见面，唯恐我知道她发生了变化，另一个自体"放出来了"。

讨论

可以说，精神分析事业的核心是探索潜意识对知觉的影响。我们知道是我们的心灵使我们能够看到或需要我们看到的东西，但是我们并不了解它是什么，除非我们理解了我们意识之外发生的事情。关于如何看待自己，雅各布森（Jacobson，1964：21）是这样描述的：

> 通过一个现实的自体意象，我们的意思是，首先这个自体意象正确镜映了我们的身体和精神自体的状态和特质、潜力和能力、资源和局限性：一方面指我们的外表、解剖学结构和生理机能；另一方面指我们的自我，我们的意识和前意识的感觉、想法、愿望、冲动和态度，以及我们——生理和心理的功能和行为。
>
> 目前，只要指出婴儿式的否认和压抑过程对客观世界中自体意象的形成产生了巨大而且相当具有破坏性的影响就足够了……通过婴儿式的压抑，切断了相当一部分不愉快的记忆，它去除了大量自体和外部世界中都不接受的东西。压抑所造成的影响（压抑导致的空缺——译者按）可能被自我防御系统精心设计的策略所产生的屏蔽内容、歪曲或者修饰所填充。

辛迪无法忍受她拥有多重的、解离的自体的心理现实。她需要保持一种凝聚力的幻觉，但这种幻觉显然是非常有限的，且受制于动力学影响。在她回避去看见自己的自体组织状态时，她也严重损害了自己看见外部世界的能力。更好地理解这个内在知觉和外在知觉相互作用的极端例子，有助于解释看上去古怪而类似精神病的症状。在不那么复杂、更普通的病例中，这种原则是不言自明的。

从基本感官体验的短暂扭曲到移情分析，最基本的问题是我们所有的独特动力是如何影响"我们所见的"。这一观点并不新颖和原创，事实上可以说它是众所周知的，这也可能是为什么看起来分析师对这个话题的兴趣正在减少的原因。对知觉的强调在弗洛伊德的早期工作中是最主要的，因为知觉-意识是地形学理论的中心原则（Freud，1900a）。史拉普等（Slap et al.，1991）已经指出，在最初的模型中，知觉被认为是准确的和不存在冲突的。随着弗洛伊德思想的演化和心理功能的初级过程被看作是通过衍生物而体现自身的（Freud，1915e），这种意识和潜意识的区别变得不那么清晰。此外，随着结构理论的引入（Freud，1923b），知觉被降级为只是一个重要的自我功能，在这儿似乎更少关注意识和潜意识的区别。接着，阿洛（Arlow）1960年对潜意识幻想的研究涉及其对自我功能产生的核心组织影响，毫无疑问包含了对知觉的影响。但他更强调心理的创造和本能的影响。克莱茵学派的客体关系视角关注的是分裂和投射性认同的关键作用（Bion，1959；Klein，1946），同样扩大了我们对潜意识因素如何影响我们的知觉的理解。但在这里，它似乎更关注防御运作。

根据我与曾经遭受严重早年创伤的成年人工作的经验，围绕着意识的变化状态和失忆而组织起来的防御性结构可能会占据优势。它们的表现可能类似于"非常深"的压抑和心灵的一种分隔，布洛伊尔和弗洛伊德曾将后者描述为意识的分裂（Freud&Breuer，1895d）。在这种类型的心理组织中，那些解离的和患有严重自我恒常性（self-constancy）障碍的患者可能具有交替的、看似独立的自体组织，这些自体组织看起来掌控了意识并可以运用次级心理过程，就像传奇的安娜·O病例中描述的一样。他们也表现出"切断了相当一部分不愉快的记忆……和自我防御系统精心设计的策略"（Jacobson，1964：21）。弗洛伊德后来从这些案例中退却了，使后来的分析师相信这种情况要么很容易解释、不重要，要么就是太神秘了，让分析师们无话可说（Brenner，2009）。在下面的病例中，我将描述如何应对患者相当突然又充满动力性意义的自我知觉的改变所带来的临床挑战。这给当代分析师提出了一些技术问题。

病例报告2

明（Minh），一位又高又瘦、非常漂亮但很冷漠的亚裔美国女人，正在进行她第五年的每周五次的分析。在一次会谈中间的时候，她躺在沙发上，为马上要到来的早逝的舅舅的忌日而哭泣。他们之间有过一段有问题的、非常矛盾的关系，就在他开始意识到外甥女对他的重要性时，这段关系就戛然而止了。由于明的父亲服兵役大部分时间都不在家，她的舅舅就成了父亲的代理人。她又一次在——这次是持续地——失去了他的痛苦和悲伤中挣扎着，然后翻过身来，用胳膊抱着头。她的哭声停止了，她变得完全静止，非常安静。当我试着与她的心理状态同调时，我感到那个时刻我们之间的关系突然破裂了。然后，我静静地等待着接下来会发生什么，可能是长时间的沉默，也可能是更多的情感流露。很快，她开始用另一种语调说话，我也熟悉这种语调。她的这种语调有一种戏谑的、歌唱般的特点，而且她会很正式地称呼我为布伦纳博士。她在平常的心理状态下从不称呼我的任何名字，她会小心地避免自己变得太正式或太不正式，这个议题长期存在并且经常出现。这种谨慎似乎是她努力获得最佳距离的产物（Mahler et al., 1975），也反映了她试图在移情中重塑一种更健康的、前俄狄浦斯式的、母性的关系。在她的童年时代，她和她母亲的关系一直非常紊乱，她们俩的分离常常以狂怒的抗议夹杂着长期的破裂为特征，这种破裂就是我上面描述的在我们和谐关系中出现的那种破裂。周期性的混乱和意识状态的改变提示这是一种混乱型的成人依恋类型的临床表现。

因此，听到她如何称呼我，这立刻给了我一个信号并确认了我的直觉：另一个自体出现了，它似乎与她"日常的"自体分离开，它接管了她自我的执行功能。她说话的方式变得不同，更生动、更粗俗、更直接，像是一个早熟的青少年，比她的年龄更有街头智慧。与明的极端礼貌、得体和非常注意不冒犯别人的特点形成鲜明反差的是：她也经常显得胆怯，很容易受惊。而另一个自体则极度贬低明的价值，称她是白痴，因为她太情绪化，太天真，太相信那些经常利用她的善良和害怕得罪别人来获利的人。此外，另一个自体非常嫉妒明，因为明花了那么多时间"出来"，而且经过分析似乎变得更强壮了，这使得另一个自体更难"挤进来"接管自我。

然而，有时明还是会被无法忍受的情感所压倒，比如哀恸和深深的悲伤以及对性欲和攻击性冲动的本能焦虑，以至于她要么真的离开办公室，要么离开自己的身体，将自己解离出去。在这种时候，这个名叫林（Linh）的自体很可能会在一阵前驱期的衰弱性眩晕症状之后接管自我。这位患者曾就衰弱性眩晕这个神秘的症状请教过几位耳鼻喉科专家,因为这个症状真的会削弱她,令她在一段时间内无法正常工作。明在专科检测中心被诊断为良性位置性眩晕并在检测中心再次出现症状,她难以置信地发现这意味着她的自体状态也发生了变化。

其他的自体较少参与治疗过程,但依然对治疗过程影响巨大。这其中包括一个聪明的、暴躁的自体,有着女同性恋倾向,她会尖叫和冲我嚷嚷,说她是如何憎恨和不信任我。她会给我留下激烈的电话留言,用一种缓慢的、蔑视的、嘲弄的方式不带姓的直呼我的名字。林和这个自体形成的二联体似乎有能力内在性地迫害和惩罚明,使她失去平衡而绊倒,不小心被热电器烫伤,或以其他方式使她变得笨拙和受伤。从患者以外的角度来看,这种易出事故的体质和笨拙的行为完全符合《日常生活心理病理学》(Freud,1901b)。这就好像是惩罚性超我的人格化。辛迪也是如此,这样的状况明显与潜意识的动机有关,归因于被压抑的受惩罚的愿望,这些愿望又源于未被识别的内疚。明长期以来对这些自体的觉察都是非常私密和抵触的,她为此充满了深深的羞耻和尴尬。多年来,她或多或少地"知道或不知道"她们,但她不允许自己跟自己说清楚这个问题,更不用说向外人比如她的分析师表述了。就像眼睛里难以捕捉的飞蚊一样,当你试图把注意力集中在它们身上时,它们会迅速消失在周围的视野里,明把这些自体比作这种现象。它们就是超出了她的意识范围,她无法看到自己与其他自体分享自己的身体。然而,她却可以梦到举办一个有四把空椅子的茶话会,并且完全理解其中的象征意义。重要的是,林可以接触到这个患者的内心居民们,并自由地谈论这个问题,她可以说出舅舅对她幼小的身体做出的变态的、乱伦的侵犯,并提供具体细节和进行反思,而这常常预示着明的治疗有所进展。起初,明只能承认她和舅舅之间有一种非常畸形的关系,但她无法用言语来表达。事实上在最初的几年里,她真正能说的只是:"我想不起来我记得什么了!"

林不仅能记住这些事情,她还能思考它们、谈论它们。在明还是个孩子时,当那些痛苦变得难以忍受时,林保护着明,接管了身体。林无法承认她和明有着同样的身体命运,她本来是想要我帮助她消灭明的。

随着时间的推移，在患者的两种心理状态中，明和林之间的竞争变得非常明显和真实。她非常嫉妒我的所有患者，尤其是女性患者，她的占有欲在其内部和外部都表现出来。所以，当我听到该患者叫我布伦纳博士的时候，它证实一个重要的、防御性的转变已经发生了，可能是由于对哀恸情感的不耐受，所以林登场了。临床医生在这种时候面临着技术上的困境，这对分析有重要的意义。是否要承认患者解离的自体并在那个层面上与其接触？这种"融入"的方法是否会加强或可能具体化一种类妄想性的信念，即认为其他人居住在某人的头脑中？或者这样的立场是共情和尊重患者的心理现实吗？这样的方向是否会在治疗中诱发医源性并发症？或者分析师只是简单地倾听患者的话语，就像倾听其他自由联想的材料一样，并把这个患者看作是另外一个受分析的患者那样（Gottlieb，1997）？如果患者有必备的自我力量进行分析，她最终能简单地放弃这种防御姿态，而改为更有适应性、更健康的防御吗？我们是在处理一种多样性的幻想，还是在处理一种如此深刻的结构上的改变以至于我们需要额外的工作来处理这些自体？这是一种紊乱的自体知觉还是一种对紊乱自体的知觉？

讨论

受训的精神科医生通常被教导不要确认或助长精神分裂症患者的妄想，这有很多原因，其中最重要的是担心会进一步削弱患者对现实的把控。与此相反，临床心理治疗师被教导要机智地倾听，而不是侵入性地面质精神病性思维，因为这可能导致进一步的失代偿和暴力或自杀反应。这种特殊的习惯也经常被应用于具有"多重人格"的人身上。即使在今天，那些几乎没有经历过这种情况的人（Taylor et al.，1944）还是可能会把精神分裂症和 DID 混为一谈。由于布洛伊勒（Bleuler）的术语"精神分裂症"（schizophrenia）一词来源于"精神的分裂"（split mind）这一词根，而且由于弗洛伊德对它的忽视，DID 这个诊断本身就有它自己的身份问题（Brenner，1999）。因此，具有讽刺意味的是，它经常被视为超出了精神分析的领域。

因此，考虑到这些历史环境和患者的特殊动力，我们面临一个技术上关键性的挑战，那就是如何倾听以及如何回应这些患者解离的、潜意识的自我知觉。不承认改变已经发生（指解离——译者按）会侮辱和激怒患者，而不适当的关注和偏袒这种解离也会有负面的影响。林陶醉于自己在和"她们"之前的心理治疗师工作时一会儿来一会儿走的能力，而这位心理治疗师虽然有良好的意愿和总体来说相当丰富的临床经验，但显然对这些转变一无所知，而且在将近十年的治疗间几乎没有取得什么进展。

在我看来，如果分析师不知道或不承认这种转变，最终它们就会停下来，不再有问题了，这种观点等同于伪装成精神分析的行为疗法。人们会有意或无意地采用一种治疗策略，即试图通过忽视而不是分析来"消灭"一种不想要的行为！此外，由于许多这类患者有显著的早年性创伤史（Brenner，1994，2001，2004；Kluft，1986），并受到威胁，即如果他们告诉任何人就会发生严重的后果，或者被洗脑（Shengold，1989），认为没有人会相信他们的话。他们因此变得非常善于察言观色，但本质上却是把自己关闭、隐藏起来，变成了一条变色龙。从温尼科特学派的观点来看，他们伪顺从的、虚假的自体将会获胜（Winnicott，1955）。

在这里，观察性自我、自体觉察、自体知觉和对自体的知觉是关键的主题，因为它们可能常常与一个给定的自体或者"分离中的自恋投注"紧紧地结合在一起（Kluft，1986）。与此同时，根据定义，这些患者又极度缺乏自体恒常性。这种表面上的矛盾似乎是为了通过这种幻觉来避免极度的毁灭焦虑，然而，具有讽刺意味的是，其他自体的存在有时可能会为患者提供陪伴或友谊，防御分离焦虑。在这方面，这些自体在心理上有多种功能，与想象的玩伴没有两样。这种具有多重功能的复杂心理装置（Walder，1936）必须谨慎处理，因为内化的攻击性到一定程度可能会导致自杀式的退行。在接下来的这个案例中，临床分析师没有领会到这种微妙之处，导致了几乎致命的灾难。

病例报告3

多年前我在度假时，一位同事接替我负责一位曾遭受严重创伤的住院患者。她（患者——译者按）向他（分析师——译者按）抱怨说，她越来越觉察到或者说是"同时意识"（coconscious）到另一个自体在试图控制她的思想。她担心这样的接管会使她永远迷失在自己心中的某个地方，这与一种非常严重的被抛弃的焦虑关联起来了。他严重低估了患者冲突的严重程度，大胆地宣称他将帮她努力摆脱这个不断骚扰她的特殊自体。他错误地认为通过这种强加的、权威的在场，可以进行心理上的驱魔。结果是干预重新激活了一个恶毒的、父性的、内化的客体。患者惊恐万分，躲到自己的卧室里。她在解离状态割断了她的桡动脉。此时她与此冲突的求生欲也起作用了：她原本打算向右转躺到床上流血死去；但她没这么做，而是向左转，恰好倒在了走廊地板上。一位巡查的护士冲到她身边，直接按压其动脉止血。经过紧急血管手术，她得救了。

在我回来并仔细探讨了这一灾难之后，我发现患者在移情过程中的被遗弃感似乎让她觉得自己没有受到保护，容易受到代班医生侵入性指令的伤害。就像她的母亲每晚都躲进酒醉的恍惚状态中，允许她父亲恶毒的性攻击得以发生而且不受惩罚一样。在这儿保护她的分析师也消失了，任凭她处于代班医生的摆布中。

这唤起了她对父亲的恐惧和早年的记忆：她的父亲多次暴力性侵她幼小、未被保护的身体。一个内在的作恶者以一个解离自体的形式活现了这个图式，而这个作恶者自体出于对被抓住、被绳之以法、随后被消灭的恐惧，打算自杀。在这里，患者潜意识的、混乱的自体知觉就是一个被追捕的性罪犯，被逼到墙角无路可逃，屈服于绝望的、威胁生命的冲动中。当多个解离的自体组成一个组织时，自体知觉的问题变得相当复杂：这些自体有时交替、有时联合地被意识到或者接管了意识。

对身体自体的知觉

正如弗洛伊德提醒我们的那样，自我首先且最重要的是一个"身体的自我"（Freud，1923b）。因此，自体的身体基础被普遍认为是源于感觉-运动。婴儿对身体位置、肌肉协调以及感觉和知觉输入的日益增长的觉察被组织成图式（Piaget et al.，1969；Schilder，1950）。多重图式和对身体意象的知觉随后被创造出来,在正常情况下,它们或多或少地融合到一个整体的自体感觉中(Kohut,1971)。个体发育的一个节点是个体能从镜子中识别出自己,拉康错误地认为它发生在婴儿 8 个月大的时候,他称之为"镜像阶段"(Mirror Stage)(Lacan,1953)。这个阶段与科胡特所说的"镜映阶段"(mirror stage)(Kohut,1971)不同,后者指的是婴儿沐浴在母亲闪光的目光中。尽管婴儿在这么小的年纪就有可能对自己的图像做出反应,但最近的研究表明,他们更有可能在其 15~18 个月大的时候获得这种能力(Asendorpf et al.,1996)。

这一时间也与个体发展中其他重要里程碑事件相一致,比如肛欲期以及与个体的情感和认知伴随物和解的过程,这种能力的获得说明其已经具备非常重要的组织能力。既往研究已经得出结论,其他物种如黑猩猩(de Veer et al.,2003)、亚洲象(Plotnik et al.,2006)和宽吻海豚(Marten et al.,1995)也获得了这种在镜子中认识自己的能力。人类和这些动物之间明显的语言壁垒妨碍了我们更深入理解这一成就对于这些物种的全部意义。

我们对自己倒影的迷恋很可能早于那喀索斯(Narcissus)神话。甚至早在大约 3 万年前的旧石器时代的洞穴艺术中,就已经展示了人类双手的影像,这些五颜六色的、就像模板印上去一样的表征被仔细地敷在墙上。后来,它被纳入许多文学作品当中。例如,这个主题作为童话故事中的魔镜出现,比如在《白雪公主》(*Snow White*)中,传闻邪恶而又虚荣的皇后会问墙上的魔镜:"魔镜魔镜告诉我,谁是世界上最美丽的女人?"它也出现在超自然的故事中,比如吸血鬼德古拉的故事,他在镜子里照不出自己的样子。在《爱丽丝漫游仙境》的续集《爱丽丝镜中奇遇记》(Carroll,1871)中,爱丽丝在镜子的另一边发现了一个奇异而美妙的世界。她穿过壁炉架上的镜子,进入了一个充满对立、颠倒和可以时光穿梭的地方。在下面的病例中可以看到与这些虚构的故事相关的临床材料。

病例报告 4

在与克丽丝汀一次充满焦虑的会谈中,她变得非常关注房间中我的存在。我对她说，在某些方面，我看上去就像一面镜子，倾听并思考她所说的事情。令我非常吃惊的是，她的情绪、语法、语调和肢体语言立刻发生了变化，一个非常年幼的自体出现了，咯咯地笑着说："你是镜子？"我意识到她这种自体状态的变化，继续倾听着。从这个孩子的声音中浮现出来的是一系列的回忆，随后从患者恢复平常的声音中浮现出来的是一个年轻女孩的经历。她从母亲痛苦的性折磨中逃脱之后，躲进浴室，从镜子里看到自己泪流满面的脸。她看着镜子里的自己，看见那里有一个女孩，她并不觉得那是她自己。然后在人格解体的状态下，她体验到自己走入了镜子，向她认为生活在镜子里的女孩寻求帮助和安慰，然后她会出现一段时间的失忆。但这个失忆的症状在这一节会谈中得到了缓解。当我们试图重建她年轻时发生了什么时，另一个被称为"镜像女孩"或"镜子里的女孩"的自体解离性地出现了，接管并吸收了痛苦。患者非常困惑，她花了好几个星期的时间来寻找合适的语言和理解这些体验意味着什么。她和镜子里的映像的关系，以及她试图逃入镜中世界、从自己解离的映像当中寻找帮助的企图，似乎是她自己一种自我催眠式的努力，用来逃避无法忍受的情感和身体痛苦。

结束语

在《堂吉诃德》（de Cervantes，1605）中，主人和仆人遇到了镜子骑士，他是堂吉诃德的一个邻居，用镜子掩盖自己的身份，希望诱骗堂吉诃德放弃他的追求而回家。最终，堂吉诃德的疯狂被治愈了，他在镜子中看到自己真实的样子，所以他放弃了他潜意识中出现的自体错觉。镜子作为现实知觉的象征，在莎士比亚的戏剧哲学中也有体现。例如，哈姆雷特坚持认为要"给自然照一面镜子"，镜中之影即为真实的生活。与弗洛伊德同时代的伟大意大利剧作家皮兰德罗（Pirandello）——对人性的深刻理解对其写作影响至深——也认为镜子对他的作品至关重要：

当人活着的时候，他就是活着，却看不到自己。哎呀，把镜子放在他面前，让他看到自己生活中的行径，受激情支配的样子：要么他仍然对自己的表现目瞪口呆，要么他就挪开视线以避免看到自己，或者他会恶心地往镜中的自己吐口水，又或者他攥紧拳头打破它；如果他曾经哭过，他就再也哭不出来了；如果他一直在笑，他就再也笑不出来了，如此等等。总之，这会发生一场危机，而这场危机就是我的戏剧。（Pirandello, *in* Bassanese，1997：54）

《就是这样！如果你们以为如此》（*It Is So! If You Think So*）中的人物劳迪西的独白提供了一个戏剧性的例子来说明自体被否认掉的部分如何浮现出来：

劳迪西：

［在书房里转了一会儿，自嘲地笑了笑，摇了摇头；然后他走到壁炉上方的一面大镜子前面。他看着镜中的自己，开始对它说话］：哦，原来你在这儿！［他竖起两个手指向镜中他的影像致意，狡猾地眨了眨眼睛，讽刺地笑着］告诉我，老朋友，我们俩谁疯了？［他举起一只手，食指指向镜中他的影像，而影像的手指反过来也指向他。另一声讽刺的笑声，然后］啊，是的，我知道：我说"你"，而你用你的手指指着我。好了，我们承认吧，就在我们俩之间，我们很了解对方，不是吗？麻烦的是，别人就是不像我这样能看到你！那么，亲爱的朋友，你会变成什么样？至于我，我可以说，在你面前，我可以看见自己，我可以触摸自己——但是你，你变成了什么，别人怎么看你？你是一个幽灵，我的朋友，一个幽灵的影像！但是，你看到了所有这些疯狂的人们了吗？他们不去关注自身的影像，他们内在的影像，他们充满好奇地东奔西跑，追逐着别人的幽灵影像。他们相信这是不同的。（Pirandello，1995：173）

最后，当观察自我这样的概念把我们的注意力集中在自体的意识知觉上时，为了在镜子中"真正地"看到我们自己，必须考虑潜意识、解离的影响。还必须考虑到，我可能已经偏离了弗洛伊德在1915年的最初贡献，因

为我只是把这篇文章作为一个出发点而已。毕竟，我不认为"自体"这个词在原文中出现过，因为他似乎更感兴趣的是探索潜意识的特质、压抑的元心理学，以及潜意识与前意识的关系。所以，也许我有必要提醒一下读者，在那个时候，弗洛伊德相信：

> Ucs. 的内容可比作心灵中的土著居民。如果人类心灵中存在着遗传而来的心理功能——类似于动物本能——那它们便构成了 Ucs. 的核心。随后在儿童发展过程中，一些被视作无用的东西会被抛弃，并加入……
> (Freud，1915e：195)

因此，他主张潜意识是我们物种进化的遗留物以一些人格化的状态所栖息的地方。所以，我们不仅要理解是"什么"，还要理解是"谁"存在于我们心灵的黑暗深处，这可以促进心灵的更好整合。

抛开自我：解决问题和潜意识[1]

斯特凡诺·博洛尼尼（Stefano Bolognini）[2]

正如经常发生的那样，本文这个主题在我身上引发了一系列各种各样的反思，这些反思超出了精神分析的具体理论和临床领域。

我漫步在联想、影响和回忆中，我内在的知觉让我震惊，一种急迫的嫉妒感让我想起了我个人经历中的一些人物，从某个方面来说，这些人物具有明显的直觉与勇敢面对和解决各种问题的本能能力。

在我看来，这确实是一种有充分理由的嫉妒，这是一种生理上的、"隐秘"的嫉妒，对此我并不感到羞耻，也不感到内疚；而且，当我把这一切说出来、做了之后，它甚至让我感到自己内心的某种团结。事实上，人们怎能不嫉妒呢？有些人似乎有天赋，不必为某些问题寻找解决办法，对他们来说，解决的办法似乎是自己出现的……并找到了他们。

接下来我会尝试解释我的这种想法。

---

[1] 由吉娜·阿特金森（Gina Atkinson）所翻译。
[2] 斯特凡诺·博洛尼尼：一名精神病学家，意大利精神分析学会（SPI）的培训和督导精神分析师。他曾先后担任意大利国家科学总监，后来担任意大利精神分析学会主席；2003～2007年担任IPA理事会代表。他是其所在学会的"严重病理委员会"的联合创始人，也在精神病公共服务部门和治疗边缘性结构问题及精神病青少年的日间医院担任督导师。他是IPA分析实践和科学活动委员会（IPA CAPSA）的联合主席和IPA100周年委员会主席。2002～2012年，他担任《国际精神分析杂志》（*International Journal of Psychoanalysis*）欧洲理事会成员，曾在最重要的国际期刊和许多国际丛书上发表论文。他的著作《精神分析的共情》（*Psychoanalytic Empathy*，2002）和《秘密通道：心理维度的理论和实践》（*Secret Passages. Theory and Practice of the Interpsychic Dimension*，2008）已经翻译成多种语言由不同出版社出版。他现在是国际精神分析协会的当选主席。他生活和工作在意大利的博洛尼亚。

有些人的特点就是"天生具有实用性",这是一个广义的定义,而不一定指具体的或动手的能力。另一些人被概括性地描述为"直觉型";还有一些人能够在更复杂的情况下本能地调节自己,给人的印象不是以一种穷尽理由的、强迫性的方式苦苦思考,而是以某种快速、流畅的创造力发明出有用的解决方案。

在许多情况下,我们可以在一些人身上观察到一个意识的、功能良好的核心自我在起作用;当面对手边任务的时候,这个人就能够有效地关注问题,而不是失去方向或变得情绪激动导致适得其反的效果。而在另外一些情况下,我们会观察到更令人惊讶和不理解的东西。也就是说,某些人实际上似乎绕开了正常分析和解决问题的方向,而是平稳、直接地抵达解决方法,谁知道怎么做到的呢?

我们可以理所当然地认为,我因为试图突出这种印象和现象,而在描述中做了一定的理想化的强调。那么,我们也同意,我在问题解决领域为这种类型的心理功能建立一个单独的类别时可能有点夸张。

然而,这种做法看起来是有一定道理的,因为我所描述的现象尽管有些少见,但得到了广泛的承认。此外,正是我所指出的嫉妒感让我用更大的好奇心、有更大的动机去反思这个话题,寻找这些惊人能力的"秘密"——为了达到所有意图和目的,我认为它是这些思考的推动力量。

* * *

在《论潜意识》(Freud, 1915e)的第六章"两个系统间的交流"中,弗洛伊德对潜意识所进行的精神工作做了非常重要的评论:

这里存在一种无疑是错误的假设,即认为 Ucs. 系统已经没有作用,心灵的所有工作都由 Pcs. 系统执行,认为 Ucs. 系统只是某种退化器官,是进化过程所遗留下来的痕迹。而另一种同样错误的假设是,认为这两种系统之间仅限于通过压抑活动而交流,即 Pcs. 系统将所有令其不安的东西抛入 Ucs. 系统的无底深渊。与之相反,Ucs. 系统活力十足且能不断发展,并与

Pcs. 系统保持着千丝万缕的联系，包括相互合作的关系。总而言之，我必须声明从 Ucs. 系统会不断延伸出我们熟悉的衍生物，它可以受到生活经历的影响，也能持续不断地影响 Pcs. 系统，甚至它也会受到来自 Pcs. 系统的影响。（Freud，1915e：190）

之后：

一件非常值得注意的事情是，一个人的 Ucs. 可以对另外一个人的 Ucs. 产生影响，而不需要经过 Cs。这值得更进一步研究，特别是要搞清楚前意识有没有参与这个过程；但是，从描述性角度来说，这个事实是无可争辩的。（Freud，1915e：194）（着重号非原文所有，为作者引用时标注——译者按）

在弗洛伊德的这两个段落中，我要强调两个基本概念。

① 潜意识也会"起作用"（正如弗洛伊德所说，它有时会"合作"）。

② 潜意识可以被激活，例如，它可以与另一个人的潜意识相结合，"避开"意识。

许多学者对潜意识的工作进行了探究，尤其是梦的工作。对此他们的理解不同于经典的"梦的工作"（oneiric work），后者认为梦的工作就是注定为了掩盖潜在的内容。事实上几乎所有我将引用的作者着迷于初级过程和次级过程的各种不同组合，这些有时似乎在梦里产生，由某种潜意识和前意识的"联合经营"生产出来，而并没有意识自我的参与。因此，区分潜意识的这两种活动似乎是合适的，并将后一种活动称作"梦中的修通"。

顺着这个思路，我们将看到，当存在某种内部心理布局时，潜意识与前意识合作的工作是如何更容易地将其显现出来的，这个布局通常包括把主体的意识自我"放在备用模式下"，或自我只是一个非常离散、次要的存在，而不是一个侵入性的存在。

这是我论文第二部分的主体。在第一部分，我会尝试描述一些过程，我认为这些过程至少对于部分理解潜意识的创造力和解决问题的能力是必要的。

潜意识是一个主动转化的区域

在《秘密通道：心灵间关系的理论和技巧》（*Secret Passages: The Theory and Technique of Interpsychic Relations*）（Bolognini，2011）一书中，我总结了当时一些鼓舞人心的文献，这些文献的贡献各不相同，尽管它们都指向了一个观点：一个"明智的"潜意识，一个"正在起作用"并具有潜在转化性的潜意识：

阿德勒（Adler，1911）谈到了梦的"预设功能"；梅德（Maeder，1912）提到了梦的游戏功能（*fonction ludique*），作为随后在外部现实中操作的准备练习；格林贝格（Grinberg，1967）详细描述了整合阶段"费力思考"（elaborative）的梦，强调了随着患者开始知道如何照顾自己，他的修复能力不断增强；加马（Garma，1966）概述了一种"广义"的梦中的思维方式——一种古老的思维方式，具有强烈的视觉化，但其中存在着判断、反思、批评和其他心理过程，与清醒时的思维方式属于同一类型；从温尼科特开始延伸到博拉斯（Bollas）的理论路线更看重梦的体验维度的价值；德·蒙索（De Moncheaux，1978）假设关于创伤的梦具有一个重新整合的功能；马特·布兰科（Matte Blanco，1981）重新审视了梦中移置的另一个可能面向，它就像打开了一个通道——有时是充满创意的通道——通向可能的新的地方、时间和表征，并把凝缩看作是整合不同时空事物的一种尝试。

还有其他研究，比如克雷默（Kramer，1993）研究了梦样活动对情绪稳定功能的影响；格林伯格和珀尔曼（Greenberg & Perlman，1993）研究了复杂学习情况下REM睡眠时间的增加。福斯吉（Fosshage，1997）提出了初级过程的一般综合功能，它通过高度强烈的感觉和视觉图像强调体验的情感色彩。（Bolognini，2011：140）

我所提到的上述贡献者，他们之间肯定存在不同之处，而且他们与我们探讨的主题仅部分相关。但我之所以把他们统一起来，是因为无论如何，他们都在关注解决问题的过程中存在着一个神秘成分，它发生在一个深层的、梦的水平：一些自我不了解的事情在工作、结合、组装、设想、创造、转化。

此外，哲学史和科学史上有很多关于梦的著名例子，梦为做梦者解决极端困难的问题开辟了道路（其中一个例子是，玻尔梦到了原子的组成）。甚至古代文学和神话也经常提到一种强烈的潜意识活动，它承载着意想不到的解决方案，可以让主体的意识核心自我感到惊讶。尤其是在梦中，神出现在凡人面前，并在他们经历中的关键时刻告诉他们该做什么：显然，"神奇"的解决方案从深层源头涌现出来，而不是从主体自我的有意识的推理中而来。

举一个不那么抽象的例子，众所周知的童话故事《穿靴子的猫》（*Puss in Boots*）或许可以恰当地隐喻我们在这里的所思所想。

这个故事在民间起源流传，但在不同的时代有不同的版本。最早是乔万尼·弗朗西斯科·斯特拉帕罗拉（Giovanni Francesco Straparola）（15 世纪）的版本，然后是吉姆巴地斯达·巴西耳（Giambattista Basile）和查尔斯·贝洛（Charles Perrault）（18 世纪）的版本、1797 年路德维希·蒂克（Ludwig Tieck）的版本，最后是 19 世纪格林兄弟（Brothers Grimm）的版本。这个故事讲述的是一个磨坊主三个儿子中最小儿子的故事。父亲死后，这个年轻人只继承到他父亲的一只猫，而他的兄弟们则得到了更多的实惠。

只剩下猫的小男孩很焦虑，不知道如何摆脱这种不幸和显然难以忍受的处境，他深陷绝望，看不到任何出路。然后是那只猫（一种被人低估但非常聪明的动物，也是男孩父亲非常尊敬的动物）开始着手想出合适的解决办法！

这只猫巧妙设计，它以其主人的名义和国王有了非常密切和谐的关系。猫让国王相信这个男孩是一个高尚的绅士。之后猫使用了它的绝技，诱导一个邪恶的怪物自行变成一只老鼠，然后吃掉了老鼠。男孩因此得到了怪物的城堡并获得了相应的高贵地位。

猫是"什么"？它是这个男孩本能的一部分，它在解决问题方面天赋异禀，让所有人大吃一惊。

这个男孩（他反而是意识核心自我的隐喻）被他的困难所束缚压制，或许他还带有一种基本的自身不足感，使他无法进行相应思考或行动。相比之下，那只猫更加依赖直觉、更开明，它绕过任何对自身不足的担忧，具有健康的自恋（毕竟，它穿着"一步跨七里"的靴子）；它把事情搅得天翻地覆，把不可战胜的怪物变成了一只容易对付的老鼠，并以这种方式赋予了男孩力量（"怪物的城堡"），这个男孩因此有资格迎娶公主。

但是等一下，这样看来荣誉属于非凡的猫；我们承认这点，但是我们也同样应该对男孩脱帽致敬，因为这个男孩并不抵抗这些发展，他不觉得自己被双方所扮演的不同寻常的角色削弱，他可以容忍自己的被动和猫的主动，他并没有因为嫉妒猫的聪明而让自己盲目。

对于有困难时偶尔出现的潜意识-前意识作为一个整体的优越创造性（猫的部分），意识核心自我（男孩）知道如何认可和尊重，他给这部分留出空间而不是自恋地反对它，也没有让他想要掌控的欲望去影响在这个节骨眼上发生的事情。

这一切都是无法预见的。我们发现，我们观察到的不是一个有天赋和能力的单一个体，而是一对合作得很好的伙伴，他们中的一方放手让另一方去做其所擅长的工作，这真值得庆幸。

也许，这种事情——在这里，通过内部客体和部分自体的层面而完整表现—— 很久以前就已经发生了，它发生在这个男孩（那时是扮演猫的角色）和一个对他的生活经历至关重要的人物之间。是否有人允许这个男孩探索和发展不同领域的胜任能力？是否有人真的理解他与生俱来的天赋？

您已经注意到了，我描述的是一个个体的自我与其自体的内部关系中的一种有利局面。我也顺便指出：内心的父母风格和最初的构成事件一旦被内化，就能够在后来的个人生活中产生这种类似的有利局面，而正是这些局面真正构成了一个人非常宝贵的"遗产"。

稍后我们将回到这一点，因为现在我想限定自己去假设和描述一个具有潜在和偶然创造性的梦的领域。这个梦的领域建立在对主体内部世界各个成分进行表征、分解和重组的可能性之上，这多亏了初级过程的可靠性和重新连接的效果，以及次级过程允许的重组，这两个过程轮流占据着不同比重。

潜意识的工作就是这样进行的，自我可以同意或反对它。

危地马拉小娃娃

在中美洲，有一个很可爱的传统，这个传统似乎给我提供了一个例证，说明了我刚刚在元心理学术语中提到的隐喻表征。这是我多年前受分析患者讲给我听的，她当时刚刚从危地马拉旅游回来。

为了让大家更好地理解这个隐喻的语境，我会先提到一些并非偶然的临床信息；事实上，这与患者在会谈中带来的联想材料是一致的，而且她的行动是一个小小的活现例子：她给了我一份礼物（一个具体的礼物）。

这名患者当时已进行了四个月的分析，并经历了分析"蜜月期"适当的、明显的和良性的退行。在我看来，她重现了融合和养育的积极初级体验（她的创伤性问题发生在那个阶段之后）。

患者意味深长地给了我一个小宝贝：危地马拉的幸运符，是一个小盒子，里面有六个娃娃，每个娃娃长得都不一样。她解释说，当地流行的习俗是晚上把六个小娃娃放在一个人的枕头边。这个人向每个娃娃讲述一个不同的问题，然后关灯睡觉。

晚上，六个小娃娃会互相交谈，到早上的时候，这个人就会得到对问题的不同看法！

这个习俗让我着迷，除了考虑到这个故事对这个患者的意义外，我开始反思这种习俗可以给践行它的人带来的好处。例如，它可以让一个人睡得更香，因为他将问题托付给了"别人"。此外，还明确规定了不能同时处理超过一定数量的问题（在本例中是六个问题），并因此为可能出现的焦虑和困扰设定了一个限定标准，建立了一个容器。

总体来说，在一个潜意识的修通转化过程中一种基本的信任建立起来，它发生在意识核心自我缺席的情况下（当主体睡觉时），并可以让一个人对事物的看法产生实质性的变化。

随着自我防御警戒降低，被抑制的焦虑——通过故事得以表征并被交托给其他"某人或某物"（娃娃）——和通过初级过程把心理内容创造性重组的过程［"解决方案"（solution）这个词有双重的词源含义：释放（release）和解决（resolution）］看上去都愉快地被凝缩在这个私人的小仪式上。这个创造性工作将由做梦者进行，其意识自我并不完全知道做了什么，但同意并接纳这个仪式。

无论如何，这一系列事件的整体氛围是舒适的、亲密的、人性化的。在这里，工作被委托给潜意识执行，潜意识在此刻被含蓄地理解为一种可以放心大胆地去利用的自然资源。

直觉

让我们暂时退一步，回到我们正在探索的过程的现象学方面。

"直觉"（intuition）（源自拉丁语动词 *in-tueor*：一窥内心）的概念指的是一种明显的直接知识，不通过认知推理或感官过程，而是似乎从内心深处的某个地方奇迹般地迸发出来。

从古希腊伟大思想家的那个时代开始，直觉这个概念在哲学中经历了漫长的发展和非常动荡的历程，思想家们对它进行了多次解读和定义。考虑直觉时，他们有时关注感觉功能，但更多地关注智力功能，对于超越性体验和对"首要原则"（first principles）的直接感知的描述有强烈倾向［见柏拉图和亚里士多德的理论］。

当我徜徉在古老的哲学文献之旅时，我个人的感想是：一般来说，哲学家们明确高度重视直觉的价值，赋予它特殊的性质和功能（通常与坚持纯粹的感官知觉进行对比）。然而，人们无法从这些哲学家的研究中提取出关于心理过程本质的有趣信息。

在我看来，认知心理学对这一现象的研究更有启发意义，尽管它对理解潜在过程的作用没那么大。格雷厄姆·沃拉斯（Graham Wallas）1926年研究了创造性解决问题的过程，其中他描述了这些过程的四个典型阶段：

- 任务准备阶段：在这个过程中，个人试图描述和理解问题的各个方面。
- 孵化阶段：一种类似于排出的过程，在这段时间里，主体不去思考问题而是专注于其他事情。
- 阐明阶段（或"洞察力"）：问题的解决方法以一种意想不到的方式突然出现（类似于现象学家常说的"啊哈！生活"）。
- 评估阶段：认知自我被放置在通往直觉部分的道路上，对已经获得的东西提供一个整合的解释。

法国数学家庞加莱（Poincaré）就给这一过程提供了一个示例：他通常会花几个星期的时间在"准备任务"阶段，然后就把事情放置一边，自己投入到其他的追求中去。然后，当他忙于地质考察和其他研究时，他就会以一种意想不到的方式接受到一场"领悟的轰炸"。

这种模式让我们想到分析家们类似于悬浮（suspension）的能力，我喜欢将其定义为他们"愉快地屈服"（happily resigned）——在其职业向前发展过程中的某个特定点上——于让自身可以惊讶地发现自发、意外出现的解释性解决方案和共情性直觉（Bolognini，2004）的状态。这种情况可见于分析师停止所有有意图的调查行为，而把自己托付给均匀悬浮的注意力之后。

梅特卡夫和维贝（Metcalfe & Wiebe，1987）证明，需要创造性解决办法的问题可以很突然地得到有效解决。他们进行了一项有趣的研究：每隔4分钟询问一次那些有问题要解决的研究人员，他们觉得自己在多大程度上接近了任务的解决方案。结果表明，在那些采取了一些策略——这些策略旨在复制经验上可信的场景——的研究过程中，研究人员可以意识到研究的进展，但在以直觉性"突破"为特征的研究过程中则不存在这种意识。

此外，早在 1959 年，沃特海姆（Wertheimer）就从格式塔的观点假设：当个体掌握了问题要素之间的新关系时，创造性直觉就会出现。德·博诺（De Bono，1970）将其追溯到"横向思维的能力"，这是一种基于考虑到的对一个问题可能有多种观点的假设而对观察重心进行特定移动的思维方式。

相比之下，这些直觉活动运行时的各种障碍中存在着一种复杂的现象，在心理学上被描述为"主观建构"（subjective formulation）（"Impostazione soggettiva"，Rumiati，2006），它与问题解决模式相关，这些模式对一个人来说是重复的和习以为常的，妨碍了他去考虑另外可选择的途径。这个概念让我们想起了"功能固着"（functional fixedness）的概念（Duncker，1945），然而，这与对客体特征的重复考量更相关。

在从心理学研究领域中提取成果的过程中，在最后我想提一个值得注意的概念，它在很多不同的领域中都非常实用，即"头脑风暴"（brainstorming）的概念（Osborn，1962），在群体环境中这个概念变得尤为有趣。团体中各种类型的"工作自我"形成总运行能力，就算一部分成员头脑工作形式只是对这种能力的一个简单扩展，但在许多方面和层面上，我们仍然不能否认，头脑风暴产生的东西远超过了认知资源数量的一个简单总和。

也许头脑风暴现象与前面弗洛伊德的评论产生了共鸣："一件非常值得注意的事情是，一个人的 Ucs. 可以对另外一个人的 Ucs. 产生影响，而不需要经过 Cs.。"（Freud，1915 e：194）

我认为现在我们来到了危地马拉仪式中六个小娃娃工作的领域。只是在头脑风暴中，这些个体是清醒的，并且是真实的人。但是在这里是否有些东西是相似的，一些共同依赖于自我防御降低的东西？（它们都处于）心灵内部是一个因素吗？

认知理论与精神分析直觉观点之间的联系

作为一名精神分析学家，我不得不重新考虑认知理论这些令人兴奋的贡献，这些理论在某种意义上预测和描述了与主体的通常看法相关的排他效应的产生。我更愿意把这些理论与某些精神分析概念整合在一起，在我看来这些概念非常宝贵，因为它们照亮了直觉的某些面向。

例如，我现在提到的是部分认同过程（process of partial identification）的功能性衍生物（Grinberg et al., 1976）。如果有用的、积极的客体及其功能可以被多次、充分地内射，这个认同过程就可以在内部世界以一种生理的方式产生。如果你愿意，这些内部客体可以说是六个危地马拉娃娃在心灵内的等价物，它们稳定而结构化。

如果以其他的术语来表述，主体更容易采取众多并且不同的观点——这些观点之间仍然互相协调，且能恰当综合——如果主体曾经以类似的方式在重要他人身上体验到这些，并达到可以牢固内射的程度，那么现在他们的内部世界就可以存在和接近这些观点。

然而，为了使这一过程发生，这种强烈的认同必须不是完全认同，它们不能代替个体的自体。在行使功能的过程中，必须有一种结构和一种常规方式使这个过程存在一定程度的内在分离性。也就是说，主体必须能够参照他的客体，把自己部分、暂时地放在他们的位置上，但还要有"返程车票"以能够从这个位置出来。可以这么说，既要认同客体及其观点，又要设法收回他自己的观察和组织重心。通过这种方式，他既保留了自体感，又在与其他客体的关系中保持了足够的内在流动性，而不"固着"在他们中任何一方的认同中。

这种内在的流动，不是有意识的，也不是有意图的，它实际上以一种自然的、融合的方式在一个非常短的时间内展开，它可能会通过以下指向自体（self-directed）的问题中被"揭示"出来："他们将如何看待这些事情……我的父亲？……我的母亲？……我的老师？……我的朋友？"，等等。

这些被参照客体的多元性与个体整合和共栖了更多的家庭人物有关，这些人物都丰富了孩子的现实。按我的说法（Bolognini, 2011），我认为这些过程是"核心自我（Central Ego）参照内在客体的能力"。通过这种方式，核心自我可以利用这些内部资源的创造性和丰富性以及它们的不同视角。

一种更详细的对内化（interiorisation）（一种概括说法，用来说明把一个客体从外在带到内在的所有过程组合在一起）水平分析需要对一些基本问题进行澄清。

① 什么东西的"内在"？是自我的内在还是个人自体的内在？

② "内在"有什么？它们是怎么来的呢？

遵循身体过程和心理过程之间某种功能对等的标准，我们可以用这种方式描述不同程度和类型的内化。

• 将客体放进嘴里，品味、控制（既没有吞下去，也没有吐出来，直到主体决定采用这两个行动中的一个，而这也将导致他不再能控制它），通过这种方式，一个人可以知道客体的一些特征，如形状、坚实度、味道，等等。

这一水平［"合并"（incorporation）］在模仿过程中起作用：主体可以体验到客体的某些特征，并以意识的方式在脑海中重现这些特征的某些方面，然而，脱离这些特征并不困难，主体自身的内部世界也不需要持久改变。

专业演员，尤其是喜剧演员和漫画家，在模仿他人时特意采取这些操作，由此发展出了一定程度的心理技巧。

• 客体被吞下，但没有被消化。通过这种方式客体被"带到内部"，占据了一个内部空间（具体地说是在胃里），不再能够随意控制它，除了厌食症是有故意呕吐意图的。但它在内部仍然作为一个内部客体，而没有变成个人自体的一部分（按字面意思来说，是变成机体细胞）。它虽然处于"内在"，但也是不同于自体的。

这个客体是被"内化"的。对内化客体的投射认同过程是可能发生的（主体与此认同，"成为"了客体），但代价是这个客体在一定程度上置换了自体。

一般来说，这种情况是病态的，没能通过个体的功能完成这种部分内射认同（参见下面的段落）。

在这些情况下，一个人如果不能成功地参照其内部客体，有两个原因：一是因为他处在投射认同的位置上——他只能根据他所认同的客体所持有的角度去看待世界和行使功能；二是因为他没有任何内在的分离，不能与任何内化的客体对话。

- 客体被消化，继续成为身体自体的一部分。此过程的心理等价物是从客体获得部分特征性功能，然后通过对核心自体的内射，这些功能真正地成为主体的自体和自我的一部分（Wisdom，1967）。

现在我们进入了部分内射认同领域。

但这个领域的一部分仍然是与整个客体（例如父亲、母亲或一个老师）的内部关系，这些客体作为记忆、表征和情感被完好地保存，它们与主体相联系，但没有因为主体实际的认同而取代主体的自我。它们被自体所接待，与主体意识上的核心自我区分开，然后变成了可以参照的客体。

我坚持认为在此基础（它本质上源于客体关系理论）上，"参照内部客体的特定障碍"可能是朗麦提（Rumiati，2006）所描述的"主观建构"现象的原因，这种现象与问题解决的重复模式有关，这种重复妨碍了人们对其他可选择路径的思考。邓克（Duncker，1945）之前引用的"功能固着"概念可能是这些参照内部客体障碍所引发的进一步结果。

这些心理学概念有效地描述了心理布局功能失调的结果，这些布局阻碍了创造性直觉和从潜意识-前意识区域"钓到"解决方案。精神分析的客体关系理论允许我们描绘内部情境，这些情境决定了深入的参照、对不同观点的选择和潜意识某些部分的工作有无可能实现。

回顾总结一下，我假设：在"主观建构"和"功能性固着"的僵化性中，含蓄地揭示了一种明确的、极端的认同纽带，这种纽带已经取代了核心自我（一般来说，如果健康的话，核心自我的范围会更广），甚至到了将核心自我殖民化的地步。这个客体通常是父母"先占的"形象，主体自我是完全性地投射认同了这个客体，以至于损害了他自己的真实性、自发性和好奇心。

顺便说一句，这正是某些分析师的问题：这些分析师过于强烈地、排他性地与他们自己的体验师认同，或者更常见的情况是与他们的督导师认同。这些分析师已经"变成"了他们的客体，以这种方式取代了他们的自体，而实际上他们却不能真正地参照他们的体验师和督导师。

去理想化的直觉

前面的段落致力于从精神分析的观点研究"主观建构"和"功能固着"。现在我想谈谈直觉的另一个方面，它与观点的多样性问题无关，而是与过程的速度或缺乏有关。

我们从海因茨·科胡特（Heinz Kohut）那里得到了一些对直觉现象有趣的评论，即对直觉现象不再抱有幻想和任何理想化，这些评论可以促进我们这方面的进步。根据科胡特的观点（Kohut，1971），心理过程看起来是直觉式的，它通常给观察者留下深刻印象，直到使他相信他拥有非常特殊的力量，不同于普通人的力量，但事实上不同的只是心理操作执行的速度——换句话说，这种操作如此强烈地击中了我们，以至于让我们设想自己拥有着不同寻常的功能。

此外，科胡特观察到：

> 天赋、训练和经验有时会结合在一起，在许多领域产生结果，这让我们觉得是直觉的作用；因此，我们可能会发现，直觉不仅在共情观察复杂心理状态领域时起作用（如精神分析师所使用的），而且……在医学诊断中、在象棋冠军的战略决策中、在物理学家的实验计划中也起作用。（Kohut，1971：303）

这个关于过程速度的评论——它只是出现在一些无关紧要的事情之中，因为科胡特只是在一个讨论共情的章节中顺便将它关联了一下——起初让我感觉有点还原论的视角，但是随着时间的推移，我重新评估了它（可能也因为它隐隐地限制了充满直觉的主体显示出"魔法般"让人羡慕的资源……）。

我相信科胡特已经准确地看到了这种情况，我也相信从另一个角度来探讨这个问题可能是值得的。例如，如果这个假设是有充分根据的，什么会导致心理功能速度的下降呢？换句话说，是什么阻碍、压制或搞乱了思维过程呢？为了继续我们的探索，从这个意义上说，我们从神经症病理学和精神病病理学的比较研究中能得到哪些有用的东西来帮助我们？

浪费能量和自我功能

从经济学角度对神经症的研究表明，在压抑中存在着一种典型的能量浪费。也就是说，为了保证冲突产生的内容被压抑而进行的必要的反击包含有高昂的经济成本，其中包括全身疲劳、纠结和功能性思维迟缓，它们有时会构成神经症特征性症状的伴随症状。

依我看来，神经症患者"手提包里带着他的全副身家（有症状性的、梦的、经济的）旅行"，在一个更不稳定和代价高昂的压抑系统中进入动力性潜意识。自体的资产并没有分离并被远远地投射出去。

从隐喻角度来看，神经症患者没有失去他们的资产（自体的遗产受到压抑，但没有分裂）；然而，他们必须设法付出非常高昂的代价，以继续进行压抑，并将那些冲突元素保留在潜意识洞穴中，否则它们会干扰自体的"日常安排"。可以说他们疲于奔命，眼窝深陷，精疲力竭——这些其实都是神经症的症状。

混乱、纠结、任何思维迟缓的抑制，都可能源于对内在冲突内容适得其反的不断干扰。这些冲突占据着自我，并限制了它正常的工作能力。这些结果也可能源于能量的浪费，而能量的浪费会夺走自我的力量。根据科胡特的观察，这种较慢速度的心理过程会使快速的"直觉"性时刻变得非常罕见。

我的另一个假设是，在许多情况下，自我为前意识和潜意识的创造性贡献提供空间的能力可能也会受到损害。在一种内部警觉的状态下，随着自我控制和功能收缩的增强，主体不允许自己充分使用对内部客体们的咨询，他也没有体验到他们的各种观点或各种存在的方式，而是几乎陷入了朗麦提描述的"主观建构"和邓克描述的"功能固着"当中。

就对等隐喻而言，神经症患者会像那些处于防御模式的人一样在心理上调整自己，"不再倾听任何"外界的声音，并避免任何心灵交流。或者，我们也可以选择通过想象描述这种动力：想象磨坊主最小的儿子不接受穿靴子的猫的帮助，或危地马拉故事中的主人公不想知道晚上为他工作的娃娃们的事；但这里我们已经和"浪费能量"的经济学角度拉开了距离，为了压抑潜意识-前意识领域的创造性，这种浪费是必须的，它是由内心的冲突造成的。

相比之下，那些可以对自体的内在部分进行明显分裂和投射的患者最终过得更简单化，从某种意义上来说——他们不管在自体的内容上还是在自体的表述上都一样的贫瘠，并因此更加"轻便"（我认为他们在"不带手提箱旅行"）。他们相对无症状，如果有的话，基本上处于一种躁狂的倾向。从经济学角度来说，他们失去了一部分资产（"资产"是指内部世界的遗产、自体的基本天赋、大量内在客体的存在和与内在客体的联结）——他们与这些资产断开联结，在某种意义上，他们用放弃它们的方式来避免内心冲突。

用更大众的语言来说，这些人是那些"从来不担心"的人、"直截了当"的人和像亚历山大大帝一样的伟人——他面对戈耳迪之结（Gordian knot）时不是浪费时间去试图解开，而是简单地一剑斩断它。

具体来说就是，当重要的、垂直类型的分裂发生时（达到解离的程度，这种解离是以精神分析的方式而不是精神病现象学的方式来理解），这会导致"割裂体验"（compartmentalising experience）的效应。通过这种特定的方式，人格结构的布局被简化，用来组织心理功能和内容。在这些割裂状态当中，主体"不带手提箱旅行"，放弃了自体的部分"重量"——或多或少有点像蜥蜴遇到危险时断尾求生，把尾巴留给攻击者，自己尽快跑掉。

在这种割裂的情况下，自体是简化和贫瘠的，但主体基本是上无症状的，他体验到的应激和烦恼明显更少，因为他至少部分回避了因冲突而引发的经济学上的浪费，通常他交托给其他人来表征或者投射性地体验自体的内在部分。

我描述的使用分裂机制的画面直白地表现了病理学，或者说，当它被限定用定量的术语及简单的倾向来表达的话，那它可以被视为某种人格类型的特征，这种人格类型虽受限但很果断（decisive）［我们不能忘记"去决定"（to decide）的词源来自拉丁语动词"*de-caedere*"，意思是"与……断裂开"］。

另一方面，在那些健康状况良好的人中，他们具有职业自体功能良好的专业性，也就是说一个人在工作中以一种相对分裂的方式组织起来，这种分裂甚至是必要的和有用的。例如，如果所有的外科医生都认同他们的患者，他们就不能成功地完成手术；如果所有的律师都不为他们的客户主张权益，而是每一分钟都保持着一种整合的人性，他们就会输掉太多的法庭辩护，如此等等。

主体会做一些专业性的事情，为了完成一项任务而进行暂时性的功能分裂；在工作中穿着的白大褂、黑长袍或工装裤通常是与内部组织适当分裂相关联的，而这些是从社会共识中习得并被巩固的。

应用这种内部简化的经济优势，一个人可以功能性地转变为一个高度专业化的人物，高度专注于某些选定的功能上。这种优势可以在穿越心理通道时产生一种关联流动性和一定的速度，这些与一个直觉型的人的功能敏捷性相匹配。

如果这种减少能量浪费的最佳方式和与重要客体不再冲突的可能性相结合，即主体可以接触和咨询内在重要客体，那么它反过来会增加流动性和各种观点的丰富性，产生真正的"万花筒效应"和功能加倍的时间。

结论

我试图用一个在生理学和病理学之间流动的电影快镜头来说明一些心理

过程，这些心理过程参与了问题解决中潜意识和前意识层面的工作。我还简单地探讨了直觉领域，关于它的现象学观察以及人们如何从精神分析的角度理解这两者之间的联系，我也提出了一些假设。

关于潜意识对问题解决的贡献已经在不同的文化领域中或多或少地被考虑到了。我想对这些不同的观点提出我最后一些宽泛的反思，以便能对这个主题形成一种精简的、精神分析视角的阐述。

简单来说就是：

① 许多东方起源的文化似乎都把主体的自我视为潜在内在知识自由扩展的障碍。有时，他们推荐一些极为精细的模式，使得核心自我逐级失去活力并增加悬浮功能，比如通过冥想练习、专门的仪式、节制练习、思想控制、与环境的弥散性融合，或"被引导"退行到分离前（pre-separation）的功能状态。在这些文化中，核心自我并没有从根本上受到压制，而是被部分边缘化，处于待命状态，这损害了主体的自主性。

② 西方迷幻文化倾向于公开贬低核心自我功能，并通过摄取药物的方式对自我进行功能抑制，"迫使"自我停职。实际上，自我被药物刻意地弄晕了。这些人会假定并强调，在这种解除管制的经验中会具有一种产生智慧的特征，这种经验是自给自足的，它要求（自恋性地投入）具有全能性退行的权利，退回到子宫内的精神状态——这种状态实际上是一种分离前的"海洋状态"。

③ 相较于思想，工匠和艺术家文化在传统上赋予行动更高贵的地位。对工匠来说，手工完成任务的能力尤其受到重视；在艺术中，艺术作品本身是被高度重视的，在作品身上艺术家强烈投入了自恋性力比多。而核心自我是工匠的项目顾问和附属助手，因为通常他们（工匠们）更多地依赖于他们的手；工匠们投入到工作中的潜意识主要是程序性潜意识，也就是那些已经自动化的技能和能力。

在艺术领域，一个理想的目标是达到一种程度的"精通"，即它解除了意识核心自我的控制功能。例如，伟大的小提琴家在"手"和"心"之间架起了一座直接的桥梁，因为对他来说，他的技巧已不再是问题，不需要核心自我调节和监测。

④ 精神分析从来不打算消除、破坏、麻醉或在药理学上麻痹核心自我。从一开始，它就放弃了用催眠的方式对注意力状态和思想的控制，这些也是弗洛伊德很早就放弃了的。精神分析感兴趣的不是麻痹看守（若有看守的话，则指的是防御性自我），而是改变它与自体其他部分的关系。

当代精神分析的目的之一是允许自体不同部分之间的和谐合作，修缮和恢复精神病理学中缺失的内部功能协同作用。相比之下，这种协同作用是在发展过程中自然建立的，比如当孩子和他的关系客体以一种方式来体验各种形式的合作（比如在吮吸、学习、心灵内在的交流），这种合作形式随后被内化并逐渐形成一种结构化的功能方式，一种心灵内部的功能方式。

当发展和构建过程和谐进行时，主体的各种内在需求在面对痛苦或冲突情境时，会平等地参与合作，用来保持内在的凝聚力，并将分裂降低到最低程度。

一个仁慈的核心自我——忠实、心胸宽广、宽容、继承了原始客体，后者已经具备了自身的能力和功能性整合——知道如何在有用时进行干预，以及当自体的其他部分面对任务表现出更卓越的创造力和能力时如何让贤。在这个过程的最后，自我再次被召唤，将内在各个部分做出的所有贡献整合、归纳为一个核心贡献。

这些内在关系的凝聚力、氛围、风格和流动性让我们感知到：不同的人在与自己和他人相处时，会具有不同程度的和谐性。我认为可能正是对这种内在复杂性的感知，促使诗人和哲学家费尔南多·佩索阿（Fernando Pessoa，1888—1935）写道："我的灵魂是一支隐形的交响乐队；我不知道它由哪些乐器组成，不知道我心中喧响和撞击的是怎样的丝竹迸发，是怎样的鼓铎震天，我听到的是一片声音的交响。"（Pessoa，2002）

后记

玛丽·凯·欧·尼尔（Mary Kay O'Neil）[1]

"伟大的艺术作品之所以伟大，是因为它们对每个人来说都是可接近和易理解的。"

——列夫·托尔斯泰·《什么是艺术？》

弗洛伊德的《论潜意识》是一部伟大的艺术著作。多么自信和大胆的声明！它能被证实吗？弗洛伊德关于潜意识的见解对每个人来说都是可接近的和易于理解的吗？

当然，弗洛伊德的创造性的、独特的潜意识思维模式为精神分析的理论、实践和研究奠定了基础。精神分析主要是基于潜意识的，它也刺激了我们对心灵-大脑关系的探索并渗入"和深刻地改变了至少是西方人的智性和文化生活，让我们在看待自己、看待我们彼此关系、看待孩子及社会的方面都产生了既明显又微妙的变化"（Cooper et al.，1989：1）。所有感兴趣的人都可以接近弗洛伊德关于潜意识的概念。甚至是那些对潜意识存在不感兴

---

[1] 玛丽·凯·欧·尼尔：一位督导和培训心理分析师，最近从蒙特利尔搬到多伦多私人执业。她是加拿大精神分析研究所的前任所长，也是国际精神分析协会理事会的北美代表。此外，她还在国际精神分析协会的多个委员会任职，包括地方、国内和国际层面的伦理委员会，也是《国际精神分析杂志》编委。欧·尼尔博士在多伦多大学获得博士学位，并曾是该大学精神病学系的助理教授。她在多伦多精神分析研究所完成了精神分析培训，现在是魁北克省和安大略省的注册心理学家。她是《默默无闻的精神分析学家：露丝·艾瑟安静的影响力》（The Unsung Psychoanalyst: The Quiet Influence of Ruth Easser）一书的作者，也与他人合著了另外五本书，并撰写了大量的专业期刊文章和书评。其出版物和研究包括抑郁和年轻人的发展、单亲母亲的情感需求、分析终止后的接触，以及精神分析的伦理。她的研究活动得到了多伦多和蒙特利尔基金会的资助。

趣或抨击它存在性的人也会对此给予关注，即使是负面的或批评性的关注。

弗洛伊德是在努力理解患者的痛苦和折磨以及疾病如何与他们的大脑运作相关时，开始对潜意识心理过程的发现之旅的（《癔症研究》，Freud，1895d）。在他的杰作《梦的解析》（Freud，1900a）中，他相信自己找到了通往潜意识的坦途。《日常生活心理病理学》（Freud，1901b）奠定了潜意识影响我们所有人的日常生活这一见解的基础。到1915年的时候，弗洛伊德已经从他的临床经验中发展出了很多精神分析理论，写出了大量的论文，这让他足以开始阐述他早期关于心灵的地形学说模型（潜意识、前意识和意识），同时也为他自己及后继者们进一步的其他模型的发展铺平了道路。在那时，他已经勾勒出了大部分至今仍然是精神分析特征的主要概念，其中最重要的概念之一（如果不是最重要的话）就是潜意识。众所周知，弗洛伊德致力于阐明潜意识的特征，探索其与前意识和意识方面的关系。他发现，除了地形学之外，潜意识至少还包括另外两个维度——动力学的和经济学的维度——以此来发展他的元心理学。后来的精神分析学家，甚至非精神分析学家都致力于扩展弗洛伊德关于潜意识的见解，重新建构和解决他观点中的不一致之处，收集新的数据，并产生进一步的概念和理论。

弗洛伊德的《论潜意识》在今天对于精神分析学家和其他感兴趣的人来说是可以理解的吗？他们对他的观点同意与否？分析师们和其他人写了大量的文章、论文和书籍来解释、发展、揭露，甚至具体化潜意识❶。那为什么我们要写现在这本书呢？而且是又一本关于潜意识的书！为什么在卡利奇（Calich）和欣茨（Hinz）编辑的2007年IPA卷《论潜意识：进一步的反思？》（*The Unconscious：Further Reflections*？）之后这么快又写一本？唯一合理的解释是：理解潜意识，让每个人都能理解它，是一个持续前进的过程，是一项不断进展的工作；无论是对精神分析学家而言，还是对其他人而言，他们都既是受众也是参与者。一件艺术作品刚出现时，只有一两个人观察它的时候，并不会看出它的伟大之处。随着时间的推移，当观察者们（针对图像）和读者们或老师们（针对想法）对作品进行深入钻研时，人

---

❶ 对PEP进行快速搜索后发现，在主要期刊上有近700篇文章的标题中含有"潜意识"这个词。

们会不断发展和赋予其伟大性。对伟大艺术作品的深层意义的探索永无止境。因此，本书是对弗洛伊德《论潜意识》（Freud，1915e）思想的新反思。

在这里，我们有必要判定一下本书的作者们在对弗洛伊德《论潜意识》一文的当代可接近性和理解性中添加了什么内容。

我们从彼得·韦格纳开始，他关于弗洛伊德写作《论潜意识》的时间和背景的历史学考据为读者的理解奠定了基础。那是1915年，第一次世界大战爆发了，弗洛伊德无法在他的诊室里像往常一样繁忙工作，他在这期间写了五篇论文以发展他的元心理学，《论潜意识》是最后一篇。韦格纳回顾了弗洛伊德对潜意识的理解是如何发展的。作为一个当代的思想家，韦格纳像弗洛伊德一样认为，分析师的潜意识和患者的潜意识一样参与工作，患者和分析师之间的潜意识交流是精神分析探索中不可分割的一部分。分析师的这种潜意识的交流是分析过程中非常有价值的组成部分，这个过程可能最终会被觉察到，它受到多种因素的影响。没有哪两个分析师以彼此雷同的方式学习和发展。尽管有公认的理论及技术知识作为共同参照，但每个人都有他自己的工作方式。正如没有任何两个人是一样的（包括他们的潜意识），没有任何两名分析师的工作方式是一样的。每个分析师的心灵都将个人的生活经验与特定的训练结合起来。不可避免的独特性增强了分析师的职业及本人的不确定性。韦格纳认识到，在继续分析的同时容忍不确定性的能力对我们的工作至关重要。他直率的临床例证论证了他是如何努力帮助患者经验性地学习到她的潜意识如何影响到她与自己及他人的关系的。分析师的工作方式随着时间的推移而发展，因为分析师们开始懂得如何利用自己成为一名有效的分析师。

马克·索姆斯将我们带离历史，直接投入到当前的研究中。作为一名神经心理学家，他解释了当代对大脑-心灵关系的看法——这些知识是弗洛伊德接触不到的。索姆斯承认精神包括意识、前意识和潜意识元素，他总结了有关大脑-心灵交界面（brain-mind interface）的信息，这是弗洛伊德努力试图理解但未能理解的部分。首先，索姆斯提请我们注意当前神经心理学中认知神经科学家和情感神经科学家之间的划分。认知神经科学家不接受弗洛伊德学说的本我是潜意识最深层的部分的观点；而情感神经心理学家，尤其是潘克塞普（索姆斯也把自己放在这个类别），接纳了本我、初级过程和本能是潜意识的组成部分的观点。然而，索姆斯和他的同事不同意弗洛伊德所谓的 Ucs. 系统的核心内容——心灵的最深处——确实是潜意识的。对他们来说本能是"意识的源泉"，这是不同于弗洛伊德的。索姆斯断言，现在已经知道意识来自上脑干的网状激活系统，这一信息削弱了弗洛伊德的"皮质中心谬论"。对索姆斯来说，古典（精神分析）的观念是颠倒过来的。意识不是在大脑皮质中产生的，它始于脑干。此外，意识天生不是知觉的，而是情感的。说到情感，弗洛伊德和当今的神经心理学家的观点是一致的。弗洛伊德的"快乐-不快乐"原则与达马西奥的"我对那个东西有这样的感觉"（例如，我对那个东西感觉好或坏）是一致的，这是核心意识的基本单位。因此，根据最近神经心理学的发现，意识必须来自下位，因为一个人不能在不提到意识的情况下就谈论觉察到了快乐和不快乐。索姆斯接着提出，弗洛伊德的模型需要进行重大修订，原因有三：①潜意识系统的核心不是潜意识的，它是意识的源泉，主要是情感的；②知觉意识系统 Pcpt.-Cs.（弗洛伊德后来的自我）本身是潜意识的，并通过抑制潜意识而渴望保持这种状态；但是③他们借用意识作为一种折中手段，并容忍意识，以解决不确定性（并束缚情感）。

读者可能会问，为什么要提供索姆斯这一章的摘要？他所写的章节内容丰富但难度大，似乎其提出的主要观点与目前对心灵-大脑关系的理解有关。未来进一步的研究将会对目前已知的情况进行进一步的修正。我们只能推测，如果弗洛伊德有了这样的神经心理学知识，他的思想和模型可能会发生怎样的变化。今天的精神分析学家需要保持对最新知识的认识，以把弗洛伊德的模型放在不同的背景中。

琳达·布雷克尔发现弗洛伊德的《论潜意识》惊人的简短但内容丰富，且直到现在仍然令人惊艳。她注意到弗洛伊德提出了潜意识的生物学和心理学之间的联系，强调了他的元心理学框架的各个方面，并提供了一个有效的哲学论证来反对他的批评者。她持续进行机敏而密集的争论，讨论了两个主要领域："生物性潜意识"和"冲突"，也就是"由任何本质上是生物性潜意识概念而产生的问题"。这些问题与时间和现实有关。布雷克尔面临着一个困难问题:"任何生物系统如何能在不考虑时间和其他方面现实的情况下生存下来?"如果没有出于时间和现实的考虑而进行内在登记和调适的话,任何生物有机体都不能适应其环境。她仔细权衡了实验性的证据,它们证明弗洛伊德的潜意识过程对时间和现实是敏感的,并问道:"这个关于潜意识的冲突——它潜在的生物学相关性以及时间和现实的生物学因素——能够得到解决吗?"布雷克尔以她严谨的学术方式仔细研究了弗洛伊德关于潜意识的无时间性的观点,同时也用了一个日常的例子来说明在没有太多觉察的情况下,饥饿感是如何在她自己和她的狗体内随时间推移而增长的。进食的驱力不断增加,驱力的强度充当着一个生理/心理时钟。当她谈到不感到饥饿时——把它放在一边——她问出了我们很多人会问的问题:这真的是潜意识-前意识的压抑吗?是觉察这个过程使潜意识变得有意识吗?本能和潜意识也是同义词吗?我们将继续寻找答案。

布雷克尔之后转向她的最后一个话题——现实冲突。她通过提到弗洛伊德思想的双重观点(生物学的和社会的)来讨论这一点。她对时间和现实问题的解决方法是把它们放在一起,并假设存在另一种时间意识和另一种不同类型的现实:"两者都是由社会文化规范而不是由生物法则来调节的。"她指出,在社会上,某些行为和外部可用性(吃饭需要食物,小便需要厕所)都需要时间。当驱力/愿望被认为主要是心理上的话,事情就变得复杂了。社会文化规范既可以禁止也可以促进这种愿望。布雷克尔并不是说弗洛伊德在《论潜意识》中有意制造这种双重观点。相反,她强调,她和弗洛伊德都坚持"精神分析具有完整的心理学性质,因而将其看作是一种本质上以生物学为基础的理论和学科"。在弗洛伊德的模型中,布雷克尔小心翼翼地朝着解决时间和现实冲突的方向前进。然而,布雷克尔也遗留给我们一些问题(比如,弗洛伊德会同意这些观点吗?),她激励我们进一步研究她的观点,重新思考弗洛伊德的观点。

通过布雷克尔给出的介绍性副标题"生物学哲学家弗洛伊德"(Freud, the biological philosopher),她为我们提供了一个通往玛杜苏丹·拉奥·瓦拉巴哈内尼(简称拉奥)的《一个印度教徒对弗洛伊德的〈论潜意识〉的解读》的桥梁。拉奥比较了弗洛伊德《论潜意识》中的潜意识模式与印度教哲学。拉奥提醒我们:"弗洛伊德的观点是临床的和精神分析的。印度教哲学家的观点是冥想式的和形而上学的",拉奥的陈述是哲学的和灵性的,而不是宗教的。史崔齐注意到,尽管弗洛伊德是从生物学角度而不是从哲学角度来看待潜意识的,但哲学议题是存在的。正如我们在前面两章中所看到的以及拉奥所指出的,弗洛伊德认为精神现象终究会找到神经学解释的观点,已经被神经心理生理学的发现所证实(参考卡普兰·索姆斯的文章)。拉奥承认印度教观点和弗洛伊德观点之间存在一种张力,但在处理这种张力之前,他提供了这两种观点的主要论点。对于不熟悉印度教哲学的西方读者来说,这是一个有价值的贡献。他对这两种观点的解释既清晰又引人入胜,差异和相似之处都被指出了。

总结一下不同之处:在弗洛伊德看来,词语表征是潜意识的事物表征变为意识化的必要条件;但对印度教哲学家来说,冥想"唵(Om)"对体验不可言说的绝对真理和梵天非常有帮助。在弗洛伊德看来,事物属于潜意识,它需要找到词语表征加以依附,才能经验到世界现象,但在印度教哲学家看来,体验Om,体验事物的超越性和灵性,这是生命的终极目标。相似之处也在下面的摘录中得到了总结:对于印度教哲学家和弗洛伊德来说,心灵和智力(心身复合体)是感知和行动(反应)的所在地。欲望的刺激(本能)源于客体通过五个感知器官的输入,然后形成驱力,即一种心理表征(潜在记忆的印象,即业力印记),这个驱力又通过从客体那寻求满足得以表达。对弗洛伊德和印度教哲学家来说,没有来自客体世界的刺激,就没有激活既往记忆印象的当前经验。拉奥认为,这两门学科的相似之处是"由于它们有着共同的目标,即理解人类和人类的行为"。在他有益的"总结和结论"中,拉奥重申了他的主要观点。事实上,不熟悉东方哲学的读者可能想先研究一下这些观点,然后再阅读文章的其余部分。要理解印度教哲学对精神分析实践的作用,可阅读辛明顿的《信仰上帝如何影响我的临床工作》(*How Belief in God Affects My Clinical Work*)(Symington,2009)是有帮助的。从纳格普(Nagpal,2011)那里,我们也可以进一步理解弗洛伊德的工作及其与印度教哲学的相交处。

压抑是动力性潜意识的必要条件，肯尼斯·莱特的《弗洛伊德的心理地形学中被压抑的母性》直接论述了这一问题。弗洛伊德关于压抑的观点包含在这些话语中："压抑的本质仅仅是把某物从意识中赶走，并使之与意识保持一定的距离。"根据莱特的说法，弗洛伊德在他心灵潜意识的模型中潜意识地压抑了母性，并且从推断上来看，也压抑了关系的视角："与弗洛伊德的机械论叙述相比，关系视角更符合当代精神分析……"莱特断言，词语，即语言的形式，给观念赋予了形状。正是在这里，他将我们带入了母亲-儿童关系的形状中，并推断出其与分析师-被分析者关系的相似之处。弗洛伊德作为他那个时代的男人，更具有父性的认知，而非情感上的母性。引用兰格和奥格登的研究，母性与经验及其"鲜活的性质"联系在一起，并非像父性方式那样命名和谈论、告诉患者经验，后者没有让患者体验从而意识到其背后隐藏着什么。斯特恩的"母性同调"概念反映了孩子体验到的语调、韵律、强度和活力，加上温尼科特 "镜映"的概念——被看到和认可的体验——奠定自体的基础（"我被看见和认可，因此我成为我自己"）。他进一步说，母亲的表达提供了孩子像什么的外部画面。不可避免地，莱特提到了艺术和艺术表达，指出"它的表征方法是直接的，艺术作品通过其形式和图像的复杂关联，展示和表明了我们存在的方式"。

第一次看到毕加索的一幅四肢比例夸大的坐着的人像，我就明白了他画的是把腿往前挺直坐着的感觉，他画出了观者能看到和感受到的身体体验。尽管弗洛伊德不能直接讨论"母性"，因为这个意像对他来说是不可接受和被压抑的，但可以毫不牵强地说，即使在他早期对癔症的研究中，他对人类经验的直觉理解也是非常敏感活跃的（母性的？）。露西（Lucy）和凯塔琳娜（Katarina）出现在我的脑海里；弗洛伊德认识到一位年轻女子爱上并渴望得到她雇主的爱，他帮助露西意识到她的愿望，并接受那在当时是不可能的事情；同样地，凯塔琳娜被她所看到的吓坏了，否认了她所知道的，直到在弗洛伊德的帮助下她找到了语言来描述她所看到的图像。不管他是否意识到，他对这些女人说的话唤起了情感体验和真相。弗洛伊德的这两个方面（外在的父性和内在的母性）都是存在的，因为即使母性被压抑，它也肯定在一开始就存在。莱特的结论是："每一件有价值的艺术品都是对人类心灵结构的一个小小的启示，因为它的各种衔接就是那个心灵的形式，通过外部世界的媒介得以实现。"他肯定了弗洛伊德在《论潜意识》中的创造性。

伯纳德·里斯带我们走进弗洛伊德的诊室，想象弗洛伊德在询问："这是怎么回事？如何理解它？我是如何参与其中的？"很快，他读到了潜意识的弦外之音，提出了"超出地形学模型之外"的"二人转化模型"。这可能证实了这样一种观点，即尽管弗洛伊德不诉诸言语或图像，由此可能压抑了母性-关系的模型，但他还是留下了足够的证据让里斯可以深入研究和想象一个暗含的主题。尽管弗洛伊德的地形学模型是对一个人心灵的建构，也就是说是一个内心的模型；但他也使用"我们"这个词激发了里斯的观点——在诊室里不只存在一个患者，分析师（弗洛伊德）也是参与其中的。里斯强调，分析师的存在是为了帮助被分析者克服阻抗，从而使潜意识中被压抑的东西意识化（转化、转译）。为了阐明他所说的"精神分析的转化工作"，里斯提供了一个完整的案例梗概："寻找亲密感的事物表征。"他把我们带到他的诊室，向我们展示了他"把一只袜子从里面翻到外面"的意象是如何以一种他没有预料到的方式与他的患者交流的。他的图像诱发的远超出了理智上的理解——这个由里翻到外的袜子与患者的潜意识体验对上话。这是转化工作一个极好的例子：两个人的潜意识一起工作。这也是关于分析师虽然不确定但相信自己的潜意识的一个例子。这是一个转化的时刻。在接下来的段落中，里斯不仅回忆了韦格纳关于精神分析工作需要时间、耐心和承受不确定性的观点，而且帮助读者理解其他作者顺便提及的"事物表征"和"词语表征"的区分。里斯写道：

也许当时发生的事情是，我潜意识地捕捉到他对于安全的、具有分化差异的皮肤之间接触的需要，而这个接触是他感觉与自己接触的起点。但直到我发现了一个意象（一个"事物表征"）并将其诉诸言语，我才明白这一点……一些潜意识的东西被转化了，首先是转化成了一个至今缺乏的"事物表征"，然后转化成了一个"事物表征"的网络，最后通过与"词语表征"相关联，变成了一个有意义的结构。我并不是说这取代了解释性工作，但我确实相信它让解释性工作更丰满和有意义。

回到弗洛伊德的论文，他想象弗洛伊德必须与自己（他想象中的批评者？）辩论，以找到一种方法来理解他的患者。他遵循弗洛伊德仔细和详尽的论点，解释了分析师可能遇到的各种陷阱，例如："潜隐记忆""意识和潜意识的接触点""与患者认同"，以及"我们自己意识的确定性"等观念都借鉴了弗洛伊德的论文进行了有益讨论。里斯认识到"他人"（other person）是分析师对患者的内在反应。里斯把弗洛伊德的地形学模型看作是一块宝石，它把弗洛伊德的论文放置到了艺术领域。他继续钻研和深入阅读，他认可弗洛伊德给了我们一个持久存在的心理模型，这个模型不一定存在于物理空间之内。事实上，一个想法，就像一个民间故事，内容可以不变但有不同的表达方式。分析师们经常争论弗洛伊德是否承认潜意识的情感。里斯通过仔细讨论在分析工作中双方参与者存在的情感来平息这个问题。

里斯现在向读者重新规划了他最初提出的、想象弗洛伊德会问自己的那三个问题。这次他从三个元心理学的角度（动力学、地形学和经济学）重新提问。在根据弗洛伊德的工作并结合他自己的临床案例讨论了这些问题之后，他也注意到：弗洛伊德的遗产并没有预示它涉及了广义上的主体间性。相反，在认识到弗洛伊德的遗产已经被后续的分析学家，比如克莱茵、拜昂、温尼科特、巴朗热、费罗和鲁西荣等进一步发展并且被汉利进行了讨论之后，里斯认为："考虑到'主体间性'的多重含义，我自己对于这种转化性工作的首选术语是'心理间性'，就像博洛尼尼（Bolognini，2011）所使用的那样，这似乎更接近弗洛伊德最初的用法。"

伯纳德·里斯把我们带到了弗洛伊德的和他自己的诊室，这为我们接下来的三位作者（艾森斯坦、布伦纳和博洛尼尼）铺平了道路，他们三位的临床敏锐性尤其适合今天的分析师。

玛丽莉亚·艾森斯坦带我们进入她与心身疾病患者的潜意识进行的工作当中。她从心身疾病患者的动力性潜意识意义的历史开始，并概述了心身医学的不同学派。根据她与身心疾病患者合作的丰富经验——这些患者的问题从身体到心理，复杂性越来越大——她认为她追随的巴黎学派的方法"在弗洛伊德建构驱力概念中就已经处于萌芽状态"。毫无疑问，她认为心灵和身体密不可分，但她强调来自身体的需求或压力并认为心身疾病患者心理功能的不连续性导致这样一个假设："'表征的需要'的失败与需求过量有关。"通过比较《论潜意识》与《自我与本我》，艾森斯坦断言，分析师"对躯体问题和边缘性结构问题的治疗目标就是将本我转化为潜意识"。像里斯一样，在阅读弗洛伊德的第一种地形学说时，她阐明了一个复杂的见解——情感是不能被压抑的，但压抑可以达到压制它的目的——由此解决了情感是潜意识的一部分这个问题。与本书中其他使用二人模型的作者相似，她坚持认为与身心疾病患者的精神分析工作同时涉及分析师和被分析者。艾森斯坦指出："精神分析师的前意识情感可以被患者感知到，并在他或她身上遇到一个寻求突破的潜意识的'潜在起点'。它只有在移情-反移情过程中才能获得突破的资格，在这个过程中，它由于被分析师的前意识加工而获得了它的情感状态。"从《论潜意识》《自我与本我》到弗洛伊德后期的结构模型和他的第二种焦虑理论，读者将看到与神经症患者和有躯体问题的患者工作的区别。她提到了"移情性强迫"，但是身心疾病不像癔症是可以解释的移情性神经症，这类患者更像孩子，会形成复杂性更低、言语化程度更低的移情。她的临床案例生动地表明：有躯体问题的人对"心理"或"内省"不感兴趣，但总"令人费解地"持续前来接受治疗，直到最终在分析师和被分析者之间出现情感联结。对她来说，躯体症状本身没有象征意义，这种意义只有经过分析后才会出现。

作为临床医生，我们能从艾森斯坦对身心问题患者的理解中得到什么呢？她有说服力的和有用的观点如下：分析师需要在物理上（身体上）和情感上在场；分析师需要承认并确认患者的感知，然后将其与过去的经验联系起来。她用她的第二个临床例子说明了这些观点。在这个例子中，她向她的患者承认："我确实在想另外一个人……但我们也需要一起去理解为什么她无法容忍不能完全控制别人想法的情况。"她接着给出了一个历史性的解析："……她很可能是在让我经历她在遥远的过去所遭受的痛苦"，这就使焦虑变成了可以被体验到的感觉。对艾森斯坦来说，情感是一个关键概念，因为它能够将负荷（驱力）连接到一个表征或一串表征上。患者的呼吸平静下来，她第一次哭了起来。通过这种"被迫承认客体（分析师）有他自己的精神生活，真正的分析就可能开始"。也就是说，经过很长一段时间的分析师在场，被分析者可以开始带着感觉探索他的精神生活。韦格纳的"耐心和时间"，里斯的"把袜子从里面翻出来",都与艾森斯坦的方法一致。事实上,本书的所有贡献者都同意:分析师的潜意识像被分析者的潜意识一样参与了工作。

艾勒·布伦纳承认,弗洛伊德的开创性的专著及其思想的源泉,持续地激发了他的见解和阐述。布伦纳对潜意识在自体知觉中的作用提出了自己的看法。他坚定地认为对外部和内部现实的感知都受到潜意识力量的显著影响。重大的失调,特别是在"失去时间感"方面,可能提示在心理的其他方面有难以捉摸的困扰,但如果能得到检视,就可能会为精神分析工作提供更多的启示。

布伦纳根据他的临床经验,阐明了他如何与那些在自体知觉方面有严重障碍的患者工作。这些患者今天可能被诊断为分离性或多重人格障碍。当他还是学生的时候,他曾观察到一个年轻女人在药物的影响下失去了她在哪里的感觉:"我在这里,我不在这里",他对潜意识作用的兴趣因此被激发出来。他后来回想起来时,意识到弗洛伊德提供了一个途径,让他可以理解这个暂时精神错乱的年轻女人:"她很可能对自己潜意识的心理活动有了交替的意识,从而失去了正常的感觉。"弗洛伊德也为理解多重人格的这一方面奠定了基础,多重人格的表现就是将不同的自体分离开来。布伦纳注意到,后来的分析师"将致病的、隐藏图式描述为儿童早年创伤的残余物;这些创伤干扰了知觉,它在动力性潜意识的层面上起作用,然后再重新出现"。布伦纳讨论了四个不同的临床案例,每个案例都显示了由于潜意识影响知觉而产生的不同的自体失调。第一个例子是一个内在和外在知觉相互作用的极端例子,他用这个例子展示了具有多重解离自体的心理现实是如何令人无法忍受并最终导致自我毁灭行为的。布伦纳回顾了弗洛伊德和布洛伊尔,将这个女患者"非常深"的压抑归因于持续而严重的早年创伤。他在第二个病例中描述了一种临床挑战:如何应对一个患者相当突然的、具有动力学意义的自体知觉变化(她变成了一个完全不同的人,在这种状态下,她认不出另一个自体,反之亦然)。在对技术问题的讨论中,他指出精神病学经常将精神分裂症与多重人格混淆,导致不能允许患者说出隐藏的内容,也无法通过分析帮助他们理解他们的另一个(或另几个)自体。第三个例子说明了这种失败的有害影响。谈到对身体自体的感知,他提醒我们弗洛伊德认为自我是一个

"身体的自我"以及"自体的躯体基础起源于感觉运动"。这与镜映阶段有关,在这个阶段,婴儿从母亲的眼睛里看到自己,然后在镜子里看到自己,对自己影像的迷恋贯穿整个生命。布伦纳的第四个案例形象地说明了他是如何使用镜子这个词——指他自己——激发了患者的一个退行:患者孩子气的声音和被折磨的童年记忆。

布伦纳在结束语中提到了伟大的文学作品,比如塞万提斯、莎士比亚和皮兰德罗。他评论道:"最后,当观察自我这样的概念把我们的注意力集中在自体的意识知觉上时,为了在镜子中'真正地'看到我们自己,必须考虑潜意识、解离的影响。"布伦纳承认,他可能以弗洛伊德的论文作为出发点,但"自体"这个词并没有出现在弗洛伊德的原文中。他指出,弗洛伊德"主张潜意识是我们物种进化的遗留物以一些人格化的状态所栖息的地方。因此,我们不仅要理解是'什么',还要理解是'谁'存在于我们心灵的黑暗深处,这可以促进心灵的更好整合"。

最后,我们来看看斯特凡诺·博洛尼尼的论文。他的主题是《抛开自我:问题解决和潜意识》。这个主题来自他的反思,而这种反思超出了精神分析的具体理论和临床领域。博洛尼尼从一个自我观察开始:他"嫉妒"那些似乎能很快地、凭直觉地、不费什么力气也不用大惊小怪或烦恼就能解决问题的人。为了介绍"潜意识的创造性",他很快提到了弗洛伊德提出的两个重要观点:潜意识"起作用";潜意识可以被激活;例如:它可以与另一个人的潜意识相结合,"避开"意识的头脑。是人的直觉的潜意识在深层运作,"一些自我不了解的事情在工作、结合、组装、设想、创造、转化"。

博洛尼尼创造性地使用了(带有诙谐效果的)童话故事《穿靴子的猫》来说明他的理论——工作中的潜意识。男孩(自我)变得被动,并允许不焦虑的、健康自恋的猫(潜意识)来工作。通过由积极内射的内在父母风格而产生的自我和自体之间的内在关系,这些工作导致了一个有利的局面。在澄清他对弗洛伊德术语的理解后,博洛尼尼假设:"存在一个具有潜在和偶然创造性的梦的领域。这个梦的领域建立在对主体内部世界各个成分进行表征、分解和重组的可能性之上。这多亏了初级过程的可靠性和重新连接的效果,以及次级过程允许的重组。"这就是潜意识工作的方式，自我可以对此表示同意或反对。同样有创意的是，他使用"危地马拉小娃娃"展示如何在潜意识中解决问题。想象中，娃娃们在人睡觉的时候交谈并找到解决办法。当人醒来以后，只要自我不阻止它们，这些解决方案就变成有意识的和有用的。也就是说，自我（意识）必须给创造性地使用前意识和潜意识留出空间。

博洛尼尼带我们回到直觉概念并对其探索，我们被他带领着历经古希腊的伟大思想家，到1926年的认知心理学家（沃拉斯）——此人描述了直觉过程的四个典型阶段，到梅特卡夫和维贝1987年的工作——他们证明了那些需要一个创造性的解决方案的问题可以突然得到有效解决。他也提到了那些研究"横向思维能力"、主观建构、功能固着和头脑风暴的认知心理学家。

认知理论和精神分析对直觉的观点之间有什么联系呢？博洛尼尼通过阐明诸如"多次、充分地内射有用的、积极的客体及其功能"这样的精神分析概念来建立这种联系。通过他的言语，认同、内射、合并、模仿、部分内射性认同、与整体客体的内在关系等复杂概念变得可以理解并具有临床意义。直觉，尤其是它的快速性，可能被理想化了；而通过对科胡特的引用，可以帮助读者对快速的心理功能去理想化。接下来博洛尼尼转向经济学观点，揭示了压抑所需的能量成本。想象一下，患神经症的人不放弃他们的"资产"，他们会用更多的能量来压抑他们的冲突、避免真正的互动，以此来保护自己。相比之下，那些能够明显分裂和投射自体内在部分的人会失去他们的一部分"资产"；他们因为放弃了自我的一部分重量而变得更轻飘飘的。然而，在一个人必须从事某些工作时，这种分裂可能是临时性的和有功能的。从经济学上讲，为了某些选择性的功能采取分裂可能导向快速、直觉式的问题解决。

在他的结论中，博洛尼尼简单地提到了通过直觉解决问题的文化和精神分析视角。他认识到，精神分析允许自体各个部分之间的协调合作，一个孩子内化的合作的经验形式通常会发展出一个慈善的核心自我——忠实、心胸宽广、宽容，继承了原始客体，后者已经具备了自身的能力和功能性整合——知道如何在有用时进行干预，以及如何在自体的其他部分面对任务表现出更卓越的创造力和能力时让贤。他最后的引用凸显了这篇创造性的论文："我的灵魂是一支隐形的交响乐队；我不知道它由哪些乐器组成，不知道我心中喧响和撞击的是怎样的丝竹进发，是怎样的鼓铎震天，我听到的是一片声音的交响。"博洛尼尼的文字是如此富有意象，他的章节很值得一读再读。

回到萨尔曼·艾克塔清晰的《导论》和他从《论潜意识》中衍生出来的十二个主要命题。我们的撰稿人中没一个人能涉及这全部十二个命题。然而，综合起来，每个作者用自己崭新的视角涵盖了其中一个或多个命题，这十二个命题均涉及了。一些人支持弗洛伊德的观点，另一些人持批评态度，或者在某些领域强烈反对。很少有观点被忽视。和我一样，所有人都同意艾克塔的断言，即关于潜意识还有更多有待发现的东西。弗洛伊德引领着我们，并将继续激励我们前行。

所有这些贡献者——精神分析学家和作者们——以各种角度来看待弗洛伊德的开创性专著：他们从上到下、从下到上、从四面八方对其进行挖掘，以揭示其宽度、高度和深度。他们不同的视角并没有给对弗洛伊德《论潜意识》的探索画上句号。相反，他们的贡献增加了它的可及性和理解性，并为进一步学习打开了大门。艾斐尔曼（Eifermann，2007）很好地总结了这种学习的推拉之力：

潜意识是一个在某种程度上永远无法被探索的领域，它的影响将伴随我们不断探索的尝试而持续存在……否认其存在，或者通过实践和理论的创新忽略它，都只会蒙蔽我们，让我们看不到它对我们"能知道什么"不断产生的影响。它加强了我们的信念——我们确实比自己以为的知道得更多。然而，否认的倾向性以及在心理治疗中用建议替代患者自主性发展的诱惑力是非常大的。深入潜意识心灵本身就是令人不安的，也是违背我们的本性的。因此，放弃还是坚持这种探索的内在和外在冲突将永远不会停止。

回到"伟大艺术"的本质上来，托尔斯泰下面的这句话包含了弗洛伊德在《论潜意识》中为我们创造的很多东西："艺术是主观与客观、自然与理性、潜意识与意识的统一，因此艺术是最高级别的知识。"（Tolstoy，1995）

参考文献

Aisenstein, M. (1993). Psychosomatic solution or somatic outcome: the man from Burma—psychotherapy of a case of haemorraghic rectocolitis. *International Journal of Psychoanalysis, 74*: 371–381.

Aisenstein, M. (2008). Beyond the dualism of psyche and soma. *Journal of the American Academy of Psychoanalysis, 36*: 103–123.

Aisenstein, M. (2010a). Clinical treatment of psychosomatic symptoms. *International Journal of Psychoanalysis, 91*: 1213–1215.

Aisenstein, M. (2010b). Les exigences de la représentation. *Revue française de psychanalyse, 74*(5): 1367–1392.

Aisenstein, M., & Rappoport de Aisemberg, E. (Eds.) (2010). *Psychosomatics Today: A Psychoanalytic Perspective*. London: Karnac.

Akhtar, S. (1999). *Immigration and Identity: Turmoil, Treatment, and Transformation*. Northvale, NJ: Jason Aronson.

Akhtar, S. (2009a). *Comprehensive Dictionary of Psychoanalysis*. London: Karnac.

Akhtar, S. (2009b). Metapsychology. In: *Comprehensive Dictionary of Psychoanalysis* (pp. 171–172). London: Karnac.

Akhtar, S. (2011). *Immigration and Acculturation: Mourning, Adaptation, and the Next Generation*. Lanham, MD: Jason Aronson.

Akhtar, S. (2013). *Good Stuff: Courage, Resilience, Gratitude, Generosity, Forgiveness, and Sacrifice*. Lanham, MD: Jason Aronson.

Alexander, F. (1947). Treatment of a case of peptic ulcer and personality disorder. *Psychosomatic Medicine, 9*: 320–330.

Amati-Mehler, J., Argentieri, S., & Canestri, J. (1993). *The Babel of the Unconscious: Mother Tongue and Foreign Languages in the Psychoanalytic Dimension*, J. Whitelaw-Cucco (Trans.). Madison, CT: International Universities Press.

Anderson, M., Ochsner, K., Kuhl, B., Cooper, J., Robertson, E., Gabrieli, S., Glover, G., & Gabrieli, J. (2004). Neural systems underlying the suppression of unwanted memories. *Science, 303*: 232–235.

Arieti, S. (1974). *Interpretation of Schizophrenia*. New York: Basic Books.

Arlow, J. A. (1966). Depersonalization and derealization. In: R. M. Loewenstein, L. M. Newman, M. Schur, & A. J. Solnit (Eds.), *Psychoanalysis—A General Psychology* (pp. 456–478). New York: International Universities Press.

Arlow, J. (1969). Unconscious fantasy and disturbances of mental experience. *Psychoanalytic Quarterly, 38*: 1–27.

Asendorpf, J. B., Warkentin, V., & Baudonnière, P.-M. (1996). Self-awareness and other-awareness. II: Mirror self-recognition, social contingency awareness, and synchronic imitation. *Developmental Psychology*, *32*: 313–321.

Baranger, M., & Baranger, W. (2008). The analytic situation as a dynamic field. *International Journal of Psychoanalysis*, *89*: 795–826.

Bargh, J., & Chartrand, T. (1999). The unbearable automaticity of being. *American Psychologist*, *54*: 462–479.

Bassanese, F. A. (1997). *Understanding Luigi Pirandello*. Columbia, SC: University of South Carolina Press.

Beres, D., & Joseph, E. D. (1970). The concept of mental representation in psychoanalysis. *International Journal of Psychoanalysis*, *51*: 1–8

Bergmann, M. S. (1993). Reflections on the history of psychoanalysis. *Journal of the American Psychoanalytic Association*, *41*: 929–955.

Bernat, E., Shevrin, H., & Snodgrass, M. (2001). Subliminal visual oddball stimuli evoke a P300 component. *Clinical Neurophysiology*, *112*: 159–171.

Bernstein, W. M. (2011). *A Basic Theory of Neuropsychoanalysis*. London, UK: Karnac.

Bettelheim, B. (1982). *Freud and Man's Soul*. New York: Vintage.

Bion, W. R. (1957). Differentiation of the psychotic from the non-psychotic personalities. *International Journal of Psychoanalysis*, *38*: 266–275.

Bion, W. R. (1959). Attacks on linking. *International Journal of Psychoanalysis*, *40*: 308–315.

Bion, W. R. (1962a). The psychoanalytic study of thinking. *International Journal of Psychoanalysis*, *43*: 306–310; reprinted in Spillius (Ed.) (1988), Vol. 1, London: Routledge.

Bion, W. R. (1962b). *Learning from Experience*. London: Heinemann [reprinted London: Karnac, 1984].

Bion, W. R. (1963). *Elements of Psychoanalysis*. London: Karnac, 1984.

Bion, W. R. (1965). *Transformations*. London: Karnac, 1984.

Bion, W. R. (1970). *Attention and Interpretation*. London: Karnac.

Blau, A. (1955). A unitary hypothesis of emotion: anxiety, emotions of displeasure, and affective disorders. *Psychoanalytic Quarterly*, *24*: 75–103.

Blos, P. (1985). *Son and Father*. New York: Basic Books.

Bollas, C. (1979). The transformational object. *International Journal of Psychoanalysis*, *60*: 97–107.

Bollas, C. (1992). *Being a Character: Psychoanalysis and Self-Experience*. New York: Hill and Wang.

Bolognini, S. (2004). *Psychoanalytic Empathy*, M. Garfield (Trans.). London: Free Association Books.

Bolognini, S. (2011). *Secret Passages: The Theory and Technique of Interpsychic Relations*, G. Atkinson (Trans.). London: Routledge.

Bouvet, M. (2007). *La cure psychanalytique classique*. Paris: Presses

Universitaires de France.

Brakel, L. A. W. (1994). Book review essay of *Rediscovery of Mind* (1992) by John Searle. *Psychoanalytic Quarterly*, *63*: 787–792.

Brakel, L. A. W. (2009). *Philosophy, Psychoanalysis, and the A-rational Mind*. Oxford: Oxford University Press.

Brakel, L. A. W. (2010). *Unconscious Knowledge and Other Essays in Psycho-Philosophical Analysis*. Oxford: Oxford University Press.

Brakel, L. A. W., & Shevrin, H. (2003). Freud's dual process theory and the place of the a-rational. Continuing commentary on Stanovich and West (2001), Individual differences in reasoning: implications for the rationality debate, in *Behavioral and Brain Sciences*, *23*: 645–666. *Behavioral and Brain Sciences*, *26*, 527–528.

Brenner, C. (1976). *Psychoanalytic Technique and Psychic Conflict*. New York: International Universities Press.

Brenner, C. (1973). *An Elementary Textbook of Psychoanalysis*. Garden City, NY: Anchor/Doubleday.

Brenner, I. (1994). The dissociative character: a reconsideration of "multiple personality" and related phenomena. *Journal of the American Psychoanalytic Association*, *42*: 819–846.

Brenner, I. (1999). Deconstructing DID. *American Journal of Psychotherapy*, *53*: 344–360.

Brenner, I. (2001). *Dissociation of Trauma: Theory, Phenomenology, and Technique*. Madison, CT: International Universities Press.

Brenner, I. (2004). *Psychic Trauma: Dynamics, Symptoms, and Treatment*. Lanham, MD: Jason Aronson.

Brenner, I. (2009). *Injured Men: Trauma, Healing, and the Masculine Self*. Lanham, MD: Jason Aronson.

Brown, L. J. (2011). *Intersubjective Processes and the Unconscious*. London: Routledge.

Bruner, J. (1983). *Child's Talk: Learning to Use Language*. New York: Norton.

Bunce, S., Bernat, E., Wong, P., & Shevrin, H. (1999). Further evidence for unconscious learning: preliminary support for the conditioning of facial EMG to subliminal stimuli. *Journal of Psychiatric Research*, *33*: 341–347.

Calich, J. C., & Hinz, H. (Eds.) (2007). *The Unconscious. Further Reflections. Psychoanalytic Ideas and Applications*: *5*. London: International Psychoanalytic Association, Psychoanalytic Ideas and Application Series.

Carhart-Harris, R., & Friston, K. (2010). The default mode, ego functions and free energy: a neurobiological account of Freudian ideas. *Brain*, *133*: 1265–1283.

Carroll, L. (1871). *Through the Looking Glass, And What Alice Found There*. New York: Dover Publishing, 1993.

Casement, P. (1991). *Learning from the Patient*. New York: Guilford Press.
Coles, R. (1965). On courage. *Contemporary Psychoanalysis, 1*: 85–98.
Coltart, N. (1992). *Slouching Towards Bethlehem*. London: Free Association Books.
Cooper, A. M., Kernberg, O. F., & Person, E. S. (Eds.) (1989). *Psychoanalysis toward the Second Century*. New Haven, CT: Yale University Press.
Damasio, A. (1999). *The Feeling of What Happens*. New York: Harvest.
Damasio, A. (2010). *Self Comes to Mind*. New York: Pantheon.
Danckwardt, J. F. (2011a). The fear of method in psychoanalysis. *Psychoanalysis in Europe Bulletin, 65*: 113–124.
Danckwardt, J. F. (2011b). Die vierstündige analytische Psychotherapie in Ausbildung und Behandlung—ein Auslaufmodell? [Four-sessions weekly psychotherapy in training and treatment—a discontinued model?] *Z Psychoanal Theorie Prax, 26*(2): 208–220.
Darwin, C. (1872). *The Expression of Emotions in Man and Animals*. London: John Murray.
De Bono, E. (1970). *Lateral Thinking: Creativity Step by Step*. New York: Harper.
de Cervantes, M. (1605). *The Ingenious Gentleman Don Quixote de la Mancha*. New York: Viking Press, 1949.
De Veer, M. W., Gallup, G. G., Theall, L. A., van den Bos, R., & Povinelli, D. J. (2003). An 8-year longitudinal study of mirror self-recognition in chimpanzees (*Pan troglodytes*). *Neuropsychologia, 41*: 229–234.
Duncker, K. (1945). On problem solving. *Psychological Monographs, 58*(5): i–113.
Edelman, G. (1993). *Bright Air, Brilliant Fire*. New York: Basic.
Eickhoff, F.-W. (1995). Über den Konstruktivismus im Werk Wolfgang Lochs (On constructivism in Wolfgang Loch's work). In: Eickhoff, F.-W., 2009. Primäre Identifizierung, Nachträglichkeit und 'entlehntes unbewusstes Schuldgefühl' (Primary identification, deferred action and 'borrowed unconscious guilt'). Ausgewählte Schriften zu psychoanalytischen Themen 1976–2008 (Selected writings on psychoanalytic subjects 1976–2008). Supplement 24 of the *Jahrbuch der Psychoanalyse* (pp. 171–176. Stuttgart: Frommann-holzboog.
Eifermann, R. (2007). On the inevitable neglect of the unconscious: a contemporary reminder. In: J. C. Calech & H. Hinz (Eds.), *The Unconscious: Further Reflections* (pp. 133–148). London: International Psychoanalytic Association.
Eisnitz, A. (1980). The organization of the self-representation and its influence on pathology. *Psychoanalytic Quarterly, 49*: 361–392.
Eissler, K. (1953). Notes upon the emotionality of a schizophrenic

patient and its relation to problems of technique. *Psychoanalytic Study of the Child*, 8: 199–251.

Ellenberger, H. F. (1970). *The Discovery of the Unconscious: The History and Evolution of Dynamic Psychiatry*. New York: Basic Books.

Etchegoyen, R. H. (1991). *The Fundamentals of Psychoanalytic Technique*. London: Karnac.

Falzeder, E. (2002). *The Complete Correspondence of Sigmund Freud and Karl Abraham, 1907–1925*, C. Schwarzacher (Trans.). London: Karnac.

Falzeder, E., & Brabant, E. (1996). (Eds.). *The Complete Correspondence of Sigmund Freud and Sándor Ferenczi, 1914–1919* (Vol. 2), P. Hoffer (Trans.). Cambridge MA: Harvard University Press.

Feldman, M. (2007). Addressing parts of the self. *International Journal of Psychoanalysis*, 88: 371–386.

Fenichel, O. (1941). *Problems of Psychoanalytic Technique*. Albany, NY: Psychoanalytic Quarterly Press.

Fenichel, O. (1945). *The Psychoanalytic Theory of Neurosis*. New York: W. W. Norton.

Ferenczi, S. (1911). On obscene words. In: *Final Contributions to the Problems and Methods of Psychoanalysis*. London: Hogarth Press.

Ferro, A. (1999). *The Bi-Personal Field: Experiences in Child Analysis*. London: Routledge.

Ferro, A. (2009). *Mind Works: Technique and Creativity in Psychoanalysis*. London: Routledge.

Fonagy, P., & Target, M. (1997). Attachment and reflective function: their role in self-organization. *Development and Psychopathology*, 9: 679–700.

Frank, A. (1969). The unrememberable and the unforgettable: passive primal repression. *Psychoanalytic Study of the Child*, 24: 48–77.

Frank, A. (1995). Metapsychology. In: B. Moore & B. Fine (Eds.), *Psychoanalysis: The Major Concepts* (pp. 508–520). New Haven, CT: Yale University Press.

Freud, A. (1936). *The Ego and the Mechanisms of Defense*. New York: International Universities Press.

Freud, E. L. (Ed.) (1960). *Letters of Sigmund Freud 1873–1939*, T. & J. Stern (Trans.). New York: Basic Books.

Freud, S. (1894a). The neuro-psychoses of defence. *S.E.*, 3: 45–61. London: Hogarth.

Freud, S. (1895a). Project for a scientific psychology. *S.E.*, 1: 281–397. London: Hogarth.

Freud, S. (with Breuer, J.) (1895d). *Studies on Hysteria. S.E.*, 2. London: Hogarth.

Freud, S. (1896). Letter of January 1, 1896 [extract]. *S.E.*, 1: 388–391. London: Hogarth.

Ferenczi, S. (1911). On obscene words. In: *Final Contributions to the Problems and Methods of Psychoanalysis*. London: Hogarth Press.

Ferro, A. (1999). *The Bi-Personal Field: Experiences in Child Analysis*. London: Routledge.

Ferro, A. (2009). *Mind Works: Technique and Creativity in Psychoanalysis*. London: Routledge.

Fonagy, P., & Target, M. (1997). Attachment and reflective function: their role in self-organization. *Development and Psychopathology, 9*: 679–700.

Frank, A. (1969). The unrememberable and the unforgettable: passive primal repression. *Psychoanalytic Study of the Child, 24*: 48–77.

Frank, A. (1995). Metapsychology. In: B. Moore & B. Fine (Eds.), *Psychoanalysis: The Major Concepts* (pp. 508–520). New Haven, CT: Yale University Press.

Freud, A. (1936). *The Ego and the Mechanisms of Defense*. New York: International Universities Press.

Freud, E. L. (Ed.) (1960). *Letters of Sigmund Freud 1873–1939*, T. & J. Stern (Trans.). New York: Basic Books.

Freud, S. (1894a). The neuro-psychoses of defence. *S.E., 3*: 45–61. London: Hogarth.

Freud, S. (1895a). Project for a scientific psychology. *S.E., 1*: 281–397. London: Hogarth.

Freud, S. (with Breuer, J.) (1895d). *Studies on Hysteria. S.E., 2*. London: Hogarth.

Freud, S. (1896). Letter of January 1, 1896 [extract]. *S.E., 1*: 388–391. London: Hogarth.

Freud, S. (1912e). Recommendations to physicians practising psycho-analysis. *S.E., 12*: London: Hogarth.

Freud, S. (1914c). On narcissism: an introduction. *S.E., 14*: London: Hogarth.

Freud, S. (1914g). Remembering, repeating and working-through. *S.E., 12*: London: Hogarth.

Freud, S. (1915a). Observations on transference love. *S.E., 12*: London: Hogarth.

Freud, S. (1915c). Instincts and their vicissitudes. *S.E., 14*: 109–140. London: Hogarth.

Freud, S. (1915d). Repression. *S.E., 14*: 141–158. London: Hogarth.

Freud, S. (1915e). The unconscious. *S.E., 14*: 161–215. London: Hogarth.

Freud, S. (1915f). A case of paranoia running counter to the psycho-analytic theory of the disease. *S.E., 14*: 261–272. London: Hogarth.

Freud, S. (1916–1917). *Introductory Lectures on Psycho-Analysis. S.E., 15–16*. London: Hogarth.

Freud, S. (1917d). A metapsychological supplement to the theory of

dreams. *S.E.*, *14*: 222–235. London: Hogarth.
Freud, S. (1917e). Mourning and melancholia. *S.E.*, *14*: 237–260. London: Hogarth.
Freud, S. (1920g). *Beyond the Pleasure Principle*. *S.E.*, *18*: 7–64. London: Hogarth.
Freud, S. (1923b). *The Ego and the Id*. *S.E.*, *19*: 3–68. London: Hogarth.
Freud, S. (1925a). A note upon "the mystic writing-pad". *S.E.*, *16*: 227–232. London: Hogarth.
Freud, S. (1925d). An autobiographical study. *S.E.*, *20*: 7–74. London: Hogarth.
Freud, S. (1926d). *Inhibitions, Symptoms and Anxiety*. *S.E.*, *20*: 77–124. London: Hogarth.
Freud, S. (1927c). *The Future of an Illusion*. *S.E.*, *21*: 3–56. London: Hogarth.
Freud, S. (1927e). Fetishism. *S.E.*, *21*: 152–157. London: Hogarth.
Freud, S. (1933a). *New Introductory Lectures on Psycho-analysis*. *S.E.*, *22*. London: Hogarth.
Freud, S. (1937d). Constructions in analysis. *S.E.*, *23*: 255–269. London: Hogarth.
Freud, S. (1940a[1938]). *An Outline of Psychoanalysis*. *S.E.*, *23*: 139–207. London: Hogarth.
Freud, S. (1954). *The Origins of Psychoanalysis*, M. Bonaparte, A. Freud, & E. Kris (Eds.) New York: Basic Books.
Freud, S. (1987). Overview of the transference neuroses [draft of the twelfth paper on metapsychology of 1915] in: *A Phylogenetic Fantasy: Overview of the Transference Neuroses*, edited and with an essay by Ilse Grubrich-Simitis, A. Hoffer & P. T. Hoffer (Trans.). Cambridge, MA: Belknap Press of Harvard University Press.
Friston, K. (2010). The free-energy principle: a unified brain theory? *Nature Reviews Neuroscience*, *11*: 127–138.
Galin, D. (1974). Implications for psychiatry of left and right cerebral specialization. *American Journal of Psychiatry*, *31*: 572–583.
Garlick, D., Gant, D., Brakel, L. A. W., & Blaisdell, A. (2011). Attributional and relational processing in pigeons. *Frontiers in Comparative Psychology*, *2*, article 14.
Ghorpade, A. (2009). State-dependent self-representations: a culture bound aspect of identity. *American Journal of Psychoanalysis*, *69*: 72–79.
Glover, E. (1941). *On Fear and Courage*. London: Penguin.
Glover, E. (1943). The concept of dissociation. *International Journal of Psychoanalysis*, *24*: 7–13.
Gottlieb, R. M. (1997). Does the mind fall apart in multiple personality disorder? Some proposals based on a psychoanalytic case. *Journal of the American Psychoanalytic Association*, *45*: 907–932,

Green, A. (1973). *The Fabric of Affect in the Psychoanalytic Discourse*, A. Sheridan (Trans.). London: Routledge, 1999.

Green, A. (1982). La mère morte. In: *Narcissisme de Vie, Narcissisme de Mort* (pp. 222–253). Paris: Editions de Minuit.

Green, A. (1993). *The Work of the Negative*. London: Free Association.

Green, A. (2001). *Life Narcissism, Death Narcissism*, A. Weller (Trans.). London: Free Association.

Grinberg, L., & Grinberg, R. (1976). *Identidad y cambio*. Barcelona: Ediciones Paidós Iberica.

Grotstein, J. S. (2001). *Does God Help? Developmental and Clinical Aspects of Religious Belief* (pp. 321–359). Edited by Salman Akhtar and Henri Parens. Northvale, NJ: Jason Aronson.

Grunbaum, A. (1998). A century of psychoanalysis: critical retrospect and prospect. In: M. Carrier & P. Machamer (Eds.), *Mindscapes: Philosophy, Science, and the Mind* (pp. 323–360). Pittsburgh, PA: University of Pittsburgh Press.

Guralnik, O., & Simeon, D. (2010). Depersonalization: standing in the spaces between recognition and interpellation. *Psychoanalytic Dialogues*, 20: 400–416.

Hanly, C. (2007). The unconscious and relational psychoanalysis. In: J. C. Calich & H. Hinz (Eds.), *The Unconscious: Further Reflections* (pp. 47–62). London: International Psychoanalytic Association, Psychoanalytic Ideas and Applications Series.

Hartmann, H. (1939). *Ego Psychology and the Problem of Adaptation*, D. Rapaport (Trans.). New York: International Universities Press, 1958.

Hartmann, H. (1948). Comments on the psychoanalytic theory of instinctual drives. In: *Essays on Ego Psychology*. New York: International Universities Press.

Hartmann, H. (1950). Comments on the psychoanalytic theory of the ego. In: *Essays on Ego Psychology* (pp. 113–141). New York: International Universities Press.

Hartmann, H. (1958). *Ego Psychology and the Problem of Adaptation*, D. Rapaport (Trans). *Journal of the American Psychoanalytic Association*, Monograph Series, No. 1. New York: International Universities Press.

Hartmann, H., & Kris, E. (1945). The genetic approach in psychoanalysis. *Psychoanalytic Study of the Child*, 1: 11–30.

Heijn, C. (2005). On foresight. *Psychoanalytic Study of the Child*, 60: 312–334.

Holder, A. (1992). Introduction to *Sigmund Freud. Das Ich und das Es. Metapsychologische Schriften* (Sigmund Freud. The ego and the id. Metapsychological writings). Frankfurt: Fischer Taschenbuch.

Isaacs, S. (1952). The nature and function of phantasy. In: M. Klein, P. Heimann, S. Isaacs, & J. Riviere (Eds.), *Developments in Psychoanalysis*. London: Hogarth Press, 1970.

Jacobson, E. (1964). *The Self and the Object World*. New York: International Universities Press.

Joffe, W. J., & Sandler, J. (1968). Comments on the psychoanalytic psychology of adaptation with special reference to the role of affects and the representational world. *International Journal of Psychoanalysis*, *49*: 445–454.

Jung, C. (1916). *The Structure of the Unconscious*, H. Read, M. Fordham, & G. Adler (Eds.), *C.W., 12*. Princeton, NJ: Princeton University Press, 1967.

Kant, I. (1781–1787). *The Critique of Pure Reason*, N. Kemp Smith (Trans.). New York: Saint Martin's Press, 1965.

Kaplan-Solms, K., & Solms, M. (2000). *Clinical Studies in Neuropsychoanalysis*. London: Karnac.

Kernberg, O. (1975). *Borderline Conditions and Pathological Narcissism*. New York: Jason Aronson.

Kernberg, O. (1976). *Object Relations Theory and Clinical Psychoanalysis*. New York: Jason Aronson.

Kernberg, O. (1992). *Aggression in Personality Disorders and Perversions*. New Haven, CT: Yale University Press.

Kernberg, O. (1995). *Love Relations: Normality and Pathology*. New Haven, CT: Yale University Press.

Kinston, W., & Cohen, J. (1986). Primal repression: clinical and theoretical aspects. *International Journal of Psychoanalysis*, *67*: 337–353.

Klein, G. (1976). *Psychoanalytic Theory*. New York: International Universities Press.

Klein, M. (1926). The psychological principles of early analysis. In: *Love, Guilt and Reparation and Other Works (Writings, Vol. 1,* Chap. 6). London: Hogarth, 1975.

Klein, M. (1930). The importance of symbol-formation in the development of the ego. In: *Love, Guilt and Reparation and Other Works (Writings, Vol. 1,* Chap. 12). London: Hogarth, 1975.

Klein, M. (1935). A contribution to the psychogenesis of manic depressive states. In: *Love, Guilt and Reparation and Other Works—1921–1945* (pp. 262–289). New York: Free Press, 1975.

Klein, M. (1946). Notes on some schizoid mechanisms. *International Journal of Psychoanalysis*, *27*: 99–110.

Kluft, R. (1985). Childhood multiple personality disorder: predictors, clinical findings, and treatment results. In: R. P. Kluft (Ed.), *Childhood Antecedents of Multiple Personality* (pp. 167–196). Washington, DC: American Psychiatric Press.

Kluft, R. P. (1986). Personality unification in multiple personality disorder: a follow-up study. In: B. G. Braun (Ed.), *Treatment of Multiple Personality Disorder* (pp. 29–60). Washington, DC: American Psychiatric Press.

Koestler, A. (1964). *The Act of Creation*. New York: Penguin/Arkana Press.

Kohut, H. (1971). *The Analysis of the Self: A Systematic Approach to the Psychoanalytic Treatment of Narcissistic Personality Disorders*. Chicago, IL: University of Chicago Press, 2009.

Kohut, H. (1977). *The Restoration of the Self*. New York: International Universities Press.

Kohut, H. (1982). Introspection, empathy, and the semi-circle of mental health. *International Journal of Psychoanalysis*, *63*: 395–407.

Kohut, H. (1985). On courage. In: C. B. Strozier (Ed.), *Self Psychology and the Humanities* (pp. 5–50). New York: W. W. Norton.

Krause, R., & Merten, J. (1999). Affects, regulation of relationship, transference, and countertransference. *International Forum of Psychoanalysis*, *8*: 103–114.

Kris, E. (1952). *Psychoanalytic Explorations in Art*. New York: International Universities Press.

Lacan, J. (1953). Some reflections on the ego. *International Journal of Psychoanalysis*, *34*: 11–17.

Lacan, J. (1977). *Ecrits: A Selection*, A. Sheridan (Trans.). London: Tavistock.

Lakoff, G., & Johnson, G. (1999). *Philosophy in the Flesh: The Embodied Mind and its Challenge to Western Thought*. New York: Basic Books.

Langer, S. K. (1942). *Philosophy in a New Key*. Cambridge, MA: Harvard University Press.

Langer, S. K. (1953). *Feeling and Form*. London: Routledge and Kegan Paul.

Langer, S. K. (1988). *Mind: An Essay on Human Feeling* (abridged edn). Baltimore, MD: Johns Hopkins University Press.

Laplanche, J., & Pontalis, J.-B. (1973). *The Language of Psychoanalysis*, D. Nicholson-Smith (Trans.). New York: W. W. Norton.

Levine, S. (2006). Catching the wrong leopard: courage and masochism in the psychoanalytic situation. *Psychoanalytic Quarterly*, *75*: 533–556.

Libet, B. (1985). Unconscious cerebral initiative and the role of conscious will in voluntary action. *Journal of Behavioral and Brain Sciences*, *8*: 529–539.

Lipton, P. (1991). *Inference to the Best Explanation*. London: Routledge.

Loch, W. (1965). Übertragung und Gegenübertragung (Transference and countertransference). *Psyche*, *19*: 1–23.

Loch, W. (1980). Metapsychologie (entry on metapsychology). In: J.

Ritter & K. Gründer (Eds.), *Historisches Wörterbuch der Philosophie* (Historical dictionary of philosophy) (Vol. 5) (pp. 1298–1299). Basel: Schwabe.

Loch, W. (1995). Psychische Realität—Materielle Realität. Genese—Differenzierung—Synthese (Psychic reality—material reality. Genesis—differentiation—synthesis). *Jahrbuch Psychoanalyse, 34*: 103–141.

Loch, W. (1999). Grundriß der psychoanalytischen Theorie (Metapsychologie) [Outline of psychoanalytic theory (metapsychology)]. In: *Die Krankheitslehre der Psychoanalyse* (Psychoanalytic psychopathology) (6th edn) (pp. 13–78), H. Hinz (Ed.). Stuttgart: S. Hirzel.

Loch, W. (2010) [1995]. Psychische Realität—Materielle Realität. Genese—Differenzierung—Synthese [Psychic reality-material reality. Genesis-differentiation-synthesis]. In: Erinnerung, Entwurf und Mut zur Wahrheit im psychoanalytischen Prozess. [Memory, project and courage for truth in the psychoanalytic process.] edited and with an introduction by Cord Barkhausen and Peter Wegner. Frankfurt a. M.: Brandes&Apsel.

Loewald, H. (1978). Primary process, secondary process and language. In: *Papers on Psychoanalysis* (pp. 178–206). New Haven, CT: Yale University Press, 1980.

Loewenstein, R. M. (1951). The problem of interpretation. *Psychoanalytic Quarterly, 20*: 1–23.

Lothane, Z. (2001). A response to Grunbaum's 'A century of psychoanalysis: critical retrospect and prospect' and other texts: requiem or reveille? *International Forum of Psychoanalysis, 10*: 113–132.

Maclean, P. (1990). *The Triune Brain in Evolution.* New York: Plenum.

MacLeish, A. (1960). *Poetry and Experience.* London: Penguin, 1961 and Peregrine Books, 1965.

Mahler, M., Pine, F., & Bergman, A. (1975). *The Psychological Birth of the Human Infant: Symbiosis and Individuation.* New York: Basic Books.

Malloch, S., & Trevarthen, C. (2009). Musicality: communicating the vitality and interests of life. In: *Communicative Musicality: Exploring the Basis of Human Companionship* (pp. 1–9). Oxford: Oxford University Press.

Marten, K., & Psarakos, S. (1995). Evidence of self-awareness in the bottlenose dolphin (*Tursiops truncatus*). In: S. T. Parker, R. W. Mitchell, & M. L. Boccia (Eds.), *Self-Awareness in Animals and Humans: Developmental Perspectives* (pp. 361–379). New York: Cambridge University Press.

Marty, P. (1980). *L'Ordre Psychosomatique.* Paris: Payot.

Marty, P., de M'Uzan, M., & David, C. (1963). *L'Investigation Psychosomatique.* Paris: Presses Universitaires de France.

Masson, J. M. (Ed.) (1985). *The Complete Letters of Sigmund Freud to Wilhelm Fliess, 1887–1904*, J. M. Masson (Trans.). Cambridge, MA: Belknap Press of Harvard University Press.

McDougall, J. (1974). The psyche-soma and the analytic process. *International Review of Psychoanalysis*, *1*: 437–459.

McDougall, J. (1989). *Theaters of the Body*. New York: Norton.

McEwan, I. (2005). *Amsterdam*. London: Vintage Books.

Merker, B. (2009). Consciousness without a cerebral cortex: a challenge for neuroscience and medicine. *Journal of Behavioral and Brain Sciences*, *30*: 63–134.

Mesulam, M. M. (2000). Behavioral neuroanatomy: large-scale networks, association cortex, frontal syndromes, the limbic system and hemispheric lateralization. In: *Principles of Behavioral and Cognitive Neurology* (2nd edn) (pp. 1–120). New York: Oxford University Press.

Metcalfe, J., & Wiebe, D. (1987). Intuition in insight and noninsight problem solving. *Memory & Cognition*, *15*: 238–246.

Milner, B., Corkin, S., & Teuber, H-L. (1968). Further analysis of the hippocampal amnesic syndrome: 14 year follow-up study of HM. *Neuropsychologia*, *6*: 215–234.

Modell, A. (1981). Does metapsychology still exist? *International Journal of Psychoanalysis*, *62*: 391–402.

Moore, B., & Fine, B. (Eds.) (1968). *A Glossary of Psychoanalytic Terms and Concepts*. New York: American Psychoanalytic Association.

Moore, B., & Fine, B. (Eds.) (1990). *Psychoanalytic Terms and Concepts*. New Haven, CT: Yale University Press.

Moruzzi, G., & Magoun, H. (1949). Brain stem reticular formation and activation of the EEG. *Electroencephalography and Clinical Neurology*, *1*: 455–473.

Nagpal, A. (2011). A Hindu reading of Freud's "*Beyond the Pleasure Principle*". In: S. Akhtar & M. K. O'Neil (Eds.), *On Freud's "Beyond the Pleasure Principle* (pp. 230–239). London: Karnac.

Ogden, T. H. (1986). The *Matrix of the Mind. Object Relations and the Psychoanalytic Dialogue*. London: Karnac.

Ogden, T. H. (1997). Some thoughts on the use of language in psychoanalysis. *Psychoanalytic Dialogues*, *7*: 21.

O'Neil, M. K. (2009). Commentary on 'Courage'. In: S. Akhtar (Ed.), *Good Feelings: Psychoanalytic Reflections on Positive Emotions and Attitudes* (pp. 55–62). London: Karnac.

Ornston, D. (1982). Strachey's influence: preliminary report. *International Journal of Psychoanalysis*, *63*: 409–426.

Osborn, A. F. (1962). Developments in creative education. In: S. J. Parnes & H. F. Harding (Eds.) *A Source Book for Creative Thinking* (pp. 19–29). New York: Scribners.

Panksepp, J. (1998). *Affective Neuroscience*. New York: Oxford University Press.
Panksepp, J., & Biven, L. (2012). *Archaeology of Mind*. New York: Norton.
Penfield, W., & Jasper, H. (1954). *Epilepsy and the Functional Anatomy of the Human Brain*. Oxford: Little, Brown.
Pessoa, F. (2002). *The Book of Disquiet*, R. Zenith (Trans.). London: Penguin Classics.
Pfeiffer, E. (Ed.) (1985). *Sigmund Freud and Lou Andreas-Salomé Letters*, W. Robson-Scott & E. Robson-Scott (Trans.) New York: W. W. Norton. Letter from Sigmund Freud to Lou Andreas-Salomé, July 30, 1915.
Piaget, J. (1970). Inconscient affectif et inconscient cognitive. Paper presented to the Fall Meeting of the American Psychoanalytic Association, New York.
Piaget, J., & Inhelder, B. (1969). *The Psychology of the Child*. New York: Basic Books.
Pine, F. (1997). *Diversity and Direction in Psychoanalytic Technique*. New Haven, CT: Yale University Press.
Pirandello, L. (1995). *Six Characters in Search of an Author and Other Plays*. New York: Penguin.
Plotnik, J. M., de Waal, F. B. M., & Reiss, D. (2006). Self-recognition in an Asian elephant. *Proceedings of the Natural Academy of Sciences*, *103*: 17053–17057.
Pulver, S. (1971). Can affects be unconscious? *International Journal of Psychoanalysis*, *52*: 347–354.
Ramachandran, V. (1994). Phantom limbs, neglect syndromes, repressed memories, and Freudian psychology. *International Review of Neurobiology*, *37*: 291–333.
Rangell, L. (1971). The decision making process—a contribution from psychoanalysis. *Psychoanalytic Study of the Child*, *26*: 425–452.
Rangell, L. (1995). Affects. In: B. Moore & B. Fine (Eds.), *Psychoanalysis: The Major Concepts* (pp. 381–391). New Haven, CT: Yale University Press.
Rapaport, D. (1960). *The Structure of Psychoanalytic Theory: Psychological Issues II Monograph 6*. New York: International Universities Press.
Rapaport, D., & Gill, M. M. (1959). The points of view and assumptions of metapsychology. *International Journal of Psychoanalysis*, *40*: 153–162.
Reddy, S. (2001). Psychoanalytic reflections on the sacred Hindu text, the Bhagavad Gita. In: S. Akhtar & H. Parens (Eds.), *Does God Help? Developmental and Clinical Aspects of Religious Belief* (pp. 153–175). Northvale, NJ: Jason Aronson.

Reddy, S. (2005). Psychoanalytic process in a sacred Hindu text: the Bhagavad Gita. In: S. Akhtar (Ed.), *Freud Along the Ganges: Psychoanalytic Reflections on the People and Culture of India* (pp. 309–333). New York: Other Press.

Reith, B. (2011). The WPIP investigative process: from the anxiety of the analytic couple to that of the research team. Report of the Working Party on 'Initiating Psychoanalysis' (WPIP). *Psychoanalysis in Europe Bulletin*, *65*: 57–60.

Rodrigué, E. (1969). The fifty thousand hour patient. *International Journal of Psychoanalysis*, *50*: 603–613.

Rosen, J. (1947). The treatment of schizophrenia by direct analytic therapy. *Psychiatric Quarterly*, *2*: 3–13.

Rosen, J. (1953). *Direct Analysis*. New York: Grune and Stratton.

Ross, J. M. (2003). Preconscious defense analysis, memory, and structural change. *International Journal of Psychoanalysis*, *84*: 59–76.

Roussillon, R. (1999). *Agonie, clivage et symbolisation*. Paris: PUF.

Roussillon, R. (2008). *Le jeu et l'entre-je(u)*. Paris: PUF.

Rubin, J. B. (1996). *Psychotherapy and Buddhism: Toward an Integration*. New York: Plenum.

Rugg, H. (1963). *Imagination*. New York: Harper Row.

Rumiati, R. (2006). Creatività. In: *Psiche. Dizionario di psicologia, psichiatria, psicoanalisi, neuroscienze*. Turin: Giulio Einaudi Editore.

Rycroft, C. (1968). *Imagination and Reality*. London: Hogarth Press.

Sandler, J. (1983). Reflections on some relations between psychoanalytic concepts and psychoanalytic practice. *International Journal of Psychoanalysis*, *64*: 35–45.

Sandler, J. (1992). Reflections on developments in the theory of psychoanalytic technique. *International Journal of Psychoanalysis*, *73*: 189–198.

Sandler, J., & Sandler, A. M. (1983). The 'second censorship' and the 'three-box model' and some technical implications. *International Journal of Psychoanalysis*, *64*: 413–425.

Searles, H. F. (1965). *Collected Papers on Schizophrenia and Related Subjects*. New York: International Universities Press.

Schafer, R. (1976). *A New Language for Psychoanalysis*. New Haven, CT: Yale University Press.

Schilder, P. (1950). *The Image and Appearance of the Human Body*. New York: International Universities Press.

Schimek, J. G. (1975). A critical re-examination of Freud's concept of unconscious mental representation. *International Review of Psycho-Analysis*, *2*: 171–187.

Schore, A. N. (2002). Advances in neuropsychoanalysis, attachment theory, and trauma research: implications for self psychology.

Psychoanalytic Inquiry, 22: 433–484.

Searle, J. (1992). *The Rediscovery of Mind*. Cambridge, MA: MIT Press.

Searles, H. F. (1973). Concerning therapeutic symbiosis. *Annual of Psychoanalysis*, *1*: 247–262.

Segal, H. (1957). Notes on symbol formation. *International Journal of Psychoanalysis*, *38*: 391–397.

Shengold, L. (1989). *Soul Murder: The Effect of Childhood Abuse and Deprivation*. New Haven, CT: Yale University Press.

Shevrin, H., Bond, J., Brakel, L., Hertel, R., & Williams, W. (1996). *Conscious and Unconscious Processes: Psychodynamic, Cognitive and Neurophysiological Convergences*. New York: Guildford Press.

Shewmon, D., Holmse, D., & Byrne, P. (1999). Consciousness in congenitally decorticate children: developmental vegetative state as a self-fulfilling prophecy. *Developmental Medicine & Child Neurology*, *41*: 364–374.

Slap, J. (1987). Implications for the structural model of Freud's assumptions about perception. *Journal of the American Psychoanalytic Association*, *35*: 629–645.

Slap, J., & Slap-Shelton, L. (1991). *The Schema in Psychoanalysis*. Hillsdale, NJ: Analytic Press.

Smadja, C. (2008). *Les modèles psychanalytiques de la psychosomatique*. Paris: Presses Universitaires de France.

Solms, M. (1997). What is consciousness? *Journal of the American Psychoanalytic Association*, *45*: 681–778.

Solms, M. (1998). Preliminaries for an integration of psychoanalysis and neuroscience. Presented to a meeting of the Contemporary Freudian Group of the British Psychoanalytical Society.

Solms, M. (2003). *The Brain and the Inner World: An Introduction to the Neuroscience of the Subjective Experience*. New York: Other Press.

Solms, M. (2013). The conscious id. *Neuropsychoanalysis*, *15* (in press).

Solms, M., & Panksepp, J. (2012). The id knows more than the ego admits. *Brain Science*, *2*: 147–175.

Solms, M., & Turnbull, O. (2000). London (Anna Freud Centre: Neuropsychoanalysis Project). *Neuropsychoanalysis*, *2*: 288–289.

Spitz, R. (1965). *The First Year of Life*. New York: International Universities Press.

Stern, D. (1985). *The Interpersonal World of the Infant*. New York: Basic Books.

Stern, D. (2011). *Forms of Vitality. Exploring Dynamic Experience in Psychology, the Arts, Psychotherapy, and Development*. Oxford: Oxford University Press.

Strachey, J. (1957). Editor's note to 'The unconscious'. *S.E.*, *14*: 161–165.

Strachey, J. (1961). Editor's note to *The Ego and the Id*. *S.E.*, *19*: 3–10.

London: Hogarth.

Strachey, J. (1962). The emergence of Freud's fundamental hypotheses. In: *S.E.*, *3*: 62–68. London: Hogarth.

Strawson, G. (1994). *Mental Reality*. Cambridge, MA: MIT Press.

Suttie, I. (1935). *The Origins of Love and Hate*. London: Kegan Paul [reprinted London: Pelican Books, 1960; London: Peregrine Books, 1963].

Swami Chinmayananda (1977). *Discourses on Mundakopanishad*. Madras: Chinmaya Publications.

Swami Chinmayananda (2002). *The Holy Bhagavad Gita*. Mumbai: Central Chinmaya Mission Trust.

Swami Dayananda Saraswati (1975). *Om: The Light of Truth* [English translation of Satyarth Prakash], C. Bharadwaja (Trans). New Delhi: Sarvadeshik Arya Pratinidhi Sabha.

Swami Madhavananda (2000). *Vivekachudamani of Sri Shankaracharya*, text with English translation, notes, and index. Calcutta: Advaita Ashrama Publications.

Swami Nikhilananda (2002). *Atmabodha: Self knowledge of Sri Shankaracharya*. Madras: Sri Ramakrishna Math.

Swami Vireswarananda (2001). *Brahma Sutras*, with text, word-for-word translation, English rendering, comments according to the commentary of Sri Shankara, and index. Kolkata: Advaita Ashrama Publications.

Symington, N. (2009). How belief in God affects my clinical work. In: M. K. O'Neil & S. Akhtar (Eds.) *On Freud's "The Future of an Illusion"* (pp. 237–252). London: Karnac.

Talvitie, V., & Ihanus, J. (2002). The repressed and implicit knowledge. *International Journal of Psychoanalysis*, *83*: 1311–1323.

Talvitie, V., & Ihanus, J. (2003). Response to commentaries. *Neuropsychoanalysis*, *5*: 153–158.

Taylor, W. S., & Martin, M. F. (1944). Multiple personality. *Journal of Abnormal and Social Psychology*, *39*: 281–300.

The New Shorter Oxford English Dictionary (1993). L. Brown (Ed.). New York: Oxford University Press.

Tolstoy, L. (1995). *What is Art?* R. Pevear & L. Volokhonsky (Trans.). London: Penguin.

Trevarthen, C. (1979). Communication and cooperation in early infancy: a description of primary intersubjectivity. In: M. Bullowa (Ed.), *Before Speech* (pp. 321–349). Cambridge: Cambridge University Press.

Vallabhaneni, M. R. (2005). *Advaita Vedanta*, psychoanalysis, and the self. In: S. Akhtar (Ed.), *Freud Along the Ganges: Psychoanalytic Reflections on the People and Culture of India* (pp. 359–393). New York: Other Press.

Vivona, J. M. (2012). Is there a non-verbal period of development? *Journal of the American Psychoanalytic Association*, 60: 231–265.

Volkan, V. (1987). Psychological concepts useful in the building of political foundations between nations (Track II diplomacy). *Journal of the American Psychoanalytic Association*, 35: 903–935.

Waelder, R. (1962). Psychoanalysis: scientific methodology and philosophy. *Journal of the American Psychoanalytic Association*, 10: 617–637.

Wälder, R. (1936). The principle of multiple function: observations on over-determination. *Psychoanalytic Quarterly*, 5: 45–62.

Wallas, G. (1926). *The Art of Thought*. London: Watts, 1949.

Wegner, P. (2011). On Freud's 'The future prospects of psychoanalytic therapy'. Celebration of the Centenary of the International Psychoanalytical Association, Madrid, 4 November 2010. *Psychoanalysis in Europe Bulletin*, 65: 234–239.

Wegner, P. (2012a). The opening scene and the importance of the countertransference in the initial psychoanalytic interview. In: B. Reith, S. Lagerlöf, P. Crick, M. Møller, E. Skale, (Eds.), *Initiating Psychoanalysis. Perspectives. Teaching Series* (pp. 225–242). London: Routledge.

Wegner, P. (2012b). Process-orientated psychoanalytic work in the first interview and the importance of the opening scene. *Psychoanalysis in Europe*, Bulletin, 66: 23–45.

Weiskrantz, L. (1990). *Blindsight*. New York: Oxford University Press.

Weiss, J. (1988). Testing hypotheses about unconscious mental functioning. *International Journal of Psychoanalysis*, 69: 87–95.

Weiss, J., & Sampson, H. (1986). *The Psychoanalytic Process: Theory, Clinical Observation, and Empirical Research*. New York: Guilford Press.

Werner, H., & Kaplan, B. (1963). *Symbol Formation: An Organismic Developmental Approach to the Expression of Thought*. New York: John Wiley.

Wertheimer, M. (1959). *Productive Thinking*. New York: Harper & Row.

Winnicott, D. W. (1953). Transitional objects and transitional phenomena: a study of the first not-me possession. *International Journal of Psychoanalysis*, 34: 89–97. Reprinted in *Collected Papers: Through Paediatrics to Psychoanalysis* (1958), London: Tavistock; and also in *Playing and Reality* (1971), London: Tavistock.

Winnicott, D. W. (1955). Metapsychological and clinical aspects of regression within the psycho-analytical set-up. *International Journal of Psychoanalysis*, 36: 16–26.

Winnicott, D. W. (1956). Primary maternal preoccupation. In: *Collected Papers: Through Paediatrics to Psychoanalysis*. London: Tavistock, 1958.

Winnicott, D. W. (1960). Ego distortion in terms of true and false self.

In: *Maturational Processes and the Facilitating Environment* (pp. 140–152). New York: International Universities Press, 1965.

Winnicott, D. W. (1967). Mirror role of mother and family in child development. In: *Playing and Reality* (pp. 111–118). London: Tavistock.

Winnicott, D. W. (1971). *Playing and Reality*. London: Tavistock.

Wisdom, J. O. (1967). Testing an interpretation within a session. *International Journal of Psychoanalysis, 48*: 44–52.

Wong, P., Bernat, E., Snodgrass, M., & Shevrin, H. (2004). Event-related brain correlates of associative learning without awareness. *International Journal of Psychophysiology, 53*: 217–233.

Wright, K. (1991). *Vision and Separation: Between Mother and Baby*. London: Free Association Books.

Wright, K. (2009). *Mirroring and Attunement: Self-realisation in Psychoanalysis and Art*. Hove: Routledge.

专业名词英中文对照表

aboutness	关联性
affective consciousness	情感性意识
affects	情感
agency	自主性
agnostic aphasia	失认失语症
alternating awareness	交替意识
animism	万物泛灵论
anticathexis	反精神贯注
aphasia	失语症
asymbolic aphasia	象征失能失语症
atman	灵魂
Attune/attunement	同调
automaticity	自动性
awareness of consciousness	对意识的意识
Brahman	梵天/婆罗门
cathexis	贯注（投注）
censorship	审查机制
charge	驱力
condensation	凝缩
conditioning	条件作用
conscious knowledge	意识知识
conscious，Cs.	意识的
consciousness	意识
constancy principle	恒常性原则
conversion hysteria	转换性癔症
core-consciousness	核心意识
depersonalisation	人格解体
depth-psychology	深度心理学
derealisation	现实解体
discharge	释能
displacement	移置

dissociative identity disorder（DID）	分离性身份识别障碍
drive	驱力
dual consciousness	双重意识
ego	自我
facilitating environment	促进性环境
functional fixedness	功能固着
hypercathexis	高度精神贯注
id	本我
impulse	冲动
instinct	本能
intentionality	意向性
interpretation	解释
interpsychic	心理间性
intersubjective	主体间性
introspective	内省
intuition	直觉
latent memory	潜隐记忆
libido	力比多
maternal	母性
mechanism	机械性
memory-trace	记忆痕迹
mental apparatus	心理器官
metapsychology	元心理学
narcissistic affections	自恋式喜爱
object	客体
object-cathexis	客体贯注
object-presentation	客体表征
obsessional neurosis	强迫性神经症
Oedipus complex	俄狄浦斯情结
organ-speech	器官语言
paternal	父性

perception-conscious，Pcpt.-Cs.	知觉-意识
pleasure-unpleasure principle	快乐-不快乐原则
preconscious，Pcs.	前意识
presentation/representation	表征
primal repression	原初压抑
primary symbolization	初级象征化
projection	投射
psychology of consciousness	意识心理学
psychophysical parallelism	心身平行论
quantun of affect	情感配额
reaction formation	反向形成
reality-principle	现实性原则
reality-testing	现实性检验
replacement	置换
repression	压抑
resistance	阻抗
secondary symbolization	次级象征化
self	自体
self-constancy	自我恒常性
sequestered schemas	隐蔽图式
signal affect	情感信号
subconscious	下意识
subjective formulation	主观建构
substitute-formation	替代形成
substitutive ideas	替代性观念
suppression	压制
suspension	悬浮
symbolic equations	象征等同
symbolism	象征
thing-cathexis	事物贯注
thing-presentation	事物表征

things-as-they-appear	显现之物
things-in-themselves	自在之物
topographic model	地形学模型
topography	地形学说
transformation	转化
transitional space	过渡性空间
translation	转译
transposition	转移
trieb	史崔齐把 Trieb 翻译为"本能"而不是"驱力",但在德语版文本中这个术语的意思是"驱力"而不是"本能"
unconscious fantasy	潜意识幻想
unconscious,Ucs.	潜意识
word-presentation	词语表征